MATLAB/ Simulink 机电系统仿真应用

主　编　蒋晓梅　Michael Namokel

封士彩　马文斌　黄　俊

苏州大学出版社

图书在版编目(CIP)数据

MATLAB/Simulink 机电系统仿真应用/蒋晓梅等主编
.—苏州:苏州大学出版社,2022.11
ISBN 978-7-5672-4098-8

Ⅰ.①M… Ⅱ.①蒋… Ⅲ.①机电系统-系统仿真-
Matlab 软件 Ⅳ.①TH-39

中国版本图书馆 CIP 数据核字(2022)第 205672 号

本书重点介绍如何利用 MATLAB/Simulink 进行机电液动态系统的建模、性能分析以及综合设计。第 1~4 章系统地介绍了进行仿真所应掌握的 MATLAB 基本知识和操作;第 5 章重点介绍了 Simulink 的特点及利用 Simulink 进行系统动态仿真的方法;第 6~8 章介绍了机电液系统的建模方法和数学模型表示,基于 MATLAB 的时域分析、稳定性分析、频域分析、系统校正器设计等相关专业知识、算法以及进行仿真所对应的 MATLAB 函数。

本书可作为高等院校机械类(含机电类)相关专业(如机械工程及自动化、机械电子工程、车辆工程、自动化、测控技术与仪器等)的学生学习计算机动态仿真技术的教材或参考书,也可供相关专业的研究生或科研人员使用。

MATLAB/Simulink 机电系统仿真应用

蒋晓梅 Michael Namokel

封士彩 马文斌 黄俊 主编

责任编辑 征慧

苏州大学出版社出版发行

(地址:苏州市十梓街1号 邮编:215006)

镇江文苑制版印刷有限责任公司印装

(地址:镇江市黄山南路18号润州花园6-1号 邮编:212000)

开本 787 mm×1 092 mm 1/16 印张 20.75 字数 467 千

2022 年 11 月第 1 版 2022 年 11 月第 1 次印刷

ISBN 978-7-5672-4098-8 定价:59.00 元

图书若有印装错误,本社负责调换
苏州大学出版社营销部 电话:0512-67481020
苏州大学出版社网址 http://www.sudapress.com
苏州大学出版社邮箱 sdcbs@ suda.edu.cn

Preface 前 言

自从 MathWorks 软件公司开发的数值计算软件 MATLAB 问世以来,引起国内外学者的广泛关注。MATLAB 推出后不久,即风行美国和西欧,并流传世界。特别是随着 MATLAB 控制工具箱的开发、丰富与逐步完善,越来越多的科技工作者开始使用这个软件并能进行扩充开发。MATLAB 已经成为控制领域内最流行的、被广泛采用的控制系统计算仿真与计算机辅助设计软件之一。

本书大致可分为两大部分内容:第一部分(第 1~6 章)主要介绍 MATLAB 用于机电控制系统计算仿真的基本知识,包括 MATLAB 数值运算基础、数据和函数的可视化、M 文件与 MATLAB 函数、MATLAB 程序设计基础、仿真集成环境 Simulink;第二部分(第 7 章和第 8 章)内容涵盖了经典控制理论和机电液系统建模基础理论等,主要介绍了基于 MATLAB 的系统分析与设计方法,包括控制系统仿真基础、机电控制系统计算及仿真、机电控制系统设计、状态空间分析的 MATLAB 实现,对部分实例采用了多种方法实现,方便读者进行对比。本书在内容的安排上,先简要介绍相关理论知识,再介绍 MATLAB 实现相关函数并举例,这样既提出并引入了自动控制的基本问题,又提供解决问题的工具,并辅以算例帮助读者理解。本书每章后面都附有习题,以便学生能够更好地理解理论知识。

由于时间仓促,加上编者水平有限,书中难免存在不妥与疏漏之处,恳请广大读者批评指正。意见和建议可反馈至邮箱:jxm@ cslg. edu. cn。

Contents 目　录

第 *1* 章　MATLAB 仿真基础

1.1　概　述

1.1.1　系统、模型与仿真的含义

系统、模型和仿真是系统仿真学科首先要关注的三个基本概念。

系统,是物质世界中按某种规律相互制约又相互联系,具有一定功能且相互作用的对象之间的有机组合,以期实现某种目的的一个整体。系统很广泛,不仅包括机械、电气、水力、气压、热力、自动控制等,也包括社会、经济、生态、管理等。

模型,与"原型"对应。要进行仿真,首先要寻找一个实际系统的"替身",这个"替身"就是模型,它不是原型的复现,而是按研究的侧重面或实际需要进行简化和提炼,以利于研究者抓住问题的本质或主要矛盾,是对所要研究的系统在某些特定方面的抽象。通过模型对原型系统进行研究,具有更深刻、更集中的特点。

仿真的英文名称是 simulation,是 1946 年世界上第一台电子计算机问世以后,在 20 世纪 70 年代初期发展起来的用于帮助设计人员进行研发与设计的一种新技术。仿真是指利用模型复现实际系统中发生的本质过程,并通过对系统模型的实验来研究实际存在的或设计中的系统,又称模拟;仿真是对系统进行研究的一种技术或方法,一般也称为系统仿真。仿真首先要建立待研究系统的数学或者物理模型,然后对模型进行实验研究。具体来说,所谓系统仿真,就是以计算机为主要工具,通过在计算机(或其他形式的物理模型)上运行模型来再现系统的运动过程,从而认识系统规律的一种研究方法。当所研究的系统造价昂贵、实验的危险性大或需要很长时间才能了解系统参数变化所引起的后果时,仿真是一种特别有效的研究手段。仿真包含控制系统分析、综合、设计、检验等多方面的计算机处理,并基于计算机的高速而精确的运算,以实现各种功能。

仿真所遵循的基本原则是相似性原理,即几何相似、环境相似与性能相似。依据这个原理,仿真可分为物理仿真与数学仿真,即模拟计算机仿真与数字计算机仿真。所谓物理仿真,就是应用几何相似原理,仿制一个与实际系统的工作原理相同、质地完全相同但是体积小得多的物理模型(如将飞机模型放在气流场相似的风洞中以模仿真实的飞机在地球的大

气层中)进行实验研究;所谓数学仿真,就是应用性能相似原理,构成数学模型在计算机上进行实验研究。

机电控制系统仿真是一门涉及多学科内容(包括力学、机械、电学、计算数学与信息技术、系统辨识、控制工程以及系统科学)的综合性学科。这门学科的产生及发展基本是与计算机的发明及发展同步进行的。计算机仿真为机电控制系统的分析、计算、研究、综合设计以及自动控制的计算机辅助教学提供了快速、经济、科学及有效的手段。

1.1.2　系统仿真的原理

系统仿真,就是以系统数学模型为基础,以计算机为工具,对系统进行实验研究的一种方法。描述模型时遵循相似性原则、切题性原则、吻合性原则、可辨识性原则、简单化原则、综合精度达到要求原则等。

系统仿真最基本的依据是相似性原理,彼此相似的现象必定具有数值相同的相似准则。相似性原理是科技创新开发与应用的桥梁。

图 1-1 所示是四种不同物理过程的性能相似实例。

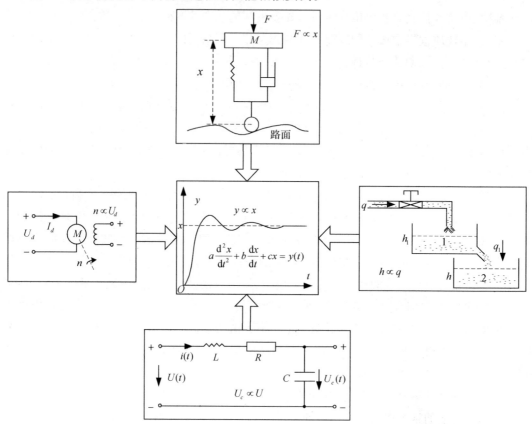

图 1-1　四种不同物理过程的性能相似实例

机械平移系统为常见的质量—弹簧—阻尼系统,以系统在静止平衡时的那一点为零点,即平衡工作点,这样的零位选择消除了重力的影响。设系统的输入量为外作用力 F,输出量

为质量块 M 的位移 x,研究外力 F 与位移 x 之间的关系。电机系统的输入量为输入电压 U_d,输出量为电机的转速 n,研究 U_d 与转速 n 之间的关系。在电气系统中,电阻 R、电感 L 和电容器 C 是电路中的三个基本元件,电路中的电流 $i(t)$ 为中间变量,研究输入电压 $U(t)$ 和输出电压 $U_c(t)$ 之间的关系。在流体液位控制系统中,箱体通过输入端的节流阀供液。设流入 1 箱体的流量 q 为系统输入量,2 箱体液面高度 h 为输出量,1 箱体液面高度 h_1 为中间变量,研究输入流量 q 和输出量液位 h 之间的关系。

将上述系统模型进行比较,可清楚地看到,物理本质不同的系统可以有相同的数学模型。反之,同一数学模型可以描述物理性质完全不同的系统。因此,从控制理论来看,可抛开系统的物理属性,用同一方法进行普遍意义的分析研究,这就是信息方法,从信息在系统中传递、转换等方面来研究系统的功能。而从动态性能来看,在相同形式的输入作用下,数学模型相同而物理本质不同的系统其输出响应相似,若方程系数等值,则响应完全相同,这样就有可能利用机电系统来模拟其他系统进行实验研究。这就是控制理论中功能模拟方法的基础。

分析上述系统模型还可以看出,描述系统运动的微分方程的系数都是系统的结构参数或其组合,这说明系统的动态特性是系统的固有特性,取决于系统结构及其参数。

用线性微分方程描述的系统,称为线性系统。若方程的系数为常数,则称为线性定常系统;若方程的系数不是常数,而是时间的函数,则称为线性时变系统。线性系统的特点是具有线性性质,即服从叠加原理。这个原理是指,多个输入同时作用于线性系统的总响应,等于各输入单独作用时产生的响应之和。用非线性微分方程描述的系统称为非线性系统,如前述的液位控制系统。

1.1.3　系统仿真的过程

1. 建立系统的数学模型

系统的数学模型,是描述系统输入、输出变量以及内部各变量之间关系的数学表达式。描述系统诸变量间静态关系的数学表达式,称为静态模型;描述系统诸变量间动态关系的数学表达式,称为动态模型。最常用的基本数学模型是微分方程与差分方程。建立数学模型的方法有解析法和实验法。

（1）解析法

根据系统的实际结构与系统各变量之间所遵循的物理、化学基本定律(如牛顿定律、基尔霍夫定律、运动动力学定律等)来列出变量间的数学表达式以建立数学模型。

（2）实验法

对于很多复杂的系统,则必须通过实验方法并利用系统辨识技术,考虑计算所要求的精度,略去一些次要因素,使模型既能准确反映系统的动态本质,又能简化分析计算的工作。

2. 建立系统的仿真模型

原始自控系统的数学模型(如微分方程)并不能用来直接对系统进行仿真,还需将其转换为能够对系统进行仿真的模型。

　　对于连续系统,将像微分方程这样的原始数学模型,在零初始条件下进行拉普拉斯变换,求得自控系统传递函数的数学模型。以传递函数模型为基础,等效变换为状态空间模型,或者将其转化为动态结构图模型,这些模型都是自控系统的仿真模型。

　　对于离散系统,有像差分方程这样的原始数学模型以及类似连续系统的各种模型,这些模型都可以对离散系统直接进行仿真。

3. 编制系统仿真程序

　　对于非实时系统的仿真,可以用一般的高级语言,如 C 语言编制仿真程序;对于快速实时系统的仿真,往往用汇编语言编制仿真程序,当然也可以直接利用仿真语言。

　　应用 MATLAB 的 Toolbox 工具箱及 Simulink 仿真集成环境实现高效仿真。

4. 进行仿真实验并输出仿真结果

　　系统仿真是用能代表所研究系统的模型,结合环境(实际的或模拟的)条件进行研究、分析和实验。先通过仿真实验对仿真模型与仿真程序进行检验和修改,再按照系统仿真的要求输出仿真结果。

1.2　MATLAB 概述

　　美国 MathWorks 公司于 1984 年推出了数学软件 MATLAB,这是一种以矩阵运算为基础的交互式程序语言,着重针对科学计算、工程计算和绘图的需求,是用于数值计算和图形处理的科学计算软件。MATLAB 编程运算与人进行科学计算的思路和表达方式完全一致,区别于其他高级语言,它不仅具有用法简易、可灵活运用、程序结构性强的特点,而且兼具延展性。

　　1992 年该公司推出交互式模型输入与仿真环境 Simulink,用户只要在模型窗口上从模块库调出各个系统环节,并用线将它们连接起来,即可利用 Simulink 提供的功能对系统进行仿真和分析。Simulink 的这种模型表示方法与自动控制中常用的方框图表示法极为相似,所以很容易将一个复杂系统的模型输入计算机中。Simulink 是一种高效的仿真工具,使得对机电系统的动态仿真变得十分简单易行。

　　MATLAB 的工具箱(Toolbox)实际上是 MATLAB 的 M 文件和高级 MATLAB 语言的集合,用于解决某一方面的专门问题或实现某一类新算法,可以应用于应用数学、生物医学工程、图像信号处理、语音信号处理、信号分析、时间序列分析、控制论和系统论等各个领域。MATLAB 的工具箱还提供了与机械系统动力学自动分析等软件对接的接口功能,可以将动力学模型直接导入 Simulink 仿真空间,从而实现对测试传感、伺服控制、机械系统运动学、动力学等机电系统所有环节的仿真。除了 Simulink 和控制系统工具以外,MATLAB 还具有刚体机构仿真工具和虚拟现实仿真工具,可以实现机构的三维形象仿真。

　　MATLAB 软件的最大特点是具有实时仿真功能,支持各种硬件接口,具有很好的实时性,可直接用于半物理仿真和实时控制,实现快速原型设计及控制仿真。由于 MATLAB 仿真软件的强大功能和实时性,可以把模型仿真、半物理仿真和实时控制有机地结合在一起。

MATLAB 系统由 MATLAB 开发环境、MATLAB 语言、MATLAB 数学函数库、MATLAB 图形处理系统和 MATLAB 应用程序接口五大部分组成:MATLAB 开发环境是一个集成的工作环境;MATLAB 语言具有程序流程控制、函数、数据结构、输入/输出和面向对象的编程特点,是基于矩阵/数组的语言;MATLAB 数学函数库包含大量的计算算法;MATLAB 图形处理系统能够将二维和三维数组的数据用图形表示出来;MATLAB 应用程序接口使 MATLAB 语言能与 C/C++ 或 FORTRAN 等其他编程语言进行交互扩展编程,实现对外部硬件的通信与控制,从而使仿真和实验有机地融合在一起。

1.3　MATLAB 工作环境

MATLAB 工作环境就是一系列便于使用 MATLAB 函数和文件的工具,包括启动和退出 MATLAB、使用 MATLAB 的桌面、使用 MATLAB 的函数以及使用 MATLAB 的在线帮助(Help)。其他工具则有工作空间、路径搜索、文件操作、数据输入输出、编辑和调试 M 文件以及改善 M 文件的性能、资源控制系统的利用等。

启动 MATLAB R2016a 后,进入如图 1-2 所示的 MATLAB 操作界面,包括菜单栏、工具栏、设置路径按钮和各个不同用途的窗口。

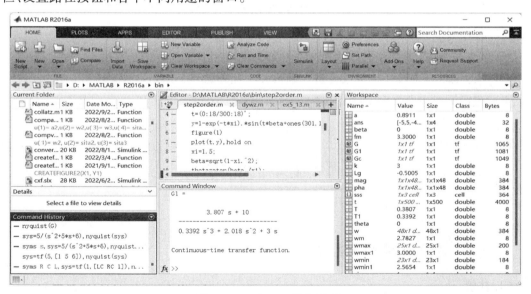

图 1-2　MATLAB 操作界面

MATLAB 操作界面的面板主要是按功能来划分的,HOME 面板为 MATLAB 的主要界面,另外还有绘图面板(PLOTS)和应用软件面板(APPS)。

HOME 页工具栏包含:"FILE"区工具栏、"VARIABLE"区工具栏、"CODE"区工具栏、"SIMULINK"区工具栏、"ENVIRONMENT"区工具栏、"RESOURCES"区工具栏。

MATLAB R2016a 的 HOME 面板如图 1-2 所示,默认有五个窗口,分别是:命令窗口、历史命令窗口、当前文件夹浏览器窗口、工作空间浏览器窗口和 M 文件编辑/调试器窗口。所有窗口都可以单独显示,使用 Undock 和 Dock 可使窗口单独出来和返回到工作界面中。

1. 命令窗口(Command Window)

用户可以直接在 MATLAB 命令窗口中输入命令和数据后按回车键,立即执行运算并显示结果。语句形式为

>>变量 = 表达式;

【说明】 命令窗口中的每个命令行前会出现提示符">>",表示 MATLAB 处于准备状态,等待用户输入指令进行计算,没有">>"符号的行则是显示的结果。

2. 历史命令窗口(Command History)

历史命令窗口默认出现在 MATLAB 界面的左下侧,用来记录并显示已经运行过的命令、函数和表达式。

3. 当前文件夹浏览器窗口(Current Folder)

当前文件夹浏览器窗口用来设置当前目录,并显示当前目录下的所有文件信息,在下面的"Details"文件细节栏中可以看到 M 文件的开头注释行,不同文件的图标不同,并可以复制、编辑和运行 M 文件及装载 MAT 数据文件。

4. 工作空间浏览器窗口(Workspace)

工作空间浏览器窗口用于显示内存中所有的变量名、数据结构、类型、大小和字节数,不同的变量类型使用不同的图标。

5. M 文件编辑/调试器窗口(Editor/Debugger)

M 文件编辑器窗口可对 M 文件进行编辑和交互式调试,亦可阅读和编辑其他 ASCII 文件,并且可以同时查看多个文件。

1.4 窗口运行

1.4.1 数值、变量和表达式

1. 数值

MATLAB 常用于数值计算。所谓的数值计算,就是指计算的表达式、变量中不得包含未经定义的自由变量。MATLAB 中数值习惯采用十进制表示,也可以用科学计数法表示。用 e 表示 10 的指数形式,以下表述都是合法的:5, -999, 0.004, 8.658, $2.5e-6$, $2.78e23$。

2. 变量的命名规则

变量名、函数名对字母大小写敏感。ME、me 表示不同变量。变量名第一个字母必须是英文字母,且不能超过 64 个字符,第 64 个字符后的字符被忽略。变量名的组成可以是任意字母、数字或者下连符,但不能含有空格和标点符号。例如,my_var 是合法的变量名。

3. MATLAB 默认的预定义变量

MATLAB 默认的预定义变量如表 1-1 所示。

表 1-1   MATLAB 默认的预定义变量

名称	含义	名称	含义
ans	计算结果的缺省变量名	Inf 或 inf	无穷大,如 1/0
i 或 j	虚单元 $i = j = \sqrt{-1}$	NaN 或 nan	非数(不是一个数),如 0/0
pi	圆周率	realmax	最大正实数
eps	计算机中的最小数 2^{-52},机器零	realmin	最小正实数

【说明】 用户在编写命令和程序时,尽可能避免对预定义变量重新赋值。关键字(如if、while 等)不能作为变量名。

4. 基本运算符和表达式

基本运算符和表达式如表 1-2 所示。

表 1-2   基本运算符和表达式

运算	数学表达式	运算符	MATLAB 表达式
加	$a + b$	+	a + b
减	$a - b$	−	a − b
乘	$a \times b$	*	a * b
除	$a \div b$	/或\	a/b 或 b\a
幂	a^b	^	a^b

【说明】 所有运算定义在复数域上;用"/"表示"左除","\"表示"右除";对标量运算左、右除相同。

5. MATLAB 数据格式及显示方式

MATLAB 中有 15 种基本数据类型,分别是 8 种整型数据、单精度浮点型、双精度浮点型、逻辑型、字符型、单元数组、结构体类型和函数句柄。

MATLAB 默认内部数据格式是浮点标准的双精度二进制(64 位),相应于十进制的 16位有效数,范围为 $10^{-308} \sim 10^{308}$。为了人机交互的友好性,可用菜单选项或 format 命令选择数据输出显示格式。表 1-3 为数据显示格式的控制命令。

表 1-3   数据显示格式的控制命令

指令	含义	举例说明
format format short	通常保证小数点后 4 位有效,最多不超过 7位;对于大于 1 000 的实数,用 5 位有效数字的科学计数形式显示。format short 是默认显示格式	314.159 被显示为 314.1590; 3141.59 被显示为 3.1416e +003

续表

指令	含义	举例说明
format long	小数点后 15 位数字表示	3.141592653589793
format short e	5 位科学计数表示	3.1416e+00
format long e	15 位科学计数表示	3.14159265358979e+00
format short g	从 format short 和 format short e 中自动选择最佳计数方式	3.1416
format long g	从 format long 和 format long e 中自动选择最佳计数方式	3.14159265358979
format rat	近似有理数表示	355/113
format hex	十六进制表示	400921fb54442d18
format +	显示大矩阵用。正数、负数、零分别用 +，-，空格表示	+
format bank	（金融）元、角、分的表示	3.14
format compact	在显示变量之间没有空行	
format loose	在显示变量之间有空行	

1.4.2 命令窗口操作

MATLAB 提供给用户使用的具有管理功能的人机界面,在命令窗口中输入 MATLAB 的命令和数据后按回车键,立即执行运算并显示结果。

当在提示符后输入一段程序或一段运算式后按[Enter]键,MATLAB 会给出计算结果,并再次进入准备状态(所得结果将被保存在工作空间窗口中)。

【例 1-1】 求[24×6+3×(8-3)]÷3^2的算术运算结果。

用键盘在 MATLAB 命令窗口中输入以下内容:

(24*6+3*(8-3))/3^2

然后按[Enter]键,该命令被执行,将在命令窗口中显示如下结果:

ans =

　　17.6667

显示格式是默认的 format short 显示格式,通常保证小数点后 4 位有效。

命令窗口的显示方式:默认的输入显示方式,命令窗口中的字符、数值等采用更为醒目的分类显示;对于输入命令中的 if,for,end 等控制数据流的 MATLAB 关键词自动采用蓝色字体显示。而对于输入命令中的非控制命令、数值,都自动采用黑色字体显示。输入的字符串则自动呈现为紫色字体。

运算结果的显示:命令执行后,数值结果采用黑色字体输出;而运行过程中的警告信息和出错信息则用红色字体显示。运行中,屏幕上最常见到的数字输出结果由 5 位数字构成,这是"双精度"数据的默认输出格式。

【例 1-2】 使用 format 函数在命令窗口中显示运算结果。

>> a = sin(60*pi/180)

```
a =
    0.8660
>> format long
>> a
a =
    0.866025403784439
>> format short e
>> a
a =
    8.6603e-01
```

可对窗口的字体风格、大小、颜色和数值计算结果显示格式进行设置。设置方法如图 1-3 所示,选中"Preferences"下拉菜单项,引出一个参数设置(Preferences)窗口;选中左栏的"Colors"或"Fonts",右边就出现相应的选择内容。用户根据需要和提示对数据显示格式或字体等进行选择,最后单击"OK"按钮完成设置。

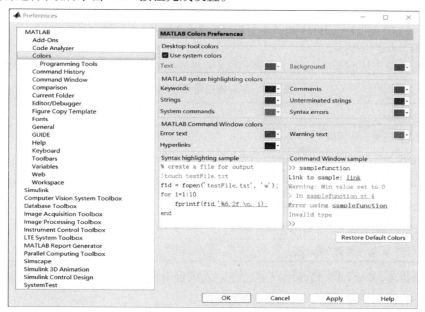

图 1-3　预设项设置

标点符号在 MATLAB 软件中有重要作用,应当熟悉各种标点符号的用法。常用标点符号的作用如表 1-4 所示。

表 1-4　常用标点符号的作用

名称	标点	作用
空格		(为方便机器辨认)用作输入量与输入量之间的分隔符;数组元素分隔符
逗号	,	用作要显示计算结果的命令与其后命令之间的分隔;用作输入量与输入量之间的分隔符;用作数组元素分隔符

续表

名称	标点	作用
黑点	.	数值表示中,用作小数点;用于运算符号前,构成"数组"运算符
分号	;	用于命令的"结尾",抑制计算结果的显示;用作不显示计算结果命令与其后命令的分隔;用作数组的行间分隔符
冒号	:	用于生成一维数值数组及循环语句;用作单下标援引,表示全部元素构成的长行、列;用作多下标援引,表示那一维上的全部元素
注释号	%	由它"启首"的所有物理行部分被看作非执行的注释
单引号对	' '	字符串记述符
圆括号	( )	改变运算次序;在数组援引时用;函数命令输入变量列表时用
方括号	[ ]	输入数组时用;函数命令输出变量列表时用
花括号	{ }	单元数组记述符;图形中被控特殊字符括号
下连符	_	(为使人易读)用作一个变量、函数或文件名中的连字符;图形中被控下脚标前导符

注:可以使用[Shift]+[Enter](或[Shift]+[Return])组合键表示要输入多行命令后再运行,待最后一行命令输入完毕,再按回车键,MATLAB 才开始运行上述诸条命令。对于较长的命令行,可用符号"…"来表示换行继续写入 。

命令窗口常用控制命令如表 1-5 所示,熟悉这些命令对提高使用效率很有帮助。

表 1-5　命令窗口常用控制命令

命令	含义	命令	含义
cd	设置当前工作目录	exit	关闭/退出 MATLAB
clf	清除图形窗	quit	关闭/退出 MATLAB
clc	清除命令窗口中显示内容	more	使其后的内容分页显示
clear	清除 MATLAB 工作区中保存的变量	type	显示指定 M 文件的内容
dir	列出指定目录下的文件和子目录清单	mkdir	创建目录
edit	打开 M 文件编辑/调试器	which	指出其后文件所在的目录

为方便操作,MATLAB 允许用户对已经输入的命令进行回调、编辑和重运行,命令窗口中实施命令行编辑的常用操作键如表 1-6 所示。

表 1-6　命令行编辑操作键

键名	作用	键名	作用
↑	前寻式调回已输入过的命令行	Delete	删去光标右边的字符
↓	后寻式调回已输入过的命令行	Backspace	删去光标左边的字符
←	在当前行中左移光标	PageUp	前寻式翻阅当前窗中的内容
→	在当前行中右移光标	PageDown	后寻式翻阅当前窗中的内容
Home/End	使光标移到当前行的首端/尾端	Esc	清除当前行的全部内容

【说明】　利用以上操作可对命令窗口中已输入的命令进行编辑。另外,还可结合历史

命令窗口完成命令的编辑。

【例 1-3】　命令行操作过程示例。

（1）如果用户想计算 $y_1 = 2\sin\dfrac{(0.3\pi)}{1+\sqrt{5}}$ 的值，那么用户应依次键入字符

$$y1 = 2*\sin(0.3*pi)/(1+sqrt(5))$$

（2）按［Enter］键后该命令便被执行，结果如下：

y1 =

    0.5000

（3）通过反复按键盘上的箭头键，可实现命令回调和编辑，进行新的计算。

如果又想计算 $y_2 = 2\cos\dfrac{(0.3\pi)}{1+\sqrt{5}}$，可以较方便地用操作键获得该命令，具体方法是：先用 ［↑］键调回已输入过的命令 y1 = 2*sin(0.3*pi)/(1+sqrt(5))；然后移动光标，把 y1 改成 y2；把 sin 改成 cos；再按［Enter］键，就可得到结果。即

$$y2 = 2*\cos(0.3*pi)/(1+sqrt(5))$$

y2 =

    0.3633

1.4.3　历史命令窗口

历史命令窗口如图 1-4 所示。该窗口记录着每次开启 MATLAB 的时间及开启 MATLAB 后在命令窗中运行过的所有命令行。不但能清楚地显示命令窗中运行过的所有命令行，而且所有这些被记录的命令行都能被复制或再运行。

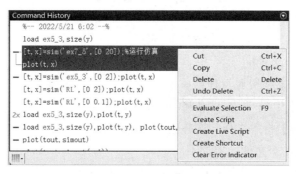

图 1-4　历史命令窗口

例如，演示如何再运行此前输入的例 1-3 中计算 y1 的值，先利用组合操作"［Ctrl］+ 鼠标左键"选中历史命令窗口（这里假设已输入过）中的"y1 = 2*sin(0.3*pi)/(1+sqrt(5))"命令；当鼠标光标在选中区时，单击鼠标右键，弹出右键快捷菜单；选中菜单项【Evaluate Selection】，计算结果就出现在命令窗口中。

【Evaluate Selection】计算所选命令，并将结果显示在命令窗口中。

【Copy】可将所选命令"复制"到任何地方。

【Create Live Script】可将所选命令创建成实时脚本。

【Create Shortcut】将所选命令创建为快捷键,快捷键的名称在弹出的对话框中定义。

直接双击窗口中的命令行即可执行该命令。如果操作界面上没有显示历史命令窗口,可在 HOME 页面的主菜单【Layout】的下拉菜单中选择【Command History】,再单击【Docked】即可。也可在命令窗口中直接输入"Command History"命令打开。

1.4.4 当前文件夹窗口

当前文件夹窗口(图 1-5)中显示了 MATLAB 当前工作目录下的所有文件夹与文件,以便用户对当前目录下的文件进行管理。MATLAB 还为当前文件夹窗口设计了一个专门的操作菜单。借助该菜单可方便地打开、复制、编辑和运行 M 文件及装载 MAT 文件数据等。

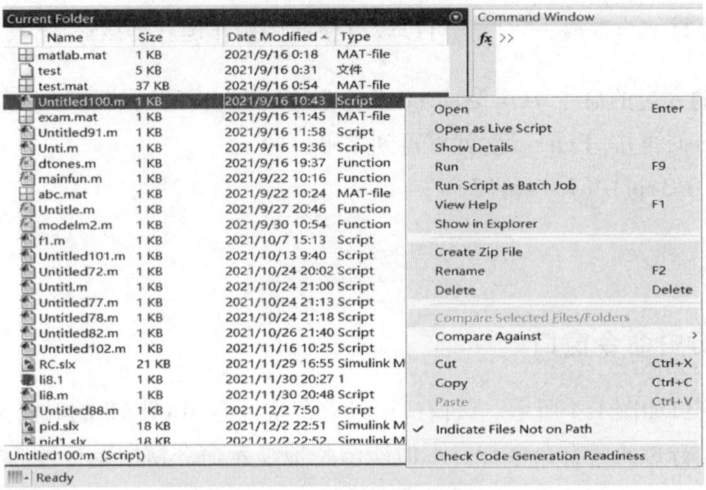

图 1-5 当前文件夹浏览器窗口

在图 1-5 中可以实现如下操作:

【Show Details】显示或隐藏文件细节。

【Run Script as Batch Job】运行脚本文件作为批量工作。

【Show in Explorer】在资源管理器显示。

【Create Zip File】生成 zip 文件和将 zip 文件解压。

【Compare Against】将本文件与选择的文件进行比较。

【例 1-4】 比较两个文件内容的不同。

将例 1-3 的内容修改并保存为 ex1_4。

% ex1_4

y1 = 2*cos(0.3*pi)/(1 + sqrt(5))

format long

y1

format short e

y1

在当前文件夹浏览器窗口中选择文件"ex1_3. m",单击鼠标右键,在弹出的快捷菜单中选择【Compare Against】→【Choose】命令,并在文件夹中选择比较的文件"ex1_4.m",则出现图1-6所示的"Comparison"窗口。可以得到比较结果,两个文件有四行相同,两行不匹配。比较文件工具可以用来对较长的程序文件进行对比。

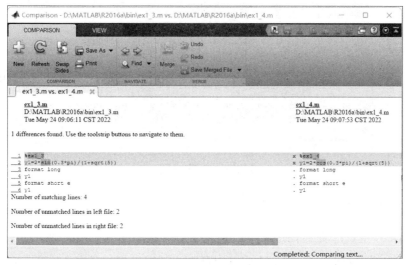

图1-6　比较文件窗口

在当前文件夹浏览器窗口上方,都有一个当前文件夹设置区,包括"文件夹设置栏"和"浏览键"。用户在"设置栏"中直接填写待设置的目录名,或借助"浏览键"和鼠标选择待设置目录。

1.4.5　工作空间窗口和变量编辑器

工作空间窗口显示内存中所使用过的所有变量(除非有意删除),可通过该窗口对内存变量进行操作,亦可以新建变量。单击工作空间窗口右上角的 ⊙ 键,单击下拉菜单中的【Undock】,可弹出独立"工作空间"交互界面,用鼠标右键单击工作空间中某个内存变量,即弹出一个下拉菜单,如图1-7所示。用鼠标选择对该变量的操作,如复制、编辑、删除、绘图等。还可以用MATLAB命令对内存变量进行操作。Who:查阅MATLAB内存变量名;Whos:查阅MATLAB内存变量名、大小、类型和字节数;clear name1 name2 …:删除内存中的变量,变量名省略时表示删除所有变量。

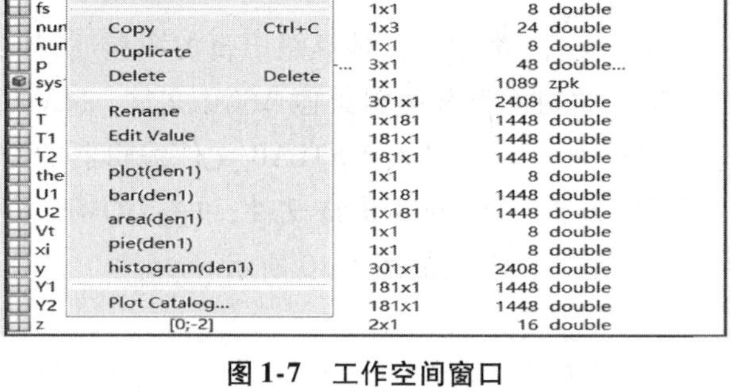

图1-7　工作空间窗口

双击工作区浏览器中的变量图标或单击菜单项【Open Selection】,引出变量编辑器(Variable Editor),可自由输入修改数据,如图 1-8 所示。

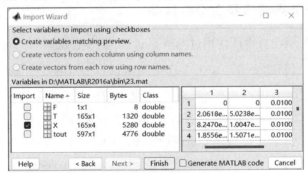

图 1-8 变量编辑器

1.4.6 数据文件和变量的存取

单击 HOME 主页选项菜单图标 ,或者单击工作区右上角图标 ，在下拉菜单中选择【Save】,都可弹出数据保存对话框,在该对话框中填写数据文件名(不用带扩展名),选择文件所在目录,即可产生保存变量的 MAT 文件。

单击 HOME 主页选项菜单图标 ，在弹出的"Import Data"窗口中选择待装载变量对应的数据文件,单击【Open】,打开"Import Wizard"窗口,展示出所选数据文件中所有的变量,勾选好待装载的变量,单击"Finish"按钮,即可将所选变量加载到工作空间,如图 1-9 所示。

图 1-9 变量加载至工作空间

1.4.7 M 文件编辑/调试器与 M 脚本文件编写

1. M 文件编辑/调试器简介

M 文件(带.m 扩展名的文件)类似于其他高级语言的源程序,M 文件编辑器可用来对 M 文件进行编辑和交互调试,也可阅读和编辑其他 ASCII 文件。MATLAB 通过自带的 M 文件编辑/调试器来创建和编辑 M 文件。进入 MATLAB 文件编辑器的方法如下:在命令窗口直接键入命令"edit",打开编辑器编辑 Untitled.m 文件;单击 HOME 主页选项菜单中新建脚本图标,打开空白的 M 文件编辑器窗口,如图 1-10 所示。

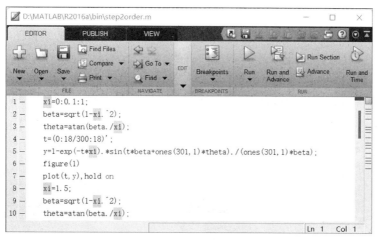

图 1-10　M 文件编辑器窗口

M 文件编辑器的一个重要功能是进行程
序代码的调试。对于较复杂的程序可以利用
M 文件编辑器提供的调试功能。图 1-11 是 M
文件编辑器的调试功能键。

图 1-11　M 文件编辑器的调试功能键

【Breakpoints】设置或清除断点。

【Run and Advance】继续向前连续执行。

2. 编写和运行 M 脚本文件

M 文件编辑/调试器窗口是标准的 Windows 风格。编辑 M 文件可先用其他任何文本编
辑器编辑,再复制到空白框中。M 脚本文件中的命令形式和前后位置,与解决同一个问题时
在命令窗中输入的一组命令没有任何区别;但是 M 文件便于编辑、调试,并且可以设置文件
名保存在指定的目录中供以后使用,文件扩展名是“. m”。

单击 M 文件编辑器的【Run】选项可以执行文件,MATLAB 在运行脚本时,只是简单地从
文件中逐条读取命令,送到 MATLAB 中去执行。与在命令窗中直接运行命令一样,脚本文件
运行产生的变量都保留在 MATLAB 基本工作空间中。

1.4.8　设置搜索路径

1. MATLAB 的路径搜索机制

在默认状态下,MATLAB 按固定顺序搜索特定路径,以识别用户通过命令窗口或 M 文
件输入的内容。例如,若用户输入“abs”,则 MATLAB 搜索顺序如下:

① 在 MATLAB 内存中检查用户输入内容(“abs”)是否为工作空间的变量或特殊变量。

② 检查用户输入内容(“abs”)是否为 MATLAB 的内部函数。

③ 在当前目录上,检查是否有名为用户输入内容(“abs”)的“. m”或“. mex”文件存在。

④ 在“MATLAB 搜索路径”所列的目录中,由上至下依次检查是否有名为用户输入内容
(“abs”)的“. m”或 “. mex”的文件存在。若不存在,则 MATLAB 发出错误信息。

2. 设置搜索路径窗口

一般来说，MATLAB 的系统函数（包括工具箱函数）都在默认的搜索路径中，而用户自己编写的函数需要添加到搜索路径中，否则运行时会提示找不到文件。修改搜索路径通常在设置路径窗口（Set Path）中实现。

选中【Preferences】下拉菜单项，弹出一个参数设置窗口；在对话框的左栏选择【Current Folder】，在右栏的【Path indication】选项中选中【Indicate inaccessible files】和【Show tooltip explaining why files are inaccessible】，并将【Text and icon transparency】调整到最前面，如图 1-12 所示，单击"OK"按钮保存设置。

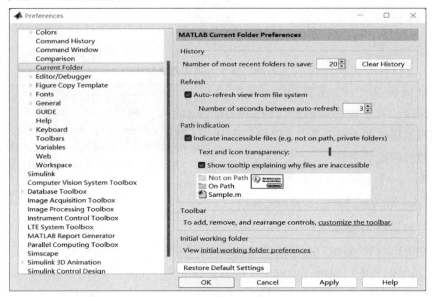

图 1-12　设置搜索路径窗口

在"Current Folder"窗口中将鼠标放在目录上，则可以显示出是否在搜索路径中的说明。当不在搜索路径中时，需要将文件夹添加到搜索路径中，在 MATLAB 界面的工具栏中选择"Set Path"按钮，或在命令窗口中输入"Pathtool"，就会出现图 1-13 所示的设置路径窗口。单击"Add Folder"和"Add with Subfolders"按钮，打开浏览器文件夹窗口即可添加搜索目录。单击"Save"按钮，添加搜索目录，单击"Remove"按钮，删除已有的目录。

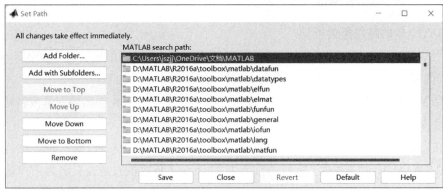

图 1-13　设置路径窗口

1.4.9　使用 MATLAB 帮助

MATLAB 为用户提供了非常详尽的帮助信息,如 MATLAB 的在线帮助、pdf 格式的帮助文件、MATLAB 的例子和演示等。

单击 HOME 主页选项菜单中的　❓　图标(也可选中下拉菜单项中的[Help 文档]),弹出帮助窗口,左侧是帮助导航器,右侧是帮助浏览器,显示左侧窗口对应条目的内容。可以在窗口的搜索栏中输入需要查找的帮助内容,单击 🔍 查找需要的信息。在命令窗口中直接键入"demo",或者在工具栏中单击【Help】的下拉按钮选择【Examples】,提供演示实例如图 1-14 所示。

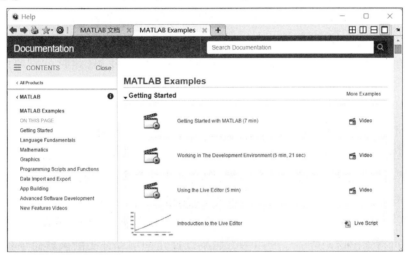

图 1-14　Help 窗口

界面中左侧是 MATLAB 已安装且含有示例的工具箱,右侧是各种 demo,可供单击查看、运行以观察效果。单击打开任一例子,其中包括对例子的讲解与代码。MATLAB 的 Demos 演示系统相当丰富,以算例为切入点,视算例的实质不同,或用 M 文件、Simulink 方块图文件演示,或用 HTML、图形用户界面和视频影像表现。这些演示形式中的内容,有的是"入门引导"型的,有的是"学科专业"型的,有的是"MATLAB 编程技巧"型的。

MATLAB 的帮助系统由 5 大子系统构成,其名称、特点与所提供的资源如表 1-7 所示。

表 1-7　帮助系统的体系结构

子系统	特点	资源
命令窗帮助子系统	文本形式;最可信、最原始;不适于系统阅读	直接从命令窗中通过 help 命令获得所有包含在 M 文件中的帮助注释内容
帮助导航系统	HTML 形式;系统地介绍 MATLAB 规则与一般用法;适合系统地阅读和交叉查阅;是最重要的帮助形式	位于 matlab\help 目录下; HTML 和 XML 文件,物理上独立于 M 文件

续表

子系统	特点	资源
视频演示系统	Flash 形式；视听兼备，直观形象；内容限于版本新特点	通过帮助系统直接链接到 MathWorks 公司网站上
PDF 文件帮助系统	系统的标准打印文件；便于长时间系统阅读	下载网站 www. mathworks. com/help/helpdesk. html
Web 网上帮助系统	交互式讨论具体问题	制造商网站www. mathworks. com 讨论站www. mit. edu/ ~ pwb/cssm/MATLAB-faq. html

使用 help 命令可以获得 MATLAB 命令和 M 文件的帮助信息，如果知道准确的命令名称或主题词，使用 help 命令来查找最快捷。查找内容可以是命令名（函数名）、目录名或者部分路径名，按回车键后，命令窗口中就会出现与帮助主题的"help"有关的内容。

若想求解某具体问题，但不知道有哪些函数命令可以使用，此时可以使用词条搜索 lookfor 命令，在所有的帮助条目中搜索关键字，查找具有某种功能而不知道准确名字的命令。

若用户不能准确拼写函数命令名称，但认识它且记得其前几个字母甚至只记得一个首字母，则可以采用函数名称的模糊（前方一致）查找方法。先在">>"后面输入这几个字母或首字母，然后按下键盘上的制表[Tab]键，则会弹出一个窗口，列出以这几个（或一个）字母开头的所有函数名称。用户先从中选择所需的函数命令，再按下制表[Tab]键，该函数命令即出现在">>"后面。用户只要在该命令前面加上函数搜索命令（两条命令中间必须加上空格），即可搜索出该函数命令的用法。如果以这几个字母开头的函数命令只有一个，则不会弹出窗口，当用户再次按下制表[Tab]键后，MATLAB 会自动补写上该函数名称所缺的其余字母。

习题 1

1. 如何改变 Desktop 操作界面的外观？如何改变操作界面上铺放的窗口数目？如何改变各窗口的大小？

2. 如何从 Desktop 操作界面弹出"几何独立"的通用界面窗口？又如何使这些独立窗口返回操作界面？

3. 在命令窗口中运用 who，whos 命令查阅 MATLAB 内存变量，运用 clear 命令删除内存中的变量。

4. 当前文件夹窗口有哪些主要功能？

5. 工作空间有哪些主要功用？

6. 请指出以下变量名（函数名、M 文件名）中哪些是合法的。

jxm-5　uvw_5　abc　may3　2022sx　b&d　_DOG　ex. u　my(var)

7. MATLAB 提供了较好的演示程序,在 MATLAB 的命令窗口中输入"demo",则可以直接运行演示程序。试运行 MATLAB 的演示程序,初步了解 MATLAB 的基本使用方法。

8. 熟悉帮助导航/浏览器(Help Navigator/Browser)。

9. 当需要查找具有某种功能的命令或函数,但又不知道该命令或函数的确切名字时,可使用 lookfor 命令。该命令允许用户通过完整或部分关键字来搜索相关内容,如要了解有关数组的内容,试在命令窗口中输入"lookfor array",查看 MATLAB 中与数组有关的函数和命令。

10. 命令窗口操作。

(1) 表示 $\dfrac{x^2}{9} + \dfrac{y^2}{16} = 1$ 的 MATLAB 表达式;

(2) 表示 $y = e^{-x^2}$ 的 MATLAB 表达式;

(3) 输入矩阵 $\boldsymbol{A} = [4\ 9\ 2;7\ 6\ 4;3\ 5\ 7]$ 和矩阵 $\boldsymbol{B} = [2, 4, 2;6, 7, 9;8, 3, 6]$,观察输出结果,求 $\boldsymbol{A} + \boldsymbol{B}$。

11. 命令行编辑。

(1) 依次输入以下字符并运行:

y1 = (6*5^2 + 2*3^3)/(5^2 + 10*sin(0.2*pi))

(2) 通过反复按键盘上的箭头键,实现命令回调和编辑,进行新的计算:

y2 = (4*4^2 + 2*2^3)/(6^2 + 100*cos(0.2*pi))

12. MATLAB 数据类型有哪些?

13. MATLAB 的常量表示有哪些?

14. MATLAB 变量命令规则有哪些?

第 2 章 MATLAB 基本计算

MATLAB 内部的任何数据类型都按照数组的形式进行存储和运算。数值数组（numeral array）和数组运算（array operations）是 MATLAB 的核心内容。数组是 MATLAB 最重要的一种内建数据类型，而数组运算则是定义在这种数据结构上的方法。本章重点介绍数值数组，简要介绍其他类似数组的数据结构。

MATLAB 中任何变量都是以数组形式存储和运算的，在运算中经常要用到向量、标量、数组和矩阵。向量和标量都作为特殊的矩阵处理。矩阵是数组的特例，是二维的数值型数组。

空数组（empty array）：没有元素的数组；

向量（vector）：包括行向量（row vector）和列向量（column vector），是 $1 \times n$ 或 $n \times 1$ 的矩阵，向量是数据的一维分组；

标量（scalar）：1×1 的矩阵，即只含一个元素的矩阵；

矩阵（matrix）：一个矩形的 $m \times n$ 数组，即二维数组；

数组（array）：多维数组 $m \times n \times k \times \cdots$，由一组实数或复数排成的长方阵列（array），包括行向量、列向量和矩阵。

矩阵运算与数组运算在 MATLAB 中有显著的不同，属于两类不同的运算。矩阵运算从矩阵的整体出发，按照线性代数的运算规则进行，而数组运算是从数组元素出发，针对每个元素进行运算。无论对数组施加什么运算，总认定是对被运算数组中的每个元素平等地实施同样的运算。

 ## 2.1 数组的创建和寻访

2.1.1 数值数组的创建

1. 一维数组的创建

（1）逐个元素输入法

对于元素较少的数组，可以逐个从键盘上直接输入数组元素，这是最常用、最方便的数值数组的创建方法。该方法也同样适用于二维数组，但应遵循以下基本原则：

- 矩阵元素应用方括号（[　]）括住；
- 每行内的元素间用逗号（,）或空格隔开；
- 行与行之间用分号（;）或回车符隔开；
- 元素可以是数值或表达式。

例如，在命令窗口中直接输入"A = [pi/2　2*pi　sqrt(5)　4 +3i]"，则将显示：

A =

1.5708 +0.0000i　6.2832 +0.0000i　2.2361 +0.0000i　4.0000 +3.0000i

（2）一维数组的冒号生成法

直接生成的表达形式有三种：

① "A =1: n"——创建向量 A，向量的步长为 1，索引值为 1 的元素值为 1，索引值为 n 的元素值为 n，即"A = [1,2,3,…,n-1,n]"。

② "A =1: x: n"——创建向量 A，向量的步长为 x，索引值为 1 的元素值为 1，即"A = [1, 1 + x,1 +2x,…,1 + kx]，1 + kx < = n"。

③ "A = n: -x: 1"——创建向量 A，向量的步长为 – x，索引值为 1 的元素值为 n，即"A = [n,n-x,n-2x,…,n-kx]，n-kx >= 1"。

（3）利用 linspace 函数生成向量

利用 linspace 函数生成向量的语法格式及其实现功能如表 2-1 所示。

表 2-1　利用 linspace 函数生成向量

语法格式	实现功能
A = linspace(x,y,N)	返回向量 A，x 和 y 是向量 A 的两个端点元素值，N 用于指定向量 A 中元素的个数，步长为"(y – x) / (N – 1)"

【例 2-1】　一维数组的冒号生成法和定数线性采样法。

```
>> A = (0: pi/6: pi)                %冒号生成法生成一维数组
A =
0     0.5236     1.0472     1.5708     2.0944     2.6180     3.1416
>> B = linspace(0,pi,7)             %定数(0,π)线性采样法生成(1×7)数组
B =
0     0.5236     1.0472     1.5708     2.0944     2.6180     3.1416
```

显然这两种方法生成的一维数组是完全相同的。

（4）利用 logspace 函数生成向量

利用 logspace 函数生成向量的语法格式及其实现功能如表 2-2 所示。

表 2-2　利用 logspace 函数生成向量

语法格式	实现功能
A = logspace(x,y,N)	返回向量 A，x 和 y 控制向量 A 的两个端点元素值为 10^x 和 10^y，N 用于指定向量 A 中元素的个数，步长为"10^ (linspace(x,y,N))"，因此 logspace 函数得到的向量不是等间距向量，取对数后才是等距的

（5）利用 randperm 函数生成向量

利用 randperm 函数生成向量的语法格式及其实现功能如表 2-3 所示。

表 2-3　利用 randperm 函数生成向量

语法格式	实现功能
A = randperm(N)	返回一个行向量,该行向量为 N 个从 1 到 N 的整数的随机排列
A = randperm(N,k)	返回一个行向量,其中包含从 1 到 N(含 1)随机选择的 k 个唯一整数

2. 二维数组的创建

（1）直接输入法

整个输入数组须以"[ ]"为其首尾;数组行与行之间用";"或回车符隔离;数组元素用逗号或空格分离。

例如,要输入二维数组

$$A = \begin{bmatrix} 1 & 2 & 3 \\ 4 & 5 & 6 \\ 7 & 8 & 9 \end{bmatrix}$$

\>> A = [1 2 3;4 5 6;7 8 9]

\>> A = [1,2,3

4,5,6

7,8,9]

其中,第一个矩阵输入采用";"分行,第二个矩阵输入采用回车符分行。

（2）利用 M 文件创建和保存数组

对于经常需要调用的且比较大的数组,可专门为该数组创建一个 M 文件。利用文件编辑器输入该数组并保存,以后只要在 MATLAB 命令窗口中运行该文件,文件中的数组就会自动生成于 MATLAB 内存中。

（3）标准数组生成函数

MATLAB 提供了一些常用数组生成函数,如表 2-4 所示。

表 2-4　常用数组生成函数

指令	含义	指令	含义
diag	产生对角形数组(二维以下)	rand	产生均匀分布随机数组
eye	产生单位数组(二维以下)	randn	产生正态分布随机数组
magic	产生魔方数组(二维以下)	zeros	产生全 0 数组
ones	产生全 1 数组	reshape	重新排列数组维度

【例 2-2】 创建二维数组。

\>> x = eye(3)　　%产生(3×3)的单位阵

x =

　　1　　0　　0

　　0　　1　　0

　　0　　0　　1

```
>> a = 3*ones(3,5)      % 产生 3 行 5 列全 3 数组
a =
    3    3    3    3    3
    3    3    3    3    3
    3    3    3    3    3
>> b = diag([6,4,3])
b =
    6    0    0
    0    4    0
    0    0    3
```

矩阵的合并就是把两个以上的矩阵连接起来得到一个新矩阵，"[ ]"符号可以作为矩阵合并操作符。

```
>> c = [a b]      % 将矩阵 a 和 b 水平方向合并为 c,要求 a,b 行数相同
c =
    3    3    3    3    3    6    0    0
    3    3    3    3    3    0    4    0
    3    3    3    3    3    0    0    3
>> c1 = [a;b]       % 将矩阵 a 和 b 垂直方向合并为 c1,要求 a,b 列数相同
Error using vertcat
Dimensions of matrices being concatenated are not consistent.
```

由于 a(3×5)和 b(3×3)列数不同,错误显示被合并矩阵的维数不一致。

```
>> d = magic(3)        % 产生(3×3)魔方数组
d =
    8    1    6
    3    5    7
    4    9    2
>> d(3,4:5) = 9    % 将 3×3 数组 d 扩充为 3×5,且第 3 行第 4,5 列处的元素赋 9,其余
```
元素赋 0
```
d =
    8    1    6    0    0
    3    5    7    0    0
    4    9    2    9    9
```

可以对数组中的单个元素、子矩阵和所有元素进行删除操作,删除就是将其赋值为空矩阵(用[ ]表示)。

```
>> d(:,2) = [ ]    % 将 3×5 数组 d 的第 2 列删除,裁剪为 3×4 数组
```

d =

　　8　　6　　0　　0
　　3　　7　　0　　0
　　4　　2　　9　　9

\>> d(2,:) = [　]　　% 将 3×4 数组 d 的第 2 行删除,裁剪为 2×4 数组

d =

　　8　　6　　0　　0
　　4　　2　　9　　9

2.1.2　数值数组的寻访

1. 一维数组的寻访

数组寻访的一般格式为 X(index),下标 index 可以是单个正整数或正整数数组。

【例 2-3】 一维数组做如下操作:

x = [4.0000　2.6400　4.5000　4.0000 + 3.0000i]

\>> x(3)　　% 取单个数组元素

ans =

　　4.5000 + 0.0000i

\>> x([1 2 4])　　% 下标为由 [　] 构成的数组

ans =

　　4.0000 + 0.0000i　2.6400 + 0.0000i　4.0000 + 3.0000i

\>> x(2: end)

ans =

　　2.6400 + 0.0000i　4.5000 + 0.0000i　4.0000 + 3.0000i

\>> x(4: -1: 1)　　% 下标为由冒号生成法构成的数组

ans =

　　4.0000 + 3.0000i　4.5000 + 0.0000i　2.6400 + 0.0000i　4.0000 + 0.0000i

2. 二维数组的寻访

(1) 全下标标识

全下标标识是一种最常用的标识方式。对于二维数组来说,全下标标识由两个下标组成:行下标和列下标,如 A(3,5) 等。

(2) 单下标标识

单下标标识是只用一个下标来指明元素在数组中位置的标识方式。对二维数组采用单下标标识,应先对数组的所有元素进行"一维编号",即先设想把二维数组的所有列按先左后右的次序,首尾相接排成"一维长列";然后自上往下对元素位置进行编号。

(3) 利用 MATLAB 的冒号运算

利用 MATLAB 的冒号运算可方便地进行数组(矩阵)的子数组(子矩阵)的寻访和赋值。

冒号表达式：s1: s2: s3

式中, s1 为起始值, s2 为步长(省略为 1), s3 为终止值。

A(:, j)：表示 A 矩阵第 j 列全部元素。

A(i, :)：表示 A 矩阵第 i 行全部元素。

A(1:3, 2:4)：表示对 A 矩阵取第 1—3 行、第 2—4 列中所有元素构成的子矩阵。

【例 2-4】　二维数组寻访。

```
>> a = zeros(3,5)          % 生成 3 行 5 列 0 数组 a
a =
     0     0     0     0     0
     0     0     0     0     0
     0     0     0     0     0
>> a(:) = -6:8             % 对 a 进行单下标全元素赋值
a =
    -6    -3     0     3     6
    -5    -2     1     4     7
    -4    -1     2     5     8
>> a1 = a(1,:)             % 由 a 的第 1 行元素构成数组 a1
a1 =
    -6    -3     0     3     6
>> a2 = a(1:2,2:5)         % 由 a 的第 1—2 行, 第 2—5 列元素构成数组 a2
a2 =
    -3     0     3     6
    -2     1     4     7
>> a3 = a([1,3],[2,4])     % 由 a 的第 1,3 行, 第 2,4 列元素构成数组 a3
a3 =
    -3     3
    -1     5
>> s = [1 3 5];a(s) = 10:20:30      % 对 a 的第 1,3,5 个元素重新赋值
a =
    10    -3     0     3     6
    -5    30     1     4     7
    20    -1     2     5     8
```

当不知道数组 A 的维数时, 可使用相关函数查询, 如表 2-5 所示。

表 2-5　维数查询函数

函数	功能
size(A)	返回数组 A 的各维尺寸
length(A)	返回数组 A 的各维中最大维的长度
ndims(A)	返回数组 A 的维数
numel(A)	返回数组 A 的元素总个数

例如,对 a 使用 size 命令:

```
>> a = rand(3,5),size(a)
ans =
     3      5
```

 ## 2.2　数组运算和矩阵运算

2.2.1　数组运算的常用函数

1. 函数数组的运算规则

对于(m×n)数组 $X = [xij]m×n$,函数 $f(·)$ 的数组运算规则是指:

$f(X) = [f(xij)]m×n$

例如,对(3×3)数组 a 进行 2 次乘方运算 a^2,只需对数组中每个元素进行乘方运算,a.^2 即 a 的每个元素自乘 2 次,a^2 即 a 阵为方阵时,自乘 2 次。

例如,对数组:

```
a =
     1      2      2
     2      1      1
     1      3      2
a.^2 =
     1      4      4
     4      1      1
     1      9      4
a^2 =
     7     10      8
     5      8      7
     9     11      9
```

2. **数组运算的常用函数**

MATLAB 提供了大量针对数组的函数运算,这些函数的使用很容易,只要遵循数组运算的规则即可。表2-6 列出了与机电系统仿真相关的一些常用函数。

表 2-6　常用函数

名称	含义	名称	含义	名称	含义
sin	正弦	prod	求积	abs	复数模或实数绝对值
cos	余弦	log2	以 2 为底的对数	sign	符号函数
tan	正切	log	自然对数	rem	求余数
asin	反正弦	log10	常用对数	mod	模除求余
acos	反余弦	pow2	2 的幂	fix	向零取整
atan	反正切	conj	复数共轭	floor	向负无穷方向取整
exp	指数	imag	复数虚部	ceil	向正无穷方向取整
sqrt	平方根	real	复数实部	round	四舍五入
sum	求和	angle	相角(弧度)	max/min	最大/最小函数
mean	求平均值	sort	按升序排序	std	求标准差

例如,对数组:

$X =$

$$\begin{matrix} 0 & 1 & 2 \\ 3 & 4 & 5 \\ -3 & -5 & -1 \end{matrix}$$

$\mathrm{mod}(X,2) =$

$$\begin{matrix} 0 & 1 & 0 \\ 1 & 0 & 1 \\ 1 & 1 & 1 \end{matrix}$$

$\mathrm{sign}(X) =$

$$\begin{matrix} 0 & 1 & 1 \\ 1 & 1 & 1 \\ -1 & -1 & -1 \end{matrix}$$

$\mathrm{abs}(X) =$

$$\begin{matrix} 0 & 1 & 2 \\ 3 & 4 & 5 \\ 3 & 5 & 1 \end{matrix}$$

$\mathrm{sum}(X) =$

$$\begin{matrix} 0 & 0 & 6 \end{matrix}$$

2.2.2　矩阵运算

矩阵运算不同于数组运算,要符合矩阵运算的规则。用户应当注意这两种运算之间的区别。表 2-7 列出了常用数组运算和矩阵运算的命令对照。

表 2-7　常用数组运算和矩阵运算的命令对照表

数组运算		矩阵运算	
命令	含义	命令	含义
A.'	非共轭转置	A'	共轭转置
A = s	把标量 s 赋给 A 的每个元素		
s + B	标量 s 分别与 B 元素之和		
s.*A	标量 s 分别与 A 元素之积	s*A	标量 s 分别与 A 元素之积
A.^n	A 的每个元素自乘 n 次	A^n	A 阵为方阵时,自乘 n 次
A + B	对应元素相加	A + B	矩阵相加
A.*B	对应元素相乘	A*B	内维相同矩阵的乘积
A./B	A 的元素被 B 的对应元素除	A/B	A 右除 B
log(A)	对 A 的各元素求对数	Logm(A)	A 的矩阵对数函数

【说明】　执行数组之间运算时,参与运算的数组必须同维,运算结果也与参与运算的数组同维,数组"乘、除、乘方、转置"运算符前的小黑点不能省略,否则按照矩阵运算法则,满足维度一致进行运算。

【例 2-5】　二维数组、矩阵的运算。

\>> A = [-4,-3,-2;-1,0,1;2,3,4];B = [1,3,2;3,2,5;2,5,7];
\>> C = A + B*i　　　　　　　% 生成复数数组
\>> C.',C'　　　　　　　　　% 非共轭转置和共轭转置
C =　　　　　　　　　　C = A + B*i
　　-4.0000 + 1.0000i　　-3.0000 + 3.0000i　　-2.0000 + 2.0000i
　　-1.0000 + 3.0000i　　　0 + 2.0000i　　　1.0000 + 5.0000i
　　 2.0000 + 2.0000i　　 3.0000 + 5.0000i　　4.0000 + 7.0000i
C.' =
　　-4.0000 + 1.0000i　　-1.0000 + 3.0000i　　2.0000 + 2.0000i
　　-3.0000 + 3.0000i　　　0 + 2.0000i　　　3.0000 + 5.0000i
　　-2.0000 + 2.0000i　　 1.0000 + 5.0000i　　4.0000 + 7.0000i
C' =
　　-4.0000 - 1.0000i　　-1.0000 - 3.0000i　　2.0000 - 2.0000i
　　-3.0000 - 3.0000i　　　0 - 2.0000i　　　3.0000 - 5.0000i
　　-2.0000 - 2.0000i　　 1.0000 - 5.0000i　　4.0000 - 7.0000i

```
>> B. \A,B\A        % 数组、矩阵右除
B. \A =
   -4.0000   -1.0000   -1.0000
   -0.3333        0    0.2000
    1.0000    0.6000    0.5714
B\A =
   -3.5000   -3.0000   -2.5000
   -1.9545   -1.6364   -1.3182
    2.6818    2.4545    2.2273
>> A. /B,A/B        % 数组、矩阵左除
A. /B =
   -4.0000   -1.0000   -1.0000
   -0.3333        0    0.2000
    1.0000    0.6000    0.5714
A/B =
   -2.5000   -1.5000    1.5000
   -1.0000   -0.5455    0.8182
    0.5000    0.4091    0.1364
>> A.*B,A*B               % 数组乘和矩阵乘
A.* B =
   -4    -9    -4
   -3     0     5
    4    15    28
A * B =
  -17   -28   -37
    1     2     5
   19    32    47
```

其他数组和矩阵运算命令:det(x)——返回矩阵 x 的行列式;rank(x)——返回矩阵 x 的秩;inv(x)——返回矩阵 x 的逆;eig(x)——返回矩阵 x 的特征根;norm(x)——求向量 x 的 2 范数;poly(x)——计算矩阵 x 的特征多项式,按降幂排列返回特征多项式的系数向量。

【例2-6】 用矩阵除法求方程组的解,已知方程组:

$$\begin{cases} x_1 - 2x_2 + 4x_3 = 9 \\ 2x_1 - x_2 + x_3 = 8 \\ 3x_1 + 3x_2 + 2x_3 = 5 \end{cases}$$

X = A\B 是方程 A * X = B 的解,将该方程变换成 A * X = B 的形式。其中:

```
>> A = [1 -2 4;2 -1 1;3 3 2];B = [9;8;5];X = A\B
```

X =

　　2.8182

　　-1.6364

　　0.7273

⚙ 2.3　关系操作和逻辑操作

在程序流控制和逻辑、模糊推理中,都需要对一类是非问题的真假作出判断。为此,
MATLAB 设计了关系操作、逻辑操作及一些相关函数。虽在其他程序语言中也有类似的关
系、逻辑运算,但 MATLAB 作为一种比较完善的科学计算环境,有其自身的特点。

MATLAB 约定:

① 在所有关系、逻辑表达式中,输入的任何非 0 数都被看成是"逻辑真",只有 0 被认为
是"逻辑假"。

② 所有关系表达式和逻辑表达式的计算结果,即输出,是一个由 0 和 1 组成的"逻辑数
组"。在此数组中,1 表示"真",0 表示"假"。

③ 逻辑数组是一种特殊的数值数组,与"数值类"有关的操作和函数对它也同样适用;
但它又不同于普通的"数值",它还可以用来表示对事物的判断结论("真"与"假")。因此,
它又有其自身的特殊用途,如数组寻访等。

2.3.1　关系运算

关系运算符如表 2-8 所示。

表 2-8　关系运算符

关系运算符	含义	关系运算符	含义
<	小于	>=	大于等于
<=	小于等于	==	等于
>	大于	~=	不等于

【说明】　标量与数组比较,是在此标量和数组每个元素之间进行,结果与数组同维。数
组与数组比较,两数组的维数必须相同,比较是在两数组相同位置上的元素间进行,比较结
果与被比数组同维。

【例 2-7】　数组的关系运算。

```
>> A = 1:9,B = 10 - A,r0 = (A < 4),r1 = (A = = B),r2 = (A > B)
A =
　　1　　2　　3　　4　　5　　6　　7　　8　　9
B =
```

```
        9   8   7   6   5   4   3   2   1
r0 =
        1   1   1   0   0   0   0   0   0
r1 =
        0   0   0   0   1   0   0   0   0
r2 =
        0   0   0   0   0   1   1   1   1
```

2.3.2 逻辑运算

逻辑运算符如表 2-9 所示。

表 2-9　逻辑运算符

逻辑运算符	含义	逻辑运算符	含义	逻辑运算符	含义
&	与、和	|	或	~	否、非

【说明】　标量与数组逻辑运算,是在标量与数组每个元素之间进行,结果与数组同维。数组与数组逻辑运算,参与运算的数组必须同维,运算是在两数组相同位置上的元素间进行,运算结果与数组同维。各类运算符的优先级为:括号→算术运算符→关系运算符→逻辑运算符。

【例 2-8】　数组的逻辑运算。

```
>> A = 0:6,B = 10 - A,r0 = ~ (A < 4),r1 = (A < B)&(B < 8),r2 = (A > B)|(A < 3)
A =
        0   1   2   3   4   5   6
B =
        10  9   8   7   6   5   4
r0 =                            % 判断 A 中不小于 4 的元素
        0   0   0   0   1   1   1
r1 =                            % 判断 B 中小于 8 又比 A 大的元素
        0   0   0   1   1   0   0
r2 =                            % 判断 A 中小于 3 或比 B 大的元素
        1   1   1   0   0   0   1
```

【例 2-9】　单相半波整流波形。

```
>> t = 0:0.1:3 * pi;y = sin(t);
>> y0 = (y >= 0),y1 = y.*y0;      % 利用关系运算获得正弦波形正半周
>> plot(t,y,t,y1)
```

执行结果如图 2-1 所示。

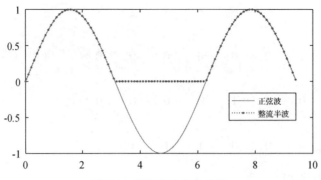

图 2-1　单相半波整流波形

【例 2-10】　逐段解析函数的计算和表现。

% 处理方法一:从自变量着手进行逐段处理

```
>> t = linspace(0,3*pi,500);y = sin(t);                    % 产生正弦波
>> z1 = ((t < pi) | (t > 2*pi)).*y;                        % 获得整流半波
>> w = (t > pi/3&t < 2*pi/3) + (t > 7*pi/3&t < 8*pi/3);    % 关系逻辑数值运算
>> w_n = ~ w;
>> z2 = w*sin(pi/3) + w_n.*z1;                             % 获得削顶整流半波
>> subplot(3,3,1),plot(t,y,':r'),ylabel('y')              % 绘制正弦波
>> subplot(3,3,2),plot(t,z1,':r'),axis([0 10 -1 1])       % 绘制整流半波
>> subplot(3,3,3),plot(t,z2,'-b'),axis([0 10 -1 1])       % 绘制削顶整流半波
>> subplot(3,3,4),plot(t,w_n.*z1,'-b'),axis([0 10 -1 1])
>> subplot(3,3,5),plot(t,w_n,'-b'),axis([0 10 -1 1])
>> subplot(3,3,6),plot(t,w,':r'),axis([0 10 -1 1])
```

执行结果如图 2-2 所示。

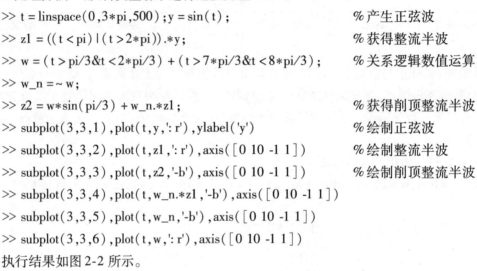

图 2-2　逐段解析函数波形表现

% 处理方法二:从函数量着手进行逐段处理

```
>> z = (y >= 0).*y;              % 正弦整流半波
>> a = sin(pi/3);
```

>> z = (y >= a)*a + (y < a).*z;   % 削顶的正弦整流半波

>> plot(t,y,':r');hold on;plot(t,z,'-b')

>> xlabel('t'),ylabel('z = f(t)'),title('逐段解析函数')

>> legend('y = sin(t)','z = f(t)'),hold off

2.4　"非数"和"空"数组

2.4.1　非数

非数(not a number)指的是 0/0,∞/∞,0 × ∞ 之类的运算,在 MATLAB 中用 NaN 或 nan 表示。NaN 具有以下性质:NaN 参与运算所得的结果也是 NaN,即具有传递性;NaN 没有大小的概念,不能比较两个非数的大小。

NaN 的作用:真实表示 0/0,∞/∞,0 × ∞ 运算的结果;避免因这类异常运算而造成程序中断;在数据可视化中,用来裁减图形。

【例 2-11】　非数的产生和性质。

>> a = 0/0,n = 0*log(0),c = inf/inf,d = sin(a)

Warning: Divide by zero.

a =

　　NaN

Warning: Log of zero.

n =

　　NaN

c =

　　NaN

d =

　　NaN

【说明】　inf 在 MATLAB 中表示∞。

【例 2-12】　非数的产生和处理:求近似极限,修补图形缺口。

>> t = -2*pi:pi/10:2*pi;   % 该自变量数组中存在零值

>> y = sin(t)./t;   % 在 t = 0 处,计算将产生 NaN

>> tt = t + (t ==0)*eps;   % 逻辑数组参与运算,用机器零 eps 代替 0 元素

>> yy = sin(tt)./tt;   % 用数值可算的 sin(eps)/eps 近似替代 sin(0)/0

>> subplot(1,2,1),plot(t,y),axis([-7,7,-0.5,1.2])

>> xlabel('t'),ylabel('y'),title('残缺图形')

>> subplot(1,2,2),plot(tt,yy),axis([-7,7,-0.5,1.2])

>> xlabel('t'),ylabel('yy'),title('正确图形')

执行结果如图2-3所示。

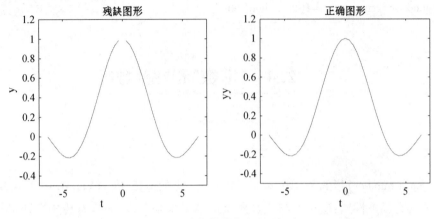

图 2-3 非数的产生和处理

2.4.2 "空"数组

在 MATLAB 中,"空"数组除了用[ ]表示外,某维或若干维长度均为 0 的数组都是"空"数组。

【例 2-13】 "空"数组示例。

>> a=[ ],b=ones(0,3),c=zeros(4,0),d=eye(0,2)　　　%创建空数组

>> x=reshape(-5:6,4,3)　　　%生成(4*3)数组

>> x([1,3],:)=[ ]　　　%利用空数组进行数组裁减

a =

    [ ]

b =

    空矩阵: 0×3

c =

    空矩阵: 4×0

d =

    空矩阵: 0×2

x =

-5	-1	3
-4	0	4
-3	1	5
-2	2	6

```
x =
    -4      0      4
    -2      2      6
```

【说明】　reshape(Q,m,n)为生成 m×n 数组,且数组元素由 Q 按列展开。

⚙ 2.5　字符串与字符串操作

字符串主要用于数据可视化、图形用户界面 GUI 制作等,它与数值数组为不同的数据类(class),如数值标量在内存中占 8 个字节,而一个字符只占 2 个字节。

MATLAB 中的字符串为各字符 ASCII 值构成的数值矩阵,字符串由多个字符组成,是 1×n 的字符数组;每一个字符都是字符数组的一个元素,以 ASCII 形式存放并区分大小,显示的形式则是可读的字符。

2.5.1　字符串的生成

1. 直接生成

在 MATLAB 中字符串由英文状态下的单引号对定义,如"a = 'MATLAB'"。若字符串中存在英文单引号,则内层字符串所用的单引号需要书写两遍。

```
>> s = '显示"MATLAB" '
s =
显示'MATLAB'
```

如在命令窗口中输入"b = 'This is an example. '",则显示结果为

```
b =
This is an example.
```

b 即为字符变量,也为串数组。

串数组中每个字符(包括空格和标点)都占据一个元素位,上面输入的数组 b 的大小可用下面命令获得:

```
>> size(b)
ans =
    1     19
```

表示这是一个 1×19 的数组。

在一维串数组中,MATLAB 按从左到右的次序标识字符的位置,例如:

```
>> B = b(end: -1: 1)
B =
. elpmaxe na si sihT
```

在中文字符串数组中,每个字符也占一个元素位置,如串数组中每个字符(包括空格和标点)都占据一个元素位,数组的大小可用下面命令获得:

```
>> A = '武汉科技大学',size(A)
A =
    武汉科技大学
ans =
    1    6
```

2. 利用 char 函数生成

利用 char 函数生成字符串的语法格式如表 2-10 所示。

表 2-10　利用 char 函数生成字符串

语法格式	实现功能
C = char(A1,...,An)	将数组 A1,…,An 转换为单个字符数组,在转换成字符后,输入数组变成 C 中的行,char 函数根据需要用空格填充行。若任何输入数组都是空字符数组,则 C 中的对应行就是一行空格。输入数组 A1,…,An 不能是字符串数组、单元格数组或分类数组。A1,…,An 可以有不同的大小和形状

2.5.2　字符串操作

1. 字符串的显示

直接显示或利用 disp 函数进行显示,即"s = ['MATLAB']"或"disp(s)"。

2. 字符串的执行

在 MATLAB 中可以用函数 eval 来执行字符串。

3. 字符串的运算

字符串的运算主要包括判断字符串是否相等,通过字符串运算来比较字符串中的字符,进行字符分类、查找与替换、字符串与数值数组之间的相互转换等。MATLAB 中常用的字符串运算函数如表 2-11 所示。

表 2-11　MATLAB 中常用的字符串运算函数

命令	实现功能
strcat(s1,s2,...)	把字符串 s1,s2 等横向连接成长串
strcmp(s1,s2)	若字符串 s1,s2 相同,则判"真",给出逻辑 1
strfind	字符串查找
strmatch	字符串匹配
strtok	选择字符串中的部分
deblank(s)	删除字符串结尾的空格
iscellstr	判断字符串单元数组
isspace(s)	判断是否为空格,以逻辑 1 指示 s 里空格符的位置
strvcat(s1,s2,…)	把字符串 s1,s2 等纵向连接成长串

续表

指令	实现功能
strncmp (s1,s2,n)	若字符串 s1,s2 的前 n 个字符相同,则判"真",给出逻辑 1
strjust	字符串对齐
strrep(s1,s2,s3)	将字符串 s1 中所有出现 s2 的地方替换为 s3
blanks(n)	创建由 n 个空格组成的字符串
ischar(s)	判断变量是否为字符串,s 是字符串,则判"真",给出逻辑 1
isletter(s)	判断数组是否由字母组成,以逻辑 1 指示 s 中文字符的位置
strings	MATLAB 字符串句柄
upper(s)	使 s 中英文字母全部大写
lower(s)	使 s 中英文字母全部小写

（1）字符串的比较

字符串的比较主要是比较两个字符串是否相同、字符串中的子串是否相同以及字符串中的个别字符是否相同。用于比较字符串的函数主要是 strcmp 和 strncmp。

① strcmp 函数。

用于比较两个字符串是否相同。用法为 strcmp(str1,str2),当两个字符串相同时,返回 1,否则返回 0。当所比较的两个字符串是单元字符数组时,返回值为一个列向量,元素为相应行比较的结果。

② strncmp 函数。

用于比较两个字符串的前面 n 个字符是否相同。用法为 strncmp(strl,str2,n),当字符串的前 n 个字符相同时,返回 1,否则返回 0。当所比较的两个字符串是单元数组时,返回值为一个列向量,元素为相应行比较的结果。

（2）字符串的查找与替换

用于查找的函数主要有 strfind、strrep、strmatch 和 strtok 等。

① strfind 函数。

用于在一个字符串中查找子字符串,返回子字符串出现的起始位置。常用语句为"strfind(tr1,tr2)",执行时系统首先判断两个字符串的长短,然后在长的字符串中检索短的子字符串。

② strrep 函数。

查找字符串中的子字符串并将其替换为另一个子字符串。常用语法为"str = strrep(strl,str2,str3)",将 str1 中的所有子字符串 str2 替换为 str3。

③ strmatch 函数。

在字符数组的每一行中查找是否存在待查的字符串,如果存在,则返回 1,否则返回 0。其常用语法为"strmatch('str',STRS)",查找 str 中以 STRS 开头的字符串。

④ strtok 函数。

该函数用于选取字符串中的一部分。该函数的常用语法为"s = strtok(str,a)"。

2.5.3　字符串与数值之间的转换

字符串转换函数用来对不同进制、不同类型的字符串进行转换。部分常用的字符串转换函数如表 2-12 所示。

表 2-12　常用字符串转换函数

函数	功能	举例
abs	将字符串转换为 ASCII	abs('str')→115　116　114
char	将 ASCII 及其他非数值类数据转换为字符串	char(115,116,114)→'str'
double	将字符串转换为 ASCII	double('2.3')→50　46　51
uint8	将字符串转换为相应的无符号整数	uint8('str')→115　116　114
int2str	将整数转换为字符串	int2str('23')→'23'
setstr	将 ASCII 转换为字符串	setstr(116)→'t'
str2num	将字符型转换为数字型	str2num('123.56')→123.5600
hex2num	将十六进制数转换为双精度数	hex2num('A')→-1.4917e-154
hex2dec	将十六进制数转换为十进制数	hex2dec('B')→11
bin2dec	将二进制数转换为十进制数	bin2dec('1010')→10

【例 2-14】　串转换函数。

```
>> a = rand(2,2),b = 'example',c = abs(b),d = char(c),e = num2str(a),size(e)
c =                   % 字符串 b 转换成 ASCII
    101   120   97   109   112   108   101
d =                   % ASCII 转换成字符串
    example
e =                   % 数组 a 转换成字符串
    0.9218    0.1762
    0.7382    0.4057
ans =
    2    18
```

2.6　元胞数组

MATLAB 中的元胞数组（cell array），也称为单元数组,其基本元素是元胞,每一个元胞可以看成一个单元(cell),用来存放各种不同类型、不同尺寸的数据,如矩阵、多维数组、字符串、元胞数组和结构体。每个单元在数组中是平等的,只能以下标区分。元胞数组使得大量的相关数据的处理与引用变得简单而方便。

元胞数组将不同的相关数据元素集成到一个单一的变量中,可以是一维、二维或多维,用花括号({})表示,每一个元胞以下标区分,下标的编码方式与矩阵相同,分为单下标方式和全下标方式。

2.6.1　元胞数组的创建和显示

【例 2-15】　(2×2)元胞数组的创建。

```
>> S_str = char('这是','元胞数组创建算例 1');      %产生字符串
>> R = reshape(1:9,3,3);                           %产生(3×3)实数阵 R
>> Cn = [1+2i];                                     %产生复数标量
>> S_sym = sym('sin(-3*t)*exp(-t)');               %产生符号函数量
```

(1) 直接创建法之一

"外标识元胞元素赋值法"用圆括号(),如 A(2,2)表示第 2 行第 2 列元胞数组元素。

```
>> A(1,1) = {S_str};A(1,2) = {R};A(2,1) = {Cn};A(2,2) = {S_sym};
>> A                                    %显示元胞数组
A =
    [2×10 char]          [3×3 double]
    [1.0000 + 2.0000i]   [1×1 sym]
```

(2) 直接创建法之二

"编址元胞元素内涵的直接赋值法"用花括号{},如 A{2,2}表示第 2 行第 2 列元胞数组内容。

```
>> B{1,1} = S_str;B{1,2} = R;B{2,1} = Cn;B{2,2} = S_sym;
>> celldisp(B)              %显示元胞数组内容
>> B{1,1} =
这是
元胞数组创建算例 1
B{2,1} =
    1.0000 + 2.0000i
B{1,2} =
    1    4    7
    2    5    8
    3    6    9
B{2,2} =
    -sin(3*t)*exp(-t)
```

(3) 利用 cell 指令创建元胞数组并扩充

```
>> C = cell(2);                    %预设空元胞数组 C
>> C(:,1) = {char('Another','text string');10: -1:1}    %对 C 第一列元胞赋值
```

```
>> BC = [B C]                    %空格(或逗号)用来分隔列,进行"列"扩充
>> B_C = [B;C]                   %分号用来分隔"行",进行"行"扩充
>> cellplot(BC,'legend')         %cellplot 用图形表示元胞数组的内容加图例
C =
    [2 × 11 char]        [ ]
    [1 × 10 double]      [ ]
BC =
    [2 × 10 char]        [3 × 3 double]     [2 × 11 char]       [ ]
    [1.0000 + 2.0000i]   [1 × 1 sym]        [1 × 10 double]     [ ]
B_C =
    [2 × 10 char]        [3 × 3 double]
    [1.0000 + 2.0000i]   [1 × 1 sym]
    [2 × 11 char]        [ ]
    [1 × 10 double]      [ ]
```

执行结果如图 2-4 所示。

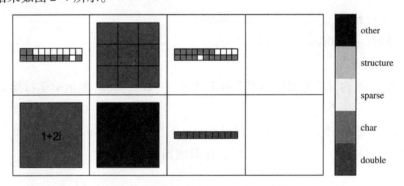

图 2-4   元胞数组 BC 的形象化结构图

与数值型数组一样,亦可利用空数组[ ]和 reshape 函数分别进行元胞数组的收缩和重组。

```
>> B_C(3,:) = [ ]                %删除第 3 行,使 B_C 成为(3×2)的元胞数组
B_C =
    [2 × 10 char]        [3 × 3 double]
    [1.0000 + 2.0000i]   [1 × 1 sym]
    [1 × 10 double]      [ ]
>> D = reshape(B_C,2,3)          % B_C 重组成(2×3)元胞数组 D
D =
    [2 × 10 char]        [1 × 10 double]    [1 × 1 sym]
    [1.0000 + 2.0000i]   [3 × 3 double]     [ ]
```

2.6.2　元胞数组内容的调取

（1）取一个元胞

>> f = D(1,3)　　　　　　　　　%用圆括号寻访得到的是元胞,而不仅是内容

f =

　　　[1×1 sym]

（2）取一个元胞的内容

>> f1 = D{1,3}　　　　　　　　　%用花括号寻访取得内容

f1 =

　　　-sin(3*t)*exp(-t)

注意三种括号的不同用途。

（3）取元胞内的子数组

>> f2 = D{1,1}(:,[1 2 5 6])　　　　%取第 1 行第 1 列元胞内容中的第 1,2,5,6 列

f2 =

这是

元胞创建

（4）同时调取多个元胞内容

>>[f3,f4,f5] = deal(D{[1,3,4]})　　%取三个元胞内容,赋值给三个变量

f3 =

这是

元胞数组创建算例 1

f4 =

　　　10　　9　　8　　7　　6　　5　　4　　3　　2　　1

f5 =

　　　1　　4　　7

　　　2　　5　　8

　　　3　　6　　9

2.7　结构数组

　　结构数组（structure array）是某些具有某种相关性记录的集合体,它使一系列相关记录集合到一个统一的数组中,从而使这些记录能够被有效地管理、组织与引用。结构体可以存储多种类型的数据,基本组成是结构,每一个结构都包含多个字段,结构体只有划分了字段以后才能使用。

在 MATLAB 中,结构数组是按照字段的方式生成与存储结构数组中的每个记录;一个字段中可以包括 MATLAB 支持的任何数据类型,如双精度数值、字符、单元及结构数组等类型。

结构数组的生成与建立数值型数组一样,不需要事先申明,可以直接引用,而且可以动态扩充。

1. 创建结构体

(1) 使用"结构体名.字段名"

```
>> ps(1).name = '曲线 1';
```

(2) 使用 struct 函数

```
struct('field1',值 1,'filed2',值 2,…)
% 创建所有字段
>> ps(1).name = '曲线 1';
>> ps(1).color = 'red';
>> ps(1).position = [0,0,300,300]
ps =
    name: '曲线 1'
    color: 'red'
    position: [0 0 300 300]
>> ps(2).name = '曲线 2';
>> ps(2).color = 'blue';
>> ps(2).position = [100,100,300,300]
ps =
    1×2 struct array with fields:
    name
    color
    position
```

2. 获得 structure 值的方法

(1) 使用"."

(2) 使用 getfield 函数

```
getfield(A,{A_index},'fieldname',{field_index})
```

(3) 使用 fieldnames 函数

```
fieldnames(array)        % 获得所有函数
```

(4) 使用"[ ]"合并所有字段

创建一个三个字段四个记录的表格。

```
>> Name = {'XiaJia';'LiMin';'YunDi';'HouLe'};
>> Age = [19;18;20;19];
>> Gender = {'F';'M';'M';'M'};
```

```
>> T1 = [ Name, Age, Gender ]
T1 =
```

Name	Age	Gender
'XiaJia'	19	'F'
'LiMin'	18	'M'
'YunDi'	20	'M'
'HouLe'	19	'M'

2.8　符号计算

MATLAB 符号数学工具箱是操作和解决符号表达式的符号数学函数的集合,是复合、简化、微分、积分,以及求解代数方程和微分方程的工具。

2.8.1　符号对象和使用

1. 符号变量的概念

MATLAB 中的变量有两类:

- 数值变量:参与运算的量和运算结果均为数值。

例如:$a = 1, a + a = 2$

- 符号变量:参与运算的量和运算结果均为符号。

例如:$a = sym('b'), s = a + a$

输出结果:$s = 2*b$

符号计算的一个非常显著的特点是:在计算过程中不会出现舍入误差,从而可以得到任意精度的数值解。如果希望计算结果精确,可以用符号计算来获得足够高的计算精度。符号计算相对于数值计算而言,需要更多的计算时间和存储空间。

2. 符号变量的创建

创建符号对象可以使用 sym 和 syms 两个函数来实现。

(1) sym 函数

S = sym(s,参数)　　　　　　　　　% 由数值创建符号对象

S = sym('s',参数)　　　　　　　　% 由字符串创建符号对象

当被转换的 s 是数值时,参数可以是'd','f','e'或'r'四种格式;当被转换的's'是字符串时,参数可以是'real','integer','rational','clear'和'positive'五种格式。

(2) syms 函数

syms(s1,s2,s3,…,参数)

或　syms s1 s2 s3 … 参数　　　%创建多个符号变量

syms 与 sym 的关系是：syms(s1,s2,s3,…,参数)等同于 s1 = sym('s1',参数)，s2 = sym('s2',参数)……

格式 1：s = sym('符号表达式')　%符号变量 s 的值为'符号表达式'

例如：s = sym('sin(x) + x')

输出结果：s = sin(x) + x

格式 2：syms　s1　s2　…　　　%定义多个符号变量

相当于：s1 = sym('s1');s2 = sym('s2')

【说明】 符号表达式对空格敏感，不要在符号间加空格；含有符号变量的表达式一定是一个符号表达式；注意引号的使用。

3. 符号表达式的种类

（1）符号函数

可以是任意函数或多项式。

（2）符号方程

可以是线性方程、非线性方程、代数方程或常微分方程等。

例如：

- 代数方程：

    eq = sym('a*x^2 + b*x + c = 0')

- 一阶微分方程：

    eq = sym('Dy-y = x')　　　(Dy = dy/dt 或 dy/dx)

- 二阶微分方程：

    eq = sym('D2y-y = x')　　　(D2y = d2y/dt2 或 d2y/dx2)

（3）符号矩阵

单一符号表达式相当于 1×1 矩阵。符号变量可以是一个符号矩阵。

例如：a = sym('[x +1,y +2;sin(x),cos(y)]')生成一个 2×2 的符号矩阵，a(1,2) ='y +2'。

【例2-16】 求矩阵 $A = \begin{bmatrix} a_{11} & a_{12} \\ a_{21} & a_{22} \end{bmatrix}$ 的行列式值、逆和特征根。

```
>> syms a11 a12 a21 a22;A = [a11,a12;a21,a22]
>> DA = det(A),IA = inv(A),EA = eig(A)
   A =
   [a11,a12]
   [a21,a22]
   DA =
   a11*a22-a12*a21
   IA =
   [a22/(a11*a22-a12*a21),-a12/(a11*a22-a12*a21)]
```

$$[\,-a21/(\,a11*a22-a12*a21\,)\,,a11/(\,a11*a22-a12*a21\,)\,]$$

EA =

$$[\,1/2*a11+1/2*a22+1/2*(\,a11\^2-2*a11*a22+a22\^2+4*a12*a21)\^(1/2)\,]$$

$$[\,1/2*a11+1/2*a22-1/2*(\,a11\^2-2*a11*a22+a22\^2+4*a12*a21)\^(1/2)\,]$$

2.8.2　符号的基本运算

1. 符号矩阵四则运算

与矩阵的四则运算基本相同,参与运算的是符号。

(1) 加减法:对应行列相加减

例如:a = sym('[x　y;x　y]');b = sym('[x\^2　y\^2;x\^2　y\^2]');

a + b = [x + x\^2;y + y\^2;x + x\^2;y + y\^2]

(2) 乘法:元素相乘(. *)和矩阵相乘(*)

例如:a = sym('[x　y;x　y]');b = sym('[x\^2　y\^2;x\^2　y\^2]');

a.*b = [x\^3　y\^3; x\^3　y\^3]

a*b = [x\^3 + y*x\^2　x*y\^2 + y\^3; x\^3 + y*x\^2　x*y\^2 + y\^3]

(3) 除法:元素相除(.\ ./)和矩阵相除(/)

例如:a = sym('[x y;x y]');b = sym('[x\^2 y\^2;x\^2 y\^2]');

a./b = [1/x 1/y;1/x 1/y],a.\b = [x y;x y],a/b = [Inf Inf;Inf Inf]

符号的运算也可使用以下函数:

symadd(s1,s2);symsub(s1,s2);symmul(s1,s2);symdiv(s1,s2);sympow(s,p)。

2. 符号矩阵代数运算

这类运算包括求行列式、矩阵的逆、幂运算等。

3. 符号运算的准确解

例如:在数值运算中,1/2 + 1/3 = 0.83333333;在符号运算中,sym('1/2') + sym('1/3') = 5/6。也可使用强制求解函数:vpa(s)。例如:vpa('5/6') = 0.83333333。

4. 符号表达式中的自由符号变量

findsym(S)　　　　　% 确定符号对象 S 中所有自由符号变量

findsym(S,n)　　　　% 确定符号对象 S 中靠 x 最近的 n 个自由符号变量

例如,已知符号对象 $f = ax^2 + bx + c$,得出自由符号变量。

>> syms a b c x y z;f = a*x\^2 + b*x + c;findsym(f)　　% 得出所有不按顺序排列的自由符号变量

ans =

a,b,c,x

>> findsym(f,4)　　% 得出 4 个按顺序排列的自由符号变量

ans =

x,c,b,a

```
>> g = x + i*y - j*z;findsym(g)          %i 和 j 不能作自由符号变量
ans =
    x,y,z
```

2.8.3　符号的简化和替换

1. 因式分解

格式：factor(s)　　　% 对符号表达式 s 进行因式分解

例如：factor(sym('x^3 + 1')) = (x + 1)*(x^2-x + 1)

　　　factor(sym('a^2 - b^2')) = (a - b)*(a + b)

　　　factor(1025) = 5　　5　　41

2. 表达式的展开

格式：expand(s)　　　% 对符号表达式 s 进行展开

例如：syms x;x1 = expand((x + 1)^3);x2 = expand(sym('sin(x + y)'))

输出结果：x1 = x^3 + 3*x^2 + 3*x + 1;x2 = sin(x)*cos(y) + cos(x)*sin(y)

3. 同类项合并

格式：collect(S)　　　% 对缺省变量进行同类项合并

　　　collect(S,v)　　　% 对变量 v 进行同类项合并

例如：collect(sym('x^3*y + 2*x^3*z + 1'))　　ans = (y + z)*x^3 + 1

　　　syms x y; collect(sym('x^3*y + 2*x^2*y,y'))　　ans = (x^3 + 2*x^2)*y

4. 表达式的化简

格式：simplify(S) 或 simple(S)　　　% 对符号表达式进行化简

例如：syms x,simplify(cos(x)^2 + sin(x)^2)　　ans = 1

　　　syms x,simplify(exp(log(x + 2)))　　ans = x + 2

5. 分式通分

格式：[N,D] = numden(S)　　　% 对 S 进行通分,N 为分子,D 为分母

例如：syms x y;[n,d] = numden(x^2/y + y^2/x);n d　　n = x^3 + y^3　　d = x*y

6. 符号表达式的替换

r = subs(s,old,new);　　　% 用 new 代替符号表达式 s 中的 old

例如：syms x;s = (x^2 + 1);r1 = subs(s,x,x^2),r2 = subs(s,'x^2',sym('y'))

输出结果：r1 = x^4 + 1　　r2 = y + 1

例如：syms x;s = (x + 1)^2 + 1/(x + 1) + 1;r = subs(s,x + 1,x)

输出结果：r = 1/x + x^2 + 1

例如：syms a x;s = a*cos(x)-2;r = subs(s,{a,x},{4,sym(pi/6)})

输出结果：r = 2*3^(1/2)-2

符号表达式操作示例如表 2-13 所示。

表 2-13　符号表达式操作示例

函数格式	化简前	命令	化简后	功能
g = collect(f, 符号变量)	f = (x-1)*(x-2)*(x-3)	g = collect(f)	g = -6 + x^3-6*x^2 + 11*x	将 f 按照"符号变量"的同次幂合并
	f = (t-1)*(t-x)	g = collect(f,'t')	g = t^2 + (-1-x)*t + x	
g = expand(f, 符号变量)	f = (x-1)*(x-2)*(x-3)	g = expand(f)	g = -6 + x^3-6*x^2 + 11*x	展开成多项式和的形式
	f = cos(x-y)	g = expand(f)	g = cos(x)*cos(y) + sin(x)*sin(y)	
g = horner(f)	f = x^3-6*x^2 + 11*x-6	g = horner(f)	g = -6 + (11 + (-6 + x)*x)*x	化简成嵌套的形式
	f = t^2-(1 + x)*t + x	g = horner(f)	g = (-t + 1)*x + (t-1)*t	
g = factor(f)	f = sym('120')	g = factor(f)	g = (2)^3*(3)*(5)	进行因式分解
	f = x^3-6*x^2 + 11*x-6	g = factor(f)	g = (x-1)*(x-2)*(x-3)	
pretty(f)	f = x^3-6*x^2 + 11*x-6	pretty(f)	x^3-6x^2 + 11x-6	给出排版形式的输出结果

7. 符号表达式的求值

（1）用数值符号替换表达式中的变量

例如：syms x;s = 1/(x + 1);sv = subs(s,x,'2')

输出结果：sv = 1/3

（2）用数值替换表达式中的变量

例如：sv = subs(s,x,2)

输出结果：sv = 0.33333333

2.8.4　符号运算

1. 符号极限

格式：limit(s,a)　　　　　　　　% 计算 s 中自变量趋近 a 的极限

　　　limit(s,x,a)　　　　　　　% 计算 s 中 x 趋近 a 的极限

例如：syms x

　　　s = limit(sin(x)/x,0)

输出结果：s = 1

计算符号表达式 $\frac{1}{t}$ 的极限。

syms t;f2 = 1/t;

limitf2_l = limit(f2 ,'t','0','left')　　　　% 计算趋向 0 的左极限

limitf2_r = limit(f2 ,'t','0','right')　　　　% 计算趋向 0 的右极限

limitf2 = limit(f2)　　　　　　　　　　　% 计算趋向 0 的极限

limitf2_1 = -Inf

limitf2 =

NaN

左、右极限不相等,极限不存在表示为 NaN。

2. 符号微分

格式1: diff(s)　　　　　　　　% 对符号表达式 s 求缺省变量的微分

例如: syms x,diff(x^4) = 4*x^3;

　　　syms x,diff(cos(x^2)) = -2*x*sin(x^2)

格式2: diff(s,v)　　　　　　　% 对符号表达式 s 的变量 v 求微分

例如: diff('a*x^2 + b*y^3','b') = y^3

格式3: diff(s,'v',n)　　　　　% 求符号表达式 s 对变量 v 的求 n 阶微分

3. 符号积分

格式1: int(s)　　　　　　　　% 求符号表达式 s 的不定积分

例如: syms x,int(x + 1) = (x*(x + 2))/2

　　　int(sym('x^2 + 1')) = (x*(x^2 + 3))/3

　　　int(sym('sin(x) + a^x')) = a^x/log(a)-cos(x)

　　　syms x,int(2*x + 5,0,1) = 6

格式2: int(s,v)　　　　　　　% 求符号表达式 s 对变量 v 的不定积分

例如: syms x y,int(x + y,y) = (y*(2*x + y))/2

　　　int('x + y','y') = x*y + 1/2*y^2

格式3: int(s,v,a,b)　　　　% 求符号表达式 s 对变量 v 在区间(a,b)上的定积分

例如: syms x,int(2*x + 3*y,y,0,1) = 2*x + 3/2,int('x + 1',0,1) = 3/2

例如:计算二重不定积分: $\iint xe^{-xy}\mathrm{d}x\mathrm{d}y$ 。

syms x y,int(int(x*exp(-x*y),x),y) = exp(-x*y)/y

>> syms x y,int(int('x*exp(-x*y)','x'),'y')

未定义与 'char' 类型的输入参数相对应的函数 'int'。

4. 级数求和

symsum 函数用于级数的求和。

symsum(s),自变量为 findsym 函数所确定的符号变量,设其为 k,则该表达式计算 s 从 0 到 k - 1 的和。

symsum(s,v),计算表达式 s 从 0 到 v - 1 的和。

symsum(s,a,b),计算自变量从 a 到 b 时 s 的和。

symsum(s,v,a,b),计算 v 从 a 到 b 时 s 的和。

5. Taylor 级数

函数 taylor 用于实现 Taylor 级数的计算。

taylor(f),计算表达式 f 的 Taylor 级数,自变量由 findsym 函数确定,计算 f 在 0 处的 15 阶 Taylor 级数。

taylor(f,Name,Value),计算表达式 f 的 Taylor 级数,自变量由 findsym 函数确定,计算 f 在 0 的阶名 Name-阶数 Value 项的 Taylor 级数。

例如:taylor(f,x,x0,'Order',n)　　%求泰勒级数以符号变量 x 在 x0 点展开 n 项

$$f(x) = f(x0) + f'(x0)(x - x0) + \frac{f''(x0)}{2!}(x - x0)^2 + \cdots$$

例如:使用 taylor 函数对符号表达式 cos(x)进行泰勒级数展开。

syms x;f = cos(x);

taylorf = taylor(f,x,1,'order',3)　　　　%计算 x = 1 级数展开前 3 项

taylorf =

cos(1)-sin(1)*(x-1)-1/2*cos(1)*(x-1)^2

2.8.5　符号方程的求解

1. 代数方程的求解

格式 1:solve(f)　　　　　　　%求单个方程的解

例如: syms x;solve('a*x^2 + b*x + c = 0')

ans = -(b + (b^2-4*a*c)^(1/2))/(2*a); -(b-(b^2 -4*a*c)^(1/2))/(2*a)

例如: syms x; solve('sin(x) = cos(x)')

ans = pi/4

格式 2:solve(f1,f2,…,fn)　　　　%对缺省变量解方程组

例如: syms x y z;[x,y,z] = solve('x + y + z = 1','x + 2*y-z = 3','x-y-z = 6')

x = 7/2　　y = -1　　z = -3/2

格式 3:solve(f1,f2,…,fn,'v')　　　　%对变量 v 解方程(组)

例如: syms x y z;[x,y] = solve('x + y + z = 1','x + 2*y-z = 3','x,y')

x = -3*z-1　　y = 2*z + 2

【例 2-17】　求 $d + \frac{n}{2} + \frac{p}{2} = q, n + d + q - p = 10, q + d - \frac{n}{4} = p, q + p - n - 8d = 1$ 线性方程组的解。本例演示符号线性方程组的 2 种基本解法。

求解线性方程 AX = b 中的 X:

A = sym([1 1/2 1/2 -1;1 1 -1 1;1 -1/4 -1 1;-8 -1 1 1]);

b = sym([0;10;0;1]);X = A\b　　%方程解 A/b

X = [1;8;8;9]

(1) 前面方法

(2) 用 solve 函数求解

syms d n p q;

eq1 = d + n/2 + p/2-q; eq2 = n + d + q-p-10; eq3 = q + d-n/4-p; eq4 = p + q-n-8*d-1;
S = solve(eq1, eq2, eq3, eq4, d, n, p, q); [S. d, S. n, S. p, S. q]
ans =
　　 {1, 8, 8, 9}

2. 微分方程的求解

格式：dsolve(f1, f2, …, fn, 'C', 'V')

对微分方程(组) f1, …, fn 的变量 V 求解, C 为初始条件, V 为自变量(缺省为 t), V 和 C 可以缺省。方程中 D 表示微分, 则 D2 和 D3 分别表示二阶、三阶微分, y 的一阶导数 dy/dx 或 dy/dt 表示为 Dy。

(1) 一阶微分方程

例如：dsolve('Dx = -a*x')

　　　　 x = C1*exp(-a*t)

例如：dsolve('Dx = -a*x', 'x(0) = 1', 's'))

　　　　　 x = exp(-a*s)

(2) 二阶微分方程

例如：dsolve('D2y = -a^2*y', 'y(0) = 1', 'Dy(pi/a) = 0')

　　　　 y = exp(-a*t*1i)/2 + exp(a*t*1i)/2

例如：y = dsolve('D2y + 2*Dy + 2*y = 0', 'y(0) = 1', 'Dy(0) = 0', 'x')

　　　　 y = exp(-x)*cos(x) + exp(-x)*sin(x)

对于用数值方法求解常系数微分方程或微分方程组, MATLAB 提供了解函数 ode, 具体调用方法如下：

[T, Y] = ode solver('fun', tspan, y0)

在区间 tspan = [t0, tf] 上, 使用初始条件 y0, 求解常系数微分方程 y = f(t, y)。其中解向量 Y 中的每行结果对应于时间向量 T 中每个时间点。

例如, 求微分方程：dy/dx = -3y + 2x, y(1) = 2 在区间 [1, 3] 上的解。

首先建立函数文件：function dy = myde(x, y)　　 (myde. m)

　　　　　　　　　　 dy = -3*y + 2*x

再用命令 [x, y] = ode23('myde', [1, 3], 2) 调用求解。

2.8.6　符号积分变换

1. Fourier 变换

(1) Fourier 变换

格式：fourier(S)　　　　　　　　　　　　 %对符号表达式(函数)进行傅立叶变换

例如：fourier(sym('1')) = 2*pi*dirac(w)

(2) Fourier 反变换

格式：ifourier(S)　　 %对符号表达式(函数)进行傅立叶反变换

例如：ifourier(sym('2 * pi * dirac(w)')) = 1　%验算结果与上述原函数相等

2. Laplace 变换

（1）Laplace 变换（双边）

格式：laplace （S）　　　　　　　　　%对符号表达式（函数）进行 Laplace 变换

例如：laplace （sym('1')) = 1/s, laplace （sym('t')) = 1/s^2

（2）Laplace 反变换

格式：ilaplace （S）　%对符号表达式（函数）进行 Laplace 反变换

例如：ilaplace （sym('1/(s + 1)')) = exp(-t)

3. Z 变换

（1）Z 变换

格式：ztrans （S）　　　　　　　　　%对符号表达式（函数）进行 Z 变换

例如：ztrans （sym('1')) = z/(z-1)　　　%对单位阶跃函数求 Z 变换

（2）Z 反变换

格式：iztrans （S）　　　　　　　　　%对符号表达式（函数）进行 Z 反变换

例如：iztrans （sym('z/(z-2)')) = 2^n

2.8.7　符号函数计算器

在命令窗口中执行 funtool 即可调出单变量符号函数计算器。单变量符号函数计算器用于对单变量函数进行操作，可以对符号函数进行化简、求导、绘制图形等。

在命令窗口中输入命令"funtool"，就会出现该符号函数计算器，由两个图形窗口和一个函数运算控制窗口组成（图 2-5）。

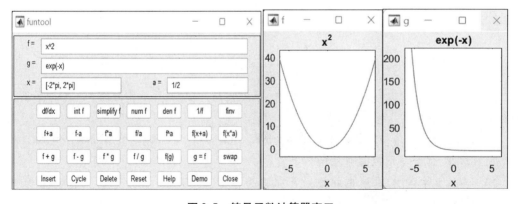

图 2-5　符号函数计算器窗口

Taylor 逼近计算器用于对函数进行 taylor 逼近。在命令窗口中输入"taylortool"，调出 Taylor 逼近计算器（图 2-6）。

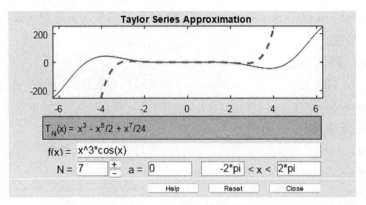

图 2-6 Taylor 逼近计算器窗口

习 题 2

1. 在命令窗口中输入"$x = 1:0.2:2$"和"$y = 2:0.2:1$",观察所生成的数组。

2. 要求在$[0,2\pi]$上产生 50 个等距采样数据的一维数组,试用两种不同的命令实现。

3. 计算 $e^{-3t}\cos 2t$,其中 t 为$[0,2\pi]$上生成的 10 个等距采样的数组。

4. 已知 $\boldsymbol{A} = \begin{bmatrix} 1 & 2 \\ 4 & 2 \end{bmatrix}, \boldsymbol{B} = \begin{bmatrix} 2 & 1 \\ 3 & 2 \end{bmatrix}$,计算矩阵 $\boldsymbol{A},\boldsymbol{B}$ 乘积和点乘。

5. 对题 4 中的 $\boldsymbol{A}$,令"$A(:,3) = [5;6]$",生成 2×3 数组,利用 reshape $(A,3,2)$命令,使 $\boldsymbol{A}$ 重构为 3×2 数组,再利用$[\ ]$裁去重构后数组的第 1 列,求最后结果。

6. 找出 $\boldsymbol{A} = \begin{bmatrix} -4 & -2 & 0 & 2 & 4 \\ -3 & -1 & 1 & 3 & 5 \end{bmatrix}$ 中所有绝对值大于 3 的元素。

7. 已知 $\boldsymbol{A} = \begin{bmatrix} 0 & 3 & 4 \\ 1 & 5 & 0 \end{bmatrix}, \boldsymbol{B} = \begin{bmatrix} 1 & 6 & 2 \\ 1 & 0 & 4 \end{bmatrix}$,计算 $\boldsymbol{A}\&\boldsymbol{B}, \boldsymbol{A} | \boldsymbol{B}, \sim \boldsymbol{A}, \boldsymbol{A} == \boldsymbol{B}, \boldsymbol{A} > \boldsymbol{B}$。

8. 定义一个符号函数 $f(x,y), xy = (a*x_2 + b*y_2)/c_2$,分别求该函数对 x,y 的导数和对 x 的积分。

9. 用四舍五入的方法对数组$[5.4568 \quad 8.3982 \quad 13.9375 \quad 29.5042]$使用 floor,ceil,fix,round 四个函数取整,体会不同取整方法的效果。

10. 将题 5 中的 $\boldsymbol{A}$ 阵用串转换函数转换为串 $\boldsymbol{B}$,再用 size 命令查看两者的结构有何不同。

11. 求解两点边值问题:$xy'' - 3y' = x^2, y(1) = 0, y(5) = 0$。

12. 求边值问题$\dfrac{df}{dx} = 3f + 4g, \dfrac{dg}{dx} = -4f + 3g, f(0) = 0, g(0) = 1$ 的解。

第 3 章　数据和函数的可视化(仿真应用之输出分析)

将仿真结果可视化,是输出分析常用的一种方法。MATLAB 语言提供了一套功能强大的图形函数和程序,用于实现仿真结果的可视化。

本章主要介绍了二维和三维图形的绘制、图形处理、图形窗口以及图形文件操作,并简单介绍了图像文件操作及图像分析。通过学习,读者不仅能熟练掌握绘图函数的基本使用方法,而且能熟练使用 MATLAB 中相应函数命令来对图形进行相应的操作,初步掌握有关图像分析与处理的基础理论知识和实用技术,熟悉 MATLAB 图像处理工具箱提供的函数,了解和掌握图像处理的方法及手段。

3.1　二维图形绘制

3.1.1　二维绘图函数

(1)格式 1:plot(y)

• y 为实向量时,以该向量元素的下标为横坐标、元素值为纵坐标画一条连续曲线。

• y 为实矩阵时,则按列绘制每列元素值相对其下标的曲线,图中曲线数等于 y 阵的列数;y 为复数矩阵时,则以每列元素实部和虚部分别为横、纵坐标按列绘制多条曲线,相当于 plot(real(y),imag(y))。

例如:y = [1 2 3 2 1 2 2 3];plot(y)

上面代码对应的图形如图 3-1 所示。

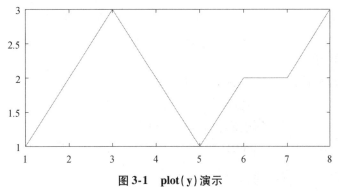

图 3-1　plot(y)演示

（2）格式2：plot(x,y)

● x,y 是同维向量时,绘制以 x,y 元素分别为横、纵坐标的曲线。

● x 是列向量,y 是与 x 等行的矩阵时,以 x 为横坐标,按 y 的列数绘制多条曲线。

● x 是矩阵、y 是向量时,以 y 为纵坐标,按 x 的列数绘制多条曲线。

● x,y 是同维矩阵时,以 x,y 对应列元素分别为横、纵坐标绘制曲线,曲线条数等于矩阵列数。

例如：$t = (0:0.005:1)$;$y = \sin(2*pi*t)$;$plot(t,y)$

上面代码对应的图形如图 3-2 所示。

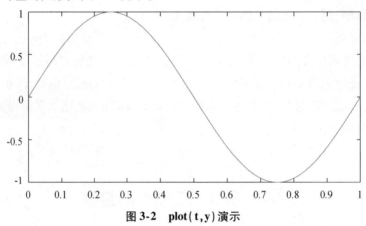

图 3-2　plot(t,y)演示

如果 y 为多行或多列矩阵,则绘制多条曲线。

例如：$t = (0:0.05:1)$;$y = [\sin(2*pi*t);\cos(2*pi*t)]$;$plot(t,y)$

上面代码对应的图形如图 3-3 所示。

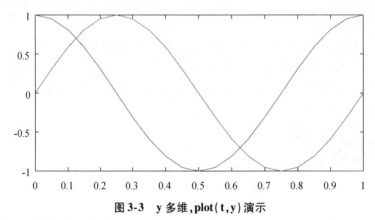

图 3-3　y 多维,plot(t,y)演示

【例 3-1】　不同格式命令比较。

```
t = (0:pi/50:2*pi);        %生成(101*1)的列向量
k = 0.2:0.1:1;             %生成(1*9)的行向量
Y = sin(t)*k;              %生成(101*9)的矩阵
subplot(131),plot(t,Y),subplot(132),plot(Y,t),subplot(133),plot(Y)
```

上面代码生成的图形如图 3-4 所示。

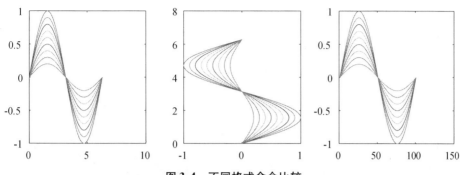

图 3-4　不同格式命令比较

对比图 3-4 中的 3 种曲线,不难看出 plot(x,y),plot(y,x) 与 plot(y)的差异。

(3) 格式 3：plot(x1,y1,x2,y2,…)

相当于用 plot(x1,y1),plot(x2,y2),…将多条曲线绘制在一个图中。

例如：t = (0:0.05:1.5);t1 = (0.5:0.05:1);y = sin(2 * pi * t);y1 = 2 * sin(2 * pi * 2 * t1);
plot(t,y,t1,y1)

上面代码生成的图形如图 3-5 所示。

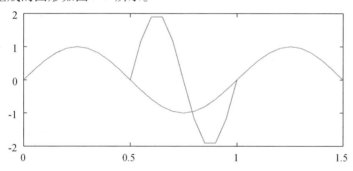

图 3-5　多条曲线绘制演示

(4) 格式 4：plot(y,'s'),plot(x,y,'s'),plot(x1,y1,'s1',x2,y2,'s2',…)

s 为格式字符串,用于设置绘图颜色和线型。

例如：接上一条命令后,plot(t,y,'xr',t1,y1,':k')

上面代码生成的图形如图 3-6 所示。

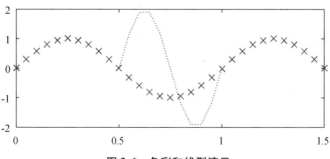

图 3-6　色彩和线型演示

3.1.2 曲线的色彩、线型和数据点型

1. 色彩和线型(表3-1)

曲线的色彩和线型如表3-1所示。

表3-1 色彩和线型

线型	符号	-		:		-.		--	
	含义	实线		点线		点划线		双划线	
色彩	符号	b	g	r	c	m	y	k	w
	含义	蓝	绿	红	青	品红	黄	黑	白

【说明】 plot 函数的输入参量 s 可由线型符、色彩符中各选一个符号组合而成,确定所绘曲线的颜色和线型。当 's' 缺省时,默认设置为:曲线一律用"实线"线型;不同曲线按表3-1中所给前七种颜色的次序着色,依次为蓝、绿、红等。

2. 数据点型

数据点型用来标示数据点,即可单独使用,也可与色彩、线型组合使用,如表3-2所示。

表3-2 数据点型

符号	含义	符号	含义
.	实心黑点	d	菱形符
+	十字符	h	六角星符
^	朝上三角符	o	空心圆符
<	朝左三角符	p	五角星符
>	朝右三角符	s	方块符
v	朝下三角符	x	叉字符

【例3-2】 二维曲线绘图基本指令:色彩、线型和点型演示。

```
>> t = (0:pi/100:pi)';y = sin(t);        %生成(101*1)的时间采样列向量和数据向量
>> y1 = sin(t)*[1,-1];                    %生成(101*2)的矩阵(包络线函数值)
>> y2 = sin(t).*sin(9*t);                 %生成(101*1)的调制波列向量
>> t1 = pi*(0:9)/9;                       %生成(1*10)数据标志点采样向量
>> y3 = sin(t1).*sin(9*t1);               %生成(1*10)数据标志点数据
%用红实线绘 y1,用蓝点线绘 y2,用黑方块符绘 y,用蓝五角星符对 y3 进行标识
>> plot(t,y1,'r',t,y2,'b:',t,y,'ks',t1,y3,'bp')
>> axis([0,pi,-1,1])                      %设置坐标轴范围
```

执行结果如图3-7所示。

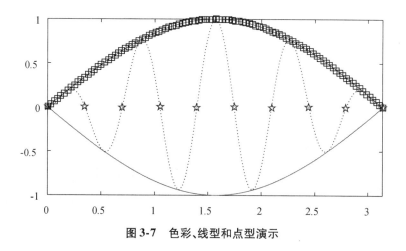

图 3-7 色彩、线型和点型演示

3.1.3 图形控制

在一般绘图时可采用 MATLAB 的缺省设置,也能得到满意的图形,但用户也可根据需要改变缺省设置。

1. 坐标控制

坐标控制用于确定各坐标轴坐标范围和刻度取法,常用的坐标控制命令如表 3-3 所示。

表 3-3 常用坐标控制命令

命令	含义	命令	含义
axis auto	使用缺省设置	axis equal	纵、横轴为等长刻度
axis ij	矩阵式坐标	axis normal	缺省矩形坐标系
axis xy	普通直角坐标	axis square	正方形坐标系
axis(V) V = [x1,x2,y1,y2] V = [x1,x2,y1,y2,z1,z2]	人工设定坐标范围。设定值:二维,4 个;三维,6 个	axis tight	坐标范围为数据范围
axis fill	使坐标填满整个绘图区	axis image	纵、横轴为等长刻度,且坐标框紧贴数据范围

axis([xmin xmax ymin ymax zmin zmax cmin cmax]):设置当前坐标轴的 x 轴、y 轴与 z 轴的范围,当前颜色刻度范围。

【例 3-3】 观察各种轴控命令的影响。演示采用长轴为 3.25、短轴为 1.15 的椭圆。

t = 0:2*pi/99:2*pi;

x = 1.15*cos(t);y = 3.25*sin(t);   % y 为长轴,x 为短轴

subplot(2,3,1),plot(x,y),axis normal,grid on,title('Normal and Grid on')

subplot(2,3,2),plot(x,y),axis equal,grid on,title('Equal')

subplot(2,3,3),plot(x,y),axis square,grid on,title('Square')

subplot(2,3,4),plot(x,y),axis image,title('Image')

$\mathrm{subplot}(2,3,5),\mathrm{plot}(x,y),\mathrm{axis\ fill},\mathrm{box\ off},\mathrm{title}('Fill')$

$\mathrm{subplot}(2,3,6),\mathrm{plot}(x,y),\mathrm{axis\ tight},\mathrm{title}('Tight')$

执行结果如图 3-8 所示。

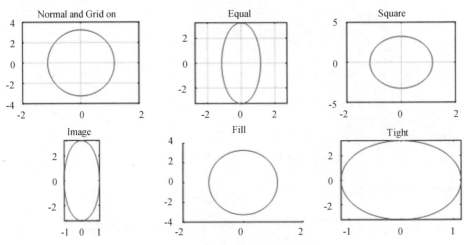

图 3-8　各种轴控命令的不同影响

注意：采用多子图表现时，图形形状不仅受"控制命令"影响，而且受整个图面"宽高比"及"子图数目"的影响。本书这样处理，是出于篇幅考虑。想准确体会控制命令的影响，需要单独在全图状态下进行观察。

2. 分格线和坐标框

grid on：画出分格线。

grid off：不画分格线。

box on：使当前坐标呈封闭形式。

box off：使当前坐标呈开启形式。

【说明】　不画分格线是 MATLAB 的默认设置；分格线的疏密取决于坐标刻度；默认情况下，所画坐标呈封闭形式。

3. 图形标识

title('s')	% 给图形加标题

例如：plot(t,y); title('sine wave')

　　　　xlabel ('s');ylabel('V(mv)')　　　　% 给 x 轴、y 轴加标注

　　　　text (x,y,'s')　　　　% 在图形指定位置(x,y)处加标注 s

例如：text(0.5,0.8,'t = 0.5s v = 0.8')

　　　　legend ('s1','s2',…)　　　　% 添加图例

例如：plot(t,y,t1,y1);legend('sine','cosine')

　　　　zoom on(off)　　　　% 允许放大/缩小

如果想在图上标识希腊字符、数学符号等特殊字符，那么必须使用表 3-4、表 3-5 中的命令；如果想设置上下标、对字体或大小进行控制，那么必须在被控制字符前先使用表 3-6、

表 3-7 中的命令和设置值。

表 3-4　常用图形标识用的希腊字母

命令	字符	命令	字符
\alpha	α	\omega	ω
\beta	β	\Omega	Ω
\xi	ξ	\int	∫

表 3-5　常用图形标识用的其他特殊字符

命令	字符	命令	字符
\neq	≠	\times	×

表 3-6　上、下标的控制命令

	命令	arg 取值	举例
上标	^{arg}	任何合法字符	'\ite^{-\alphat}'
下标	_{arg}	任何合法字符	'\rmt_{s}'

表 3-7　字体式样设置规则

字体	命令	arg 取值	举例
风格	\arg	bf(黑体),it(斜体),rm(正体)	'\fontsize{12}sin'
大小	\fontsize{arg}	正整数(缺省值为10)	'\fontsize{12}sin'

【例 3-4】　二维曲线绘图图形标识演示。

```
>> t = 0 : 0.01 : pi; A = [2, 1, 3]'; w = [3, 5, 6]'; y = sin(2*w*t).*exp(-A*t);
>> plot(t, y(1, :), '-.', t, y(2, :), t, y(3, :), 'O')
>> legend('\rm\omega = 3, \bf\alpha = 2', '\omega = 5, \bf\alpha = 1', ...
          '\omega = 6, \bf\alpha = 3')            % 建立图例
>> xlabel('\fontsize{14}\bft')                    % 建立 X 轴名(14 号黑体)
>> ylabel('\fontsize{14}y')                       % 建立 Y 轴名(14 号正体)
>> title('y = e^{-\alphat}sin2\omegat')           % 建立图名(上标和希腊字母)
```

执行结果如图 3-9 所示。

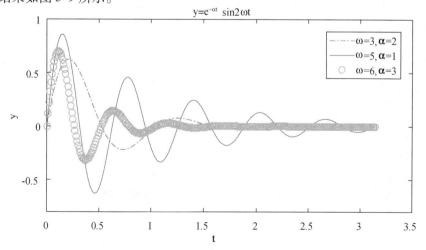

图 3-9　图形标识演示

4. 双纵坐标图

把同一自变量的两个不同量纲、不同数量级的函数绘制在同一幅图上,即为双纵坐标图。

plotyy(X1,Y1,X2,Y2):以左右不同纵轴绘制 X1-Y1,X2-Y2 两条曲线。

plotyy(X1,Y1,X2,Y2,FUN):以左右不同纵轴把 X1-Y1,X2-Y2 绘制成 FUN 指定形式的两条曲线。

plotyy(X1,Y1,X2,Y2,FUN1,FUN2):以左右不同纵轴把 X1-Y1,X2-Y2 绘制成 FUN1,FUN2 指定的不同形式的两条曲线。

【说明】 左纵轴用于 X1-Y1 数据对,右纵轴用于 X2-Y2 数据对;轴的范围、刻度自动产生;FUN,FUN1,FUN2 为 MATLAB 中所有接受 X-Y 数据对的二维绘图命令。

【例3-5】 已知系统单位阶跃响应和单位脉冲响应分别为

$$y = 1 - e^{-\zeta\omega_n t} \cdot \frac{1}{\sqrt{1-\xi^2}} \sin\left(\omega_d t + \arctan\frac{\sqrt{1-\zeta^2}}{\zeta}\right)$$

$$\frac{dy}{dt} = \frac{\omega_n}{\sqrt{1-\xi^2}} e^{-\zeta\omega_n t} \sin(\omega_d t)$$

其中 $\omega_d = \omega_n\sqrt{1-\xi^2}$,$\omega_n = 5$ rad/s,$\zeta = 0.5$,用双纵坐标图画出这两个函数在区间[0,4]上的曲线。

```
>> t = 0:0.02:3;
>> zeta = 0.5;wn = 5;
>> s = sqrt(1-zeta^2);
>> sita = atan(s/zeta);
>> wd = wn*s;
>> y1 = 1-exp(-zeta*wn*t).*sin(wd*t + sita)/s;
>> y2 = wn*exp(-zeta*wn*t).*sin(wd*t)/s;
>> plotyy(t,y1,t,y2)
>> text(2,0.3,'\fontsize{14} \fontname{黑体}单位脉冲响应')
>> text(2,1.1,'\fontsize{14} \fontname{楷体}单位阶跃响应')
>> xlabel('\fontsize{14} \bft')
```

执行结果如图 3-10 所示。

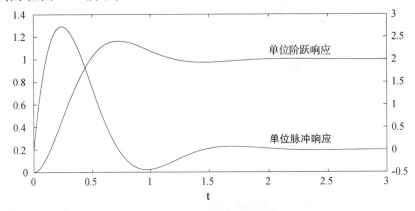

图 3-10 双纵坐标图演示

5. 多子图

MATLAB 允许用户在同一个图形窗中布置几幅独立的子图。

subplot(m,n,k)：表示图形窗中有(m×n)幅子图,k 是子图编号,使(m×n)幅子图中的第 k 幅成为当前图。序号编排原则是:左上方为第一幅,向右向下依次排号。

subplot('position',[left bottom width hight])：在指定位置开辟子图,并成为当前图,产生的子图位置由人工指定,指定位置的四元组采用归一化的标称单位,即认为图形窗的高、宽的取值范围都是[0,1]。

subplot 命令产生的子图间彼此独立,所有的绘图命令都可用于子图。

【例 3-6】　多子图演示。

```
>> clf;t = (pi*(0:2000)/1000)';
>> y1 = cos(t);y2 = cos(20*t);y12 = cos(t).*cos(10*t);
>> subplot(2,2,1),plot(t,y1);axis([0,2*pi,-1,1])
>> subplot(2,2,2),plot(t,y2);axis([0,2*pi,-1,1])
>> subplot('position',[0.2,0.05,0.6,0.45])
>> plot(t,y12,'b-',t,[y1,-y1],'r:');axis([0,2*pi,-1,1])
```

执行结果如图 3-11 所示。

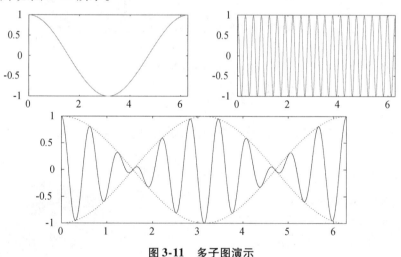

图 3-11　多子图演示

6. 特殊图形

特殊二维曲线绘制函数如表 3-8 所示。

表 3-8　特殊二维曲线绘制函数

指令	含义	指令	含义
bar( )	二维条形图	compass( )	罗盘图
pie( )	饼状图	hist( )	直方图
stairs( ) stem( )	阶梯图 火柴杆图	loglog/semilogx/ semilogy( )	对数图/x 半对数图/ y 半对数图

续表

指令	含义	指令	含义
errorbar( )	误差限图形	polar( )	极坐标图
fill( )	二维填充函数	comet( )	彗星状轨迹图

（1）条形图

bar 命令用于绘制二维的垂直条形图，用垂直的条形显示向量或者矩阵的值，可以显示矢量数据和矩阵数据。

例如：绘制条形图。

>> y = rand(6,4),bar(y)   % 随机生成六组数据，每组包含四个数据，绘制条形图

执行结果如图 3-12 所示。

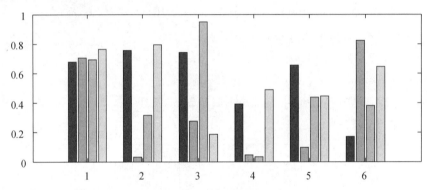

图 3-12　bar 函数演示

barh 函数用于绘制水平条形图，其用法与 bar 函数类似。

（2）饼状图

函数 pie 用于绘制二维饼状图，饼状图用于表示矢量或矩阵中各元素所占的比例。具体使用格式如下。

pie(x)：使用 x 中的数据绘制饼图，x 中的每一个元素用饼图中的一个扇区表示。

pie(x,explode)：绘制向量 x 的饼图，若向量 x 的元素和小于 1，则绘制不完全的饼图。

例如：绘制饼状图。

>> x = [1 3 0.5 2.5 2],explode = [0 1 0 0 0];pie(x,explode)

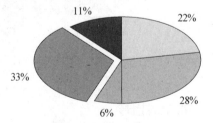

图 3-13　pie 函数演示

执行结果如图 3-13 所示。

（3）多边形填充图

fill 函数用于绘制并填充二维多边图形。具体使用格式如下。

fill(X,Y,C)：用 X 和 Y 中的数据生成多边形，用 C 指定的颜色填充它。

fill(X,Y,ColorSpec)：用 ColorSpec 指定的颜色填充由 X 和 Y 定义的多边形。

fill(X1,Y1,C1,X2,Y2,C2,…)：指定多个要填充的二维区域。

例如:绘制填充图。

>> x = linspace(-4*pi,4*pi,100);y = sin(x).*cos(x);fill(x,y,'g');　　　% 'g'为绿色

执行结果如图 3-14 所示。

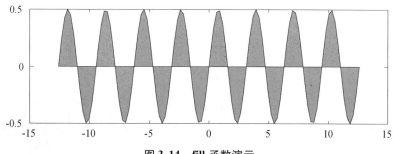

图 3-14　**fill** 函数演示

(4) 罗盘图

compass 函数用于绘制罗盘图,采用直角坐标系,在圆形栅格上绘制图形,整个形状类似一个"罗盘"。具体使用格式如下。

compass(x,y):绘制一个由原点出发、由(x,y)组成的向量箭头图形。

compass(z):等价于 compass(real(z),imag(z))。

compass(…,LineSpec):用参量 LineSpec 指定箭头的线型、标记符号、颜色等属性。

h = compass(…):函数返回 line 对象的句柄给 h。

对于表示方向的自变量,要进行角度和弧度的转换,一般格式为:rad = ang * pi/180。

(5) 极坐标图

极坐标 polar,具体使用格式如下。

polar(θ,r):以 θ 为角度、r 为半径绘图。

例如: x = (0:pi/100:2 * pi);y = abs(sin(x));polar(x,y)

执行结果如图 3-15 所示。

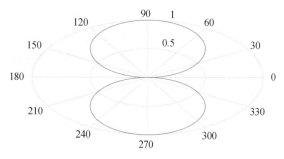

图 3-15　**polar** 函数演示

【例 3-7】　特殊图形绘制演示。

>> t = linspace(0,2*pi,30);y = sin(t).*exp(-0.4*t) +1;

>> subplot(2,3,1),stairs(t,y),title('stairs(t,y),阶梯图')

>> subplot(2,3,2),stem(t,y,'g'),title('stem(t,y),火柴杆图')

>> subplot(2,3,3),bar(t,y),title('bar(t,y),二维条形图')

>> subplot(2,3,4),polar(t,y),title('polar(t,y),极坐标图')
>> subplot(2,3,5),hist(y),title('hist(y),直方图')
>> subplot(2,3,6),loglog(t,y),title('loglog(t,y),对数图')

执行结果如图 3-16 所示。

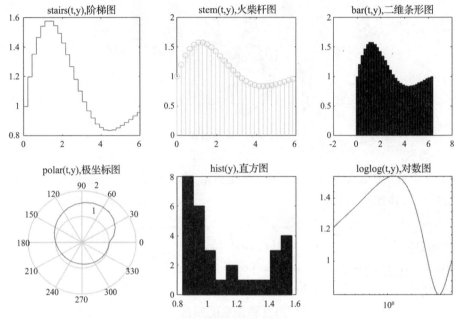

图3-16　特殊图形函数演示

7. 绘制窗口控制

（1）窗口控制命令

窗口控制命令如表 3-9 所示。

表3-9　窗口控制命令

语法格式	实现功能
figure	打开一个新窗口用于绘图,打开的窗口为后续操作的当前窗口
figure(n)	查找序号为 n 的窗口,并使其成为当前窗口;若没有该序号窗口,则创建一个新的窗口,使其序号为 n

（2）图形保持命令

图形保持命令如表 3-10 所示。

表3-10　图形保持命令

语法格式	实现功能
hold on	保留当前窗口中的绘图,以便添加到窗口的新绘图不会覆盖现有的绘图。新绘图采用的颜色与旧绘图不同
hold off	将图像保持状态设置为 OFF,以便添加到窗口的新绘图覆盖现有绘图并重置窗口所有的属性。新绘图的颜色和线条样式与旧绘图一致。此操作为默认操作,即若没有 hold on 语句,则同一窗口的新绘图必然覆盖旧绘图

【例 3-8】　图形保持演示。

\>\> clf;t = 2*pi*(0:20)/20;y = sin(t).*exp(-0.4*t);c = [1,-1];

\>\> stem(t,y,'g');　　　% 绘制 t 时刻离散点(绿色)

\>\> hold on;　　　　　% 保持当前轴及图形,准备接受以后将绘制的新曲线

\>\> stairs(t,y,'r');　　　% 在同一幅图上绘制离散点的阶梯信号(红色)

\>\> hold off　　　　　　% 保持当前轴及图形不再具备不被刷新的性质

执行结果如图 3-17 所示。

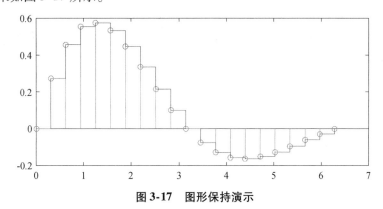

图 3-17　图形保持演示

8. 给定函数的曲线绘制命令

MATLAB 提供了两个由隐函数或函数句柄给出的函数的曲线绘制命令。

(1) fplot 函数

fplot 函数能根据给定的函数自动调整数据点之间的间隔,对于变化剧烈的函数,可进行较精确的绘图,对剧烈变化处进行较密集的取样。具体使用格式如下:

fplot(f,limits),fplot(f,limits,er,s)

其中,f 为给定的函数名称;limits 为坐标轴取值范围,可以是[xmin,xmax]或[xmin, xmax,ymin,ymax];er 为相对误差限,默认为 2e-3;s 指定线型、颜色和数据点型等。

【例 3-9】　fplot 函数与 plot 函数的比较。

\>\> x = 0.0001:2:50;

\>\> subplot(2,1,1);plot(x,sin(x)./x)

\>\> subplot(2,1,2);fplot('sin(y)./y',[0.0001 50])

执行结果如图 3-18 所示。

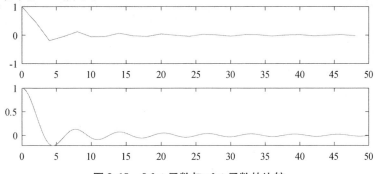

图 3-18　fplot 函数与 plot 函数的比较

plot 函数按照给定的自变量间隔绘制曲线,若自变量间隔取得过密,则需占用较大存储空间,取得过疏则绘图质量降低;fplot 函数自动确定自变量间隔,若数据变化较大,则间隔取密,否则取疏。

（2）ezplot 函数

ezplot 函数可以绘制显函数图形、隐函数图形和参数方程图形。具体使用格式如下：

ezplot(f),ezplot(f,limits)

其中,f = f(x,y)或 f = f(x)为用符号函数表示的隐函数;limits 为指定坐标轴取值范围,如[xmin,xmax]或[xmin,xmax,ymin,ymax];当不指定数据范围时,默认为[-2π,2π]。

【例 3-10】 绘制隐函数 $f(x,y) = x^2\sin(x + y^2) + y^2e^x + 6\cos(x^2 + y) = 0$ 的图形。

\>\> clf,ezplot('x^2*sin(x + y^2) + y^2*exp(x) + 6*cos(x^2 + y)')

执行结果如图 3-19 所示。

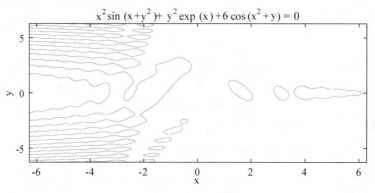

图 3-19　ezplot 函数演示

9. 交互式图形命令

[x,y] = ginput(n)

该命令用鼠标从二维图形上获取 n 个点的数据坐标(x,y)。操作方法如下：

① 该命令运行后,会把当前图形从后台调到前台,同时鼠标光标变为十字形;

② 移动鼠标使十字形移到待取坐标点,单击鼠标左键便获取该点数据;

③ 当 n 个点数据全部取完后,图形窗便退回后台。

【例 3-11】 交互式图形命令的演示。

\>\> x = 0:0.1:4;y = x.*cos(x);plot(x,y),[x1,y1] = ginput(4)

鼠标在图形窗上成十字形,选取 4 个点后,命令窗将显示 4 个点的坐标值(图 3-20)。

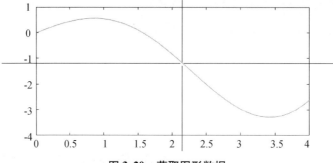

图 3-20　获取图形数据

x1 =

    0.8361

    0.8361

    1.5212

    3.4512

y1 =

    0.5532

    0.5532

    0.0590

    -3.3055

3.2 三维图形绘制

最常用的三维绘图是三维曲线图、三维网格图和三维曲面图,对应的 MATLAB 函数分别是 plot3/ezplot3,mesh/ezmesh 和 surf/ezsurf,其中加"ez"的用于绘制符号函数图形,不加"ez"的用于绘制数值函数的图形。

3.2.1 plot3——基本三维曲线

(1)格式1:plot3(x,y,z)

功能:x,y,z 具有相同的长度,绘图时将元素值对应的点(x,y,z)以直线相连。

例如:x = 0: pi/10: 5*pi;y = sin(x);z = cos(x);plot3(x,y,z)

执行结果如图 3-21 所示。

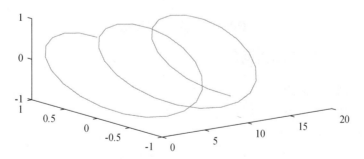

图 3-21 plot3 绘制一条曲线

(2)格式2:plot3(x,y,z,'s'),plot3(x1,y1,z1,'s1',x2,y2,z2,'s2')

功能:用于设置绘图颜色和线型,字符串意义同 plot;绘制多条曲线。

【例3-12】 用 plot3 函数绘制多条曲线并设置绘图颜色和线型演示。

>> x1 = 0: pi/10: 6*pi; y1 = sin(x1); z1 = cos(x1);

>> t = 0: 0.02*pi: 2*pi; x2 = sin(t); y2 = cos(t); z2 = cos(2*t);

>> plot3(x1, y1, z1, '-r + ', x2, y2, z2, '-g^');

执行结果如图 3-22 所示。

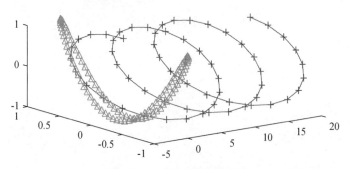

图 3-22　plot3 绘制多条曲线

【例 3-13】　用 ezplot3 函数绘制 $x = \cos t$, $y = \sin t$ 和 $z = \sqrt{t}$ 的空间曲线动态轨迹, $t \in [0, 10\pi]$。

在命令窗口中输入如下代码, 即可生成空间曲线动态轨迹图。单击"Repeat"按钮, 再次动态生成轨迹图(图 3-23)。

>> syms t; x = cos(t); y = sin(t); z = sqrt(t); ezplot3(x, y, z, [0, 10*pi], 'animate');

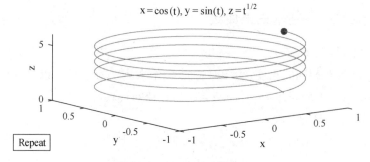

图 3-23　ezplot3 函数演示

3.2.2　三维网线图和曲面图

plot3 只能绘制单参数的三维曲线图, 而三维网线图和曲面图则比较复杂, 主要表现为绘图数据的准备, 图形的色彩、明暗、光照和视点处理。

1. 数据准备

画函数 $z = f(x, y)$ 所代表的三维空间曲面, 需要做以下数据准备:

- 确定自变量 x, y 的取值范围和取值间隔。

  x = x1: dx: x2; y = y1: dy: y2

- 构成 xy 平面上的自变量"格点"阵。

  [X, Y] = meshgrid(x, y)

【**说明**】 X 由 x 按行复制而成,其行数为 y 元素的个数;Y 由 y 按列复制而成,其列数为 x 元素的个数。

● 计算在自变量采样"格点"上的函数值,即

$$Z = f(X,Y)$$

2. mesh/ezmesh——三维网线图

三维网线图就是将平面上的网格点(X,Y)对应 z 值的顶点画出,并将各顶点用线连接起来。具体调用方法如下:

mesh(Z):分别以矩阵 Z 的行、列下标作为 x 和 y 轴的自变量绘图;Z 为二维矩阵,绘图时,以元素下标(x = 1:n,y = 1:m)作为 x-y 坐标,元素值作为 Z 坐标,将各点连成网格。颜色与高度成比例。

mesh(X,Y,Z):最常用的一般调用格式。

mesh(X,Y,Z,C):完整的调用格式,C 用于指定图形的颜色,若没有给定 C,则系统默认 C = Z。

meshc(X,Y,Z):在网格下画一等值线图。

meshz(X,Y,Z):在网格下画一窗帘(垂直线)。

【**例 3-14**】 用网线图表现函数 $z = x^2 + y^2$。

```
>> clf;x = -4:4;y = x;[X,Y] = meshgrid(x,y);        % 生成 x-y 坐标"格点"矩阵
>> Z = X.^2 + Y.^2;                                  % 计算格点上的函数值
>> mesh(X,Y,Z);hold on,colormap(summer)             % 采用 summer 色图
>> stem3(X,Y,Z,'bo')                                 % 在格点上计算函数值
```

执行结果如图 3-24 所示。

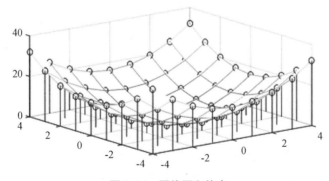

图 3-24 网线图和格点

【**例 3-15**】 画出 $z = \dfrac{\sin(\sqrt{x^2+y^2})}{\sqrt{x^2+y^2}}$ 所表示的三维网线图,其中 x,y 的取值范围均是[− 8,8]。

```
>> clear;x = -8:0.5:8;          % 定义自变量 x 的一维刻度向量
>> y = x';                      % 定义自变量 y 的一维刻度向量
>> X = ones(size(y))*x;         % 计算自变量平面上取值点 x 坐标的二维数组
```

>> Y = y*ones(size(x)) ;　　　　% 计算自变量平面上取值点 y 坐标的二维数组

>> R = sqrt(X. ^2 + Y. ^2) + eps;　　% 计算中间变量 $R = \sqrt{x^2 + y^2}$

>> Z = sin(R). /R;　　　　　　　% 计算与自变量二维数组相应的函数值 $Z = \dfrac{\sin R}{R}$

>> mesh(Z) ;　　　　　　　　　% 绘制三维网线图

>> colormap(spring)　　　　　　% 指定网线图用 spring 色图绘制

执行结果如图 3-25 所示。

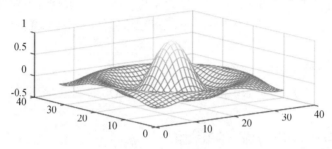

图 3-25　三维网线图

ezmesh(FUN, DOMAIN) : FUN 为函数表达式, DOMAIN 为自变量的取值范围。

【例 3-16】　ezmesh 函数演示。

>> syms x t;f = 2*x*cos(t) ;ezmesh(f,[-pi,pi]) ;

执行结果如图 3-26 所示。

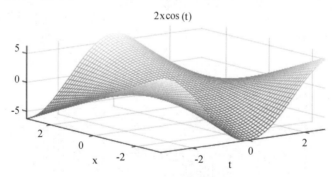

图 3-26　**ezmesh 函数演示**

3. surf/ezsurf——**立体曲面图**

surf(Z) : 生成一个由矩阵 Z 确定的三维带阴影的曲面图。

surf(X,Y,Z) : 数据 Z 既是曲面高度, 也是颜色数据。

surf(X,Y,Z,C) : 用指定的颜色 C 画出三维网格图。

ezsurf(FUN,DOMAIN,ngrid) : 二元函数曲面快速绘图, FUN 为函数表达式, 只能包含两个自由变量; DOMAIN 为自变量的取值范围; ngrid 为指定格点数, 所取的格点数越多, 曲面表现越细腻, 默认时 ngrid = 60。

ezsurf(x,y,z,DOMAIN,ngrid) : 与上述命令类似, 只是 x,y,z 应以参量的形式给出。

【例 3-17】　曲面图与网线图演示。

\>\> x = -2:0.16:2;y = -1:0.16:3;

\>\>[X,Y] = meshgrid(x,y);

\>\> z = x.*exp(-x.^2-y.^2);

\>\> Z = X.*exp(-X.^2-Y.^2);

\>\> subplot(2,2,1),plot3(x,y,z),box on

\>\> subplot(2,2,2),plot3(X,Y,Z),box on

\>\> subplot(2,2,3),meh(X,Y,Z)

\>\> subplot(2,2,4),surf(Z)

执行结果如图 3-27 所示。

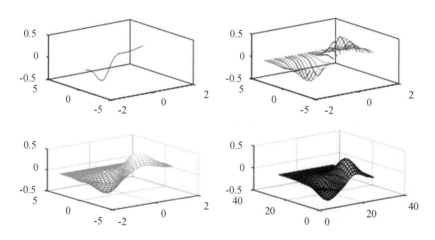

图 3-27　曲面图与网线图演示

【例 3-18】　ezsurf 函数演示。

\>\> x = 'cos(s)*cos(t)';y = 'cos(s)*sin(t)';z = 'sin(s)';

\>\> ezsurf(x,y,z,[0,pi/2,0,3*pi/2])　　%0≤s≤0.5π,0≤t≤1.5π

执行结果如图 3-28 所示。显然该函数不需要另外建立格点阵。

x = cos(s)cos(t), y = cos(s)sin(t), z = sin(s)

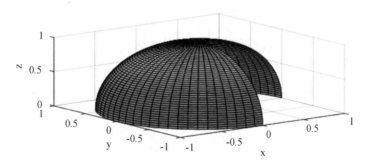

图 3-28　ezsurf 函数演示

【说明】　三维表面图与网线图相似,绘制网格点数据对应的三维表面图,不同的是网线图中网格范围内的区域为空白,而三维表面图则用颜色来填充。

另外,surf 函数还有两个派生的函数:surfc 和 surfl。surfc 用来绘制三维表面图并加等高线,surfl 用来绘制三维表面图并加光照效果。

4. 其他三维图形

在介绍二维图形时,曾提到条形图、杆图、饼图和填充图等特殊图形,它们也可以以三维形式出现,使用的函数分别是 bar3,stem3,pie3 和 fill3。

① bar3 函数,绘制三维条形图,常用格式为:bar3(y),bar3(x,y)。

② stem3 函数,绘制离散序列数据的三维杆图,常用格式为:stem3(z),stem3(x,y,z)。

③ pie3 函数,绘制有一定厚度的三维饼图,调用方法与二维饼图相同,常用格式为 pie3(x)。

例如:绘制三维饼图。

>> pie3([2,3,4,5])　　　% 分别占比 14%,21%,29%,36%

④ fill3 函数,等效于三维函数 fill,可在三维空间内绘制出填充过的多边形,常用格式为:fill3(x,y,z,c)。

⑤ cylinder 柱面图,该命令生成一单位圆柱体的 x,y,z 轴的坐标值。可以用命令 surf 或命令 mesh 画出圆柱形对象,或者用没有输出参量的形式立即画出图形。常用格式为cylinder([X,Y,Z])。

例如:cylinder([2,3,4,5])

⑥ sphere 球面图:sphere 函数用于生成球体。具体调用方法如下:

● sphere:生成三维直角坐标系中的单位球体,该单位球体有 20×20 个面。

● sphere(n):在当前坐标系中画出有 n×n 个面的球体。

例如:sphere(20)

⑦ peaks 函数,产生一个凹凸有致的曲面,包含三个局部极大点及三个局部极小点。

⑧ waterfall 瀑布图,waterfall 函数用于绘制三维瀑布图,瀑布图中的曲线有两种走向,一种为 x 轴方向,一种为 y 轴方向。具体调用方法如下:

$$waterfall(z),waterfall(x,y,z),waterfall(x,y,z,c)$$

【例 3-19】　其他三维绘图函数演示。

>> [x,y,z] = peaks;waterfall(x,y,z);

>> subplot(2,2,1),peaks

>> subplot(2,2,2),[x,y,z] = peaks; waterfall(z);

>> subplot(2,2,3),cylinder([2,3,4,5])

>> subplot(2,2,4),sphere(20)

执行结果如图 3-29 所示。

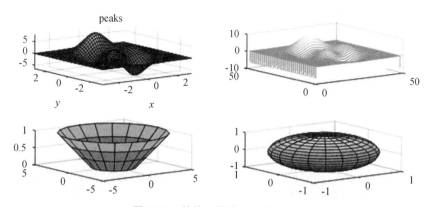

图 3-29　其他三维绘图函数演示

5. 图形的透视

MATLAB 在采用缺省设置画 mesh 图形时,对叠压在后面的图形采取了消隐措施。采用如下命令可控制消隐:

hidden on:开启"隐藏",即不显示被当前图形遮住部分的网格线条,消隐被叠压的图形。

hidden off:关闭"隐藏",即显示被当前图形遮住部分的网格线条,透视被叠压的图形。

【例 3-20】　图形透视演示。

```
>> [X0,Y0,Z0] = sphere(20);          % 产生单位球面的三维坐标
>> X = 3*X0;Y = 5*Y0;Z = 4*Z0;      % 产生椭球面的三维坐标
>> subplot(121),surf(X0,Y0,Z0);      % 画单位球面
>> hold on,mesh(X,Y,Z)              % 画椭球
>> title('透视'),hidden off,axis off   % 透视被叠压图形,不显示坐标轴
>> subplot(122),surf(X0,Y0,Z0);hold on,mesh(X,Y,Z)
>> title('不透视'),hidden on          % 消隐被叠压图形
```

执行结果如图 3-30 所示。

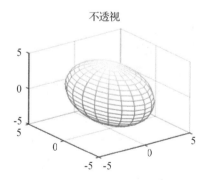

图 3-30　图形透视演示

6. 三维图形修饰处理

（1）视点控制

MATLAB 提供了设置视点的函数 view，其调用格式如下。

view([az,el])：通过方位角 az 和俯仰角 el 设置视点。

view([x,y,z])：通过(x,y,z)直角坐标设置视点。

另外，view(2)表示二维图形，方位角为 0°，俯仰角 90°；view(3)表示三维图形，默认的方位角为 −37.5°，俯仰角为 30°。

【例 3-21】　视点控制演示。

```
>> t = 0:0.02:2*pi;x = sin(t);y = cos(t);z = cos(2*t);
>> subplot(1,2,1),plot3(x,y,z,'b−','x,y,z,'rp');
>> view([-82,58]);      % 视点控制
>> title('视点控制'),box on
>> subplot(1,2,2),plot3(x,y,z,':r',x,y,z,'kx');        % 无视点控制
>> box on,title('无视点控制')
```

执行结果如图 3-31 所示。

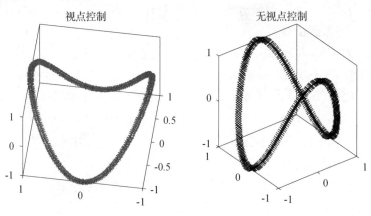

图 3-31　视点控制演示

（2）色彩处理

MATLAB 除用字符表示颜色外，还可以用含有 3 个元素的向量表示颜色。向量元素在[0,1]范围内取值，3 个元素分别表示红、绿、蓝 3 种颜色的相对亮度，称为 RGB 三元组。

色图（color map）是 MATLAB 系统引入的概念，用于对图形进行着色。在 MATLAB 中，每个图形窗口只能有一个色图。色图是 m×3 的数值矩阵，它的每一行是 RGB 三元组。色图矩阵可以用命令生成，也可以调用 MATLAB 提供的函数来定义色图矩阵。色图矩阵选项如表 3-11 所示。

表 3-11　MATLAB 部分预定义色图矩阵

color map	含义	color map	含义
autumn	红、黄浓淡色	hsv	红、黄、绿、青、蓝、洋红、红饱和色
bone	蓝色调浓淡色	pink	淡粉红色
cool	青、品红浓淡色	spring	青、黄浓淡色
copper	铜色调线性浓淡色	summer	绿、黄浓淡色
gray	灰色调线性浓淡色	winter	蓝、绿浓淡色
hot	黑、红、黄、白浓淡色	white	全白色

（3）透明控制

alpha(v)：对面、块、像三种图形对象的透明度进行控制。

v 可取 0～1 之间的数值,0 为完全透明,1 为不透明。

【例 3-22】　透明度控制演示。

\>> clf;Z = peaks(15);colormap(summer)

\>> subplot(1,3,1),surf(Z),alpha(0),title('完全透明')　　%完全透明

\>> subplot(1,3,2),surf(Z),alpha(0.5),title('半透明')　　%半透明

\>> subplot(1,3,3),surf(Z),alpha(1),title('完全不透明')　　%完全不透明

执行结果如图 3-32 所示。

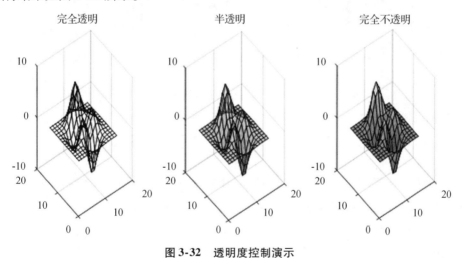

图 3-32　透明度控制演示

（4）着色平滑处理

三维表面图形实际上就是在网格图的每一个网格片上涂颜色。surf 函数用缺省的着色方式对网格片着色。除此之外,还可以用 shading options 命令来改变着色方式。

shading faceted 命令将每个网格片用与其高度对应的颜色进行着色,但网格线仍保留,其颜色是黑色。这是系统的缺省着色方式,显示带有连接线条的曲面,立体感最强。

shading flat 命令将每个网格片用同一个颜色进行着色,且网格线也用相应的颜色,去掉各片连接处的线条,从而使得图形表面显得更加光滑。

shading interp 命令在各网格片之间采用颜色插值处理,去掉连接线条,得出的表面图形显得最光滑。

【例3-23】 着色平滑处理。

```
>> clf;[x,y] = meshgrid(-2:0.1:4,-3:0.1:2);
>> z = (x.^3-6*x).*exp(-x.^2-y.^2+x.*y);
>> subplot(131),surf(x,y,z),axis([-3,2,-2,2,-1,2])
>> title('shading faceted'),shading faceted
>> subplot(132),surf(x,y,z),axis([-3,2,-2,2,-1,2])
>> title('shading flat'),shading flat
>> subplot(133),surf(x,y,z),axis([-3,2,-2,2,-1,2])
>> title('shading interp'),shading interp
```

执行结果如图 3-33 所示。

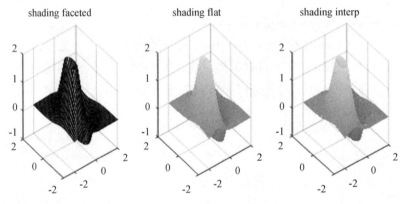

图 3-33　着色平滑处理

(5) 图形裁剪处理

镂空,即利用 NaN 可将图形中某个部分去掉。裁切,即将被切部分强制为零,可显示出切面。

【例3-24】 绘制三维曲面图并进行插值着色处理,裁切掉图中 x 和 y 小于 0 的部分。

```
>> clf;[x,y] = meshgrid(-5:0.1:5);
>> z = cos(x).*cos(y).*exp(-sqrt(x.^2+y.^2)/4);
>> subplot(131),surf(x,y,z),axis([-3,3,-2,2,-0.5,1.0])
>> ii = (x<=0)&(y<=0);
>> z1 = z;z1(ii) = NaN;          %用 NaN 将某个部分去除
>> subplot(132),surf(x,y,z1),axis([-3,3,-2,2,-0.5,1.0])
>> title('镂空'),colormap(jet)
>> z2 = z;z2(ii) = 0;            %将被切除部分强制为零,显示出切面
>> subplot(133),surf(x,y,z2),axis([-3,3,-2,2,-0.5,1.0])
>> title('裁切'),colormap(jet)
```

执行结果如图 3-34 所示。

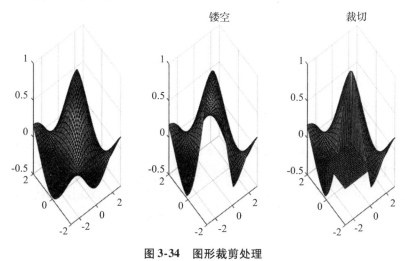

图 3-34　图形裁剪处理

3.3　图像的读取

MATLAB 的图像处理工具箱可以读入、显示和处理多种标准的图像格式文件,包括. bmp、. gif、. jpg、. tiff、. png、. hdf、. pcx、. xwd、. ico 和. cur 等。图像类型包括索引图像、灰度(强度)图像和 RGB(真彩)图像。

1. 图像文件信息的查询

可以使用 imfinfo 函数查询图像文件信息,包括文件名、文件大小、图像尺寸、图像类型和每个像素的位数等信息。

2. 图像的读写

imread 和 imwrite 函数分别用于将图像文件读入 MATLAB 工作空间,以及将图像数据和色图数据一起写入一定格式的图像文件。

$[x,map]=imread(filename,fmt)$　　　% 读取图像文件

$imwrite(x,map,filename,fmt)$　　　% 写入图像文件

x 是图像文件的数据矩阵;map 是颜色表矩阵,可省略,当 imread 读取的不是索引图像时则为[],当 imwrite 写入的不是索引图像时,map 省略;filename 是图像文件名;fmt 是文件格式,如"bmp"、"tif"、"cur"、"gif"、"jpg"或"ico"等,可省略。

3. 图像的显示

$h=imshow(x,[low\ high])$　　　% 按颜色表设定显示灰度图像

$h=imshow(x,map)$　　　% 显示图像

$h=imshow(filename)$　　　% 显示图像文件

image 和 imagesc 这两个函数用于图像显示。为了保证图像的显示效果,一般还应使用 colormap 函数设置图像色图。

窗口左边的 current folder 下的"D:\Program Files\MATLAB\R2016a\bin"就是读取图片的默认路径,把图片放在 bin 文件下即可。如果想读取其他文件里的图片,在 command windows 中输入"cd 文件路径"。例如,若读取桌面上的图片,则输入"cd C:\Users\Administrator\Desktop"。

(1) 变址图像的读取和显示

变址图像又称为索引图像,是一种把像素值直接作为 RGB 调色板下标的图像。

【例 3-25】 有一图像文件 trees. tiff,在图形窗口显示该图像。

```
>>[X,cmap] = imread('trees. tiff');          % 读取 TIFF 格式图像的数据阵和色图阵
>> image(X);colormap(cmap);axis image off    % 显示图像,保持宽高比并取消坐标轴
```

执行结果如图 3-35 所示。

图 3-35　变址图像

(2) 真彩图像的读取、变换格式及显示

【例 3-26】 有一图像文件 2. tiff,在图形窗口显示该图像。

```
>> cd C:\Users\jszjj\OneDrive\图片
>> X = imread('2. tiff');                     % 读取 TIFF 格式的图像文件
>> imwrite(X,'ff. jpg','Quality',100)         % 把图像以 JPG 格式文件保存
>> imfinfo('ff. jpg')                         % 读取图像文件特征信息
>> image(imread('ff. jpg'))                   % 读取 JPG 格式文件,并显示图像
>> axis image off                             % 保持宽高比和隐去坐标
ans =
        Filename:  'C:\Users\jszjj\OneDrive\图片\ff. jpg'
        FileModDate:  '01-Jun-2022 12:09:32'
        FileSize:  676809
```

```
                  Format: 'jpg'
           FormatVersion: ''
                   Width: 1190
                  Height: 737
                BitDepth: 24
               ColorType: 'truecolor'
        FormatSignature: ''
        NumberOfSamples: 3
           CodingMethod: 'Huffman'
          CodingProcess: 'Sequential'
                 Comment: {}
```

执行结果如图 3-36 所示。

图 3-36　真彩图像

【例 3-27】　使用 imshow,image 和 imagesc 函数显示 JPG 图像文件。
```
>> cd C: \Users\jszjj\OneDrive\图片
>> figure(1);
>> h1 = imshow('4. jpg')          % 显示图像文件
>> x1 = imread('4','jpg');
>> figure(2)
>> x1 = x1-100;
>> h2 = image(x1)
```
执行结果如图 3-37 所示。

图 3-37   JPG 图像显示

【例 3-28】   捕获图形生成图像文件。

>> figure(2);surf(peaks)   % 在 2 号图形窗口中生成图形

>> f = getframe(2);   % 捕获 2 号窗口的图形数据

>> figure(1)   % 打开 1 号窗口

>> image(f.cdata);colormap(f.colormap)   % 在 1 号窗口中重现图形

执行结果如图 3-38 所示。

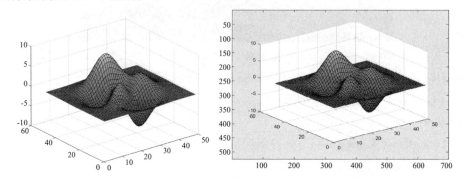

图 3-38   捕获图形生成图像

比较原图和再生图,可以发现差异。加深对 getframe 获取图形构架数据的理解。

3.4   动画制作

以电影方式将多个画面逐帧播放,类似于电影的原理,创建动画的步骤如下:

① 使用 getframe 命令来抓取每个视频帧,视频帧以列向量保存到矩阵中,一般使用 for

循环来抓取并保存每个视频帧；

② 使用 movie 命令来播放视频帧矩阵。

MATLAB 提供 getframe, moviein 和 movie 函数进行动画制作。

1. getframe 函数

getframe 函数可截取一幅画面信息(动画中的一帧),一幅画面信息会形成一个很大的列向量。保存 n 幅图面就需一个大矩阵。一般使用 for 循环抓取并保存每个视频帧。

2. moviein 函数

moviein(n)函数用来建立一个足够大的 n 列矩阵。该矩阵用来保存 n 幅画面的数据,以备快速播放。为了提高程序运行速度,需要事先建立一个大矩阵。

3. movie 函数

movie(m,n)函数用来播放由矩阵 m 所定义的画面 n 次,默认时播放一次。

4. drawnow 函数

drawnow 函数可刷新屏幕,当代码执行时间长,需要反复执行绘图时,可实时看到图像每一步的变化情况。

【例3-29】 以电影方式产生视频帧并播放动画。

```
>> m = 1; [X, Y] = meshgrid([-2:0.2:2])
>> for n = 0.1:0.1:10              % 循环绘图并抓频
    Z = n*sin(sqrt(X.^2 + Y.^2))./(sqrt(X.^2 + Y.^2));
    surf(X, Y, Z)
    drawnow                % 刷新屏幕
    pause(0.1)             % 每次绘图中暂停0.1秒
    F(m) = getframe;       % 抓频并存放在数组F中
    m = m + 1;
end
>> figure(2)
>> movie(F)
```

执行结果如图 3-39 所示。

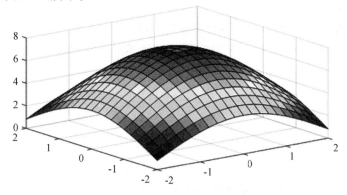

图3-39　以电影方式产生视频帧并播放动画

【**例 3-30**】 绘制 peaks 函数曲面并且将它绕 z 轴旋转。

```
>> peaks(30);axis off
>> shading interp;colormap(hot);
>> m = moviein(20);
>> for i = 1:20
     view(-37.5+24*(i-1),30)
     m(:,i) = getframe;
end
>> movie(m,4)
```

执行结果如图 3-40 所示。

图 3-40 peaks 函数曲面

【**说明**】 peaks 函数用于生成三维高斯型分布的数据。

【**例 3-31**】 屏幕刷新函数 drawnow 播放点沿三维曲线移动的动画。

```
>> t = 0:0.01:10*pi;
>> x = cos(t);y = sin(t);z = sqrt(t);
>> h = plot3(x,y,z,'b-')
>> hold on
>> for k = 0:0.01:10*pi
     x1 = cos(k);y1 = sin(k);z1 = sqrt(k);
     plot3(x1,y1,z1,'r>')
     drawnow
end
```

执行结果如图 3-41 所示。

亦可以对象方式创建动画:保持图形窗口中大部分对象不变,通过重复绘制和擦除更新运动的部分来产生动画,擦除方式不同动画的效果不同。通过设置擦除属性 'EraseMode' 实现。

【**例 3-32**】 以对象方式创建动画,显示一个红色圆点沿三维曲线移动的动画。

```
>> t = 0:0.01:10*pi;
>> x = cos(t);y = sin(t);z = sqrt(t);
>> plot3(x,y,z)
>> h = line(0,1,0,'color','red','marker','.','markersize',20,'erasemode','normal')
```

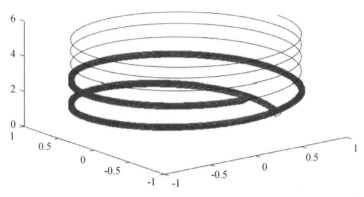

图 3-41 播放动画

% 在起点(0,1,0)处定义一个红色的圆点并设置擦除方式
>> for k = 0: 0. 01: 10*pi

  set(h,'xdata',cos(k),'ydata',sin(k),'zdata',sqrt(k)); %设定红点的(x,y,z)位置
  drawnow %刷新屏幕

end

line 对象的 marker 属性用来设置标记的类型,设置动作对象的擦除属性 erasemode, normal 重画整个图形。

执行结果如图 3-42 所示。

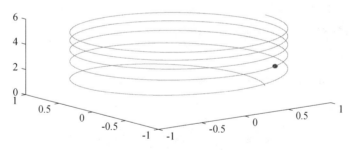

图 3-42 以对象方式创建动画

3.5 图形窗口功能简介

单击 MATLAB 的 PLOTS 绘图选项,切换到如图 3-43 所示的绘图功能区,该操作界面提供了丰富的数据绘图功能。

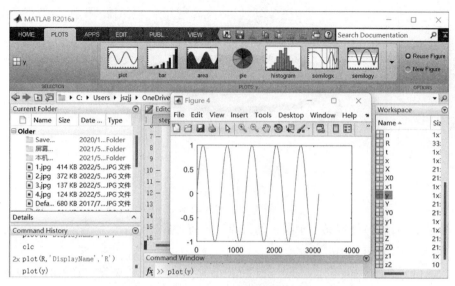

图 3-43 MATLAB 的 PLOTS 绘图选项区界面

在图 3-43 所示界面的工作空间中,单击点亮用作绘图数据源的变量(如 y),在 PLOTS 绘图菜单中选择一种绘图模式(如图标 ),即可绘制出如图 3-43 中图形窗口 Figure 4 所示的曲线。

MATLAB 图形窗口有三个工具栏,如图 3-44 所示,包括图形窗口工具栏、相机工具栏和绘图编辑工具栏。相机工具栏用于三维视图的操作,而绘图编辑工具栏则用于对窗口中的图形进行标注、坐标轴设置、文本修改等编辑操作。

图 3-44 图形窗口工具栏

图形窗口的菜单包括"File""Edit""View""Insert""Tools""Desktop""Window""Help"。MATLAB 的交互式图形工具主要包括图形面板、绘图浏览器和属性编辑器三个面板。可以在命令行中输入"plottools"对所显示的图形进行编辑。

图形窗口除了用于显示图形,还可对所显示的图形进行编辑。单击图形对象编辑按钮, 就可以分别对图形窗口中的坐标轴、线条和文本进行交互式编辑,下面举例说明。

【例 3-33】 采用模型 $\dfrac{x^2}{a^2} + \dfrac{y^2}{25-a^2} = 1$ 画一组椭圆。

```
t = [0: pi/50: 2*pi]';          % 长度为 101 的列向量
a = 0.5: 0.5: 4.5;              % 长度为 9 的行向量
X = cos(t)*a;                   % (101 × 9)的矩阵
```

$Y = \sin(t) * \sqrt{25 - a.^2}$；　　% (101×9) 的矩阵

$plot(X, Y), axis('equal'), xlabel('x'), ylabel('y')$

$title('A\ set\ of\ Ellipses')$

执行结果如图 3-45 所示。

1. 编辑坐标轴属性

单击 後,在坐标轴范围内的空白区域或坐标轴的边框处单击鼠标右键,弹出一个菜单,如图 3-45 所示。

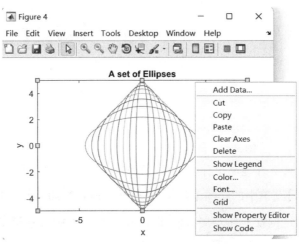

图 3-45　成为编辑状态的坐标轴及弹出的菜单

弹出菜单中的【Show Legend】选项用于显示默认的图例。选择菜单中【Show Property Editor】选项,将弹出编辑坐标轴属性对话框,可分别编辑图名(Title)、坐标轴的轴名(Label)、坐标轴的刻度范围(Limits)、坐标轴的刻度线间隔(Ticks)、坐标类型(scale,指线性或对数)、绘图区背景色(Colors)、坐标轴的方向、网格线(Grid)、字体、字号等。

2. 编辑线条属性

在需要编辑的线条上单击鼠标右键,弹出如图 3-46 所示的菜单,可进行线宽(Line Width)、线型(Line Style)、标记符号(Marker)、颜色(Color)等设置。单击菜单中的【Show Property Editor】选项,也可对曲线的类型(Plot Type)、线宽、线型、线色等进行编辑。

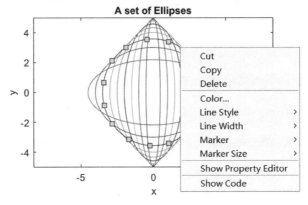

图 3-46　选中线条的状态及弹出菜单

3. 编辑文本属性

在需要编辑的文本上单击鼠标右键,弹出如图 3-47 所示的菜单,可进行字符串编辑(Edit)、文本颜色(Text color)、文本背景色(Background Color)、文本框颜色(Edge Color)、字体(Font)等的设置;也可利用菜单中的【Properties】选项,完成类似的设置。

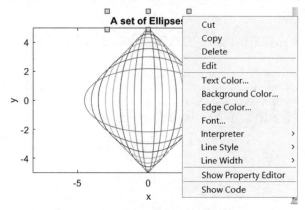

图 3-47 选中文本对象的状态及弹出菜单

用鼠标左键选中文本并拖动鼠标,可以任意改变文本的位置。此外,如果要在图形窗创建文本,可启动【View】菜单中的绘图工具编辑条【Plot Edit Toolbar】,并单击该工具条上 **T** 按钮——在图形窗指定位置上插入文本框,即可在文本框内输入字符串并可对字符串的字体、字号等进行设置。

4. 图形保存

从【Edit】菜单中选择【Copy Figure】,可将图形复制到剪贴板上,也可保存为图形文件(扩展名为 .fig、.bmp、.tiff、.jpg 等格式)或 M 函数文件,以便重新显示到图形窗中或为其他程序调用。

若保存为 M 函数文件,则在调用该文件时须提供绘制图形所需的数据。

在 MATLAB 中对图形打印,可以通过打印预览窗口进行设置,可以设置打印到纸或文件,并可以进行页面设置、打印预览。

习 题 3

1. 已知系统响应函数为 $y(t) = 1 - e^{-\zeta\omega_n t} \cdot \dfrac{1}{\sqrt{1-\zeta^2}} \sin\left(\omega_d t + \arctan\dfrac{\sqrt{1-\zeta^2}}{\xi}\right)$,其中 $\omega_d = \omega_n\sqrt{1-\zeta^2}$,要求用不同线型或颜色,在同一张图上绘制 ζ 取值分别为 $0.2, 0.4, 0.6, 0.8$ 时,系统在 $[0,18]$ 内的响应曲线,并要求用 $\zeta = 0.2$ 和 $\zeta = 0.8$ 分别对两条曲线进行对应的文字标注。

2. 已知方程 $z = \sin x^3 + \sqrt{x}e^y$,在同一窗口中绘制 z 的三维曲面、三维网线和三维曲线图

(x,y 范围自定),以及当 $y=1,2,3,4,5$ 时 z 和 x 之间的关系曲线。

3. 对向量 **t** 进行以下运算可以构成三个坐标的值向量:$\boldsymbol{x}=\sin(\boldsymbol{t})$,$\boldsymbol{y}=\cos(\boldsymbol{t})$,$\boldsymbol{z}=\boldsymbol{t}$。利用命令 plot3,并选用绿色的实线绘制相应的三维曲线。

4. 已知 $z=y^2\mathrm{e}^{-x^2+y^2}$,当 x 和 y 的取值范围均为 -10 到 10 时,用建立子窗口的方法在同一个图形窗口中绘制出三维曲线图、网线图、表面图和带渲染效果的表面图。

5. 绘制螺旋线 $x=2\cos t$,$y=3\sin t$,$z=5t$ 的立体图。

6. 用符号函数绘图法绘制函数 $x=\sin(3t)\cos(t)$,$y=\sin(3t)\sin(t)$ 的图形,t 的变化范围为 $[0,2\pi]$。

7. 已知节流阀的流量方程为 $Q_l=C_dWx_v\sqrt{\Delta p}$,其中流量系数 $C_d=0.62$,阀口面积梯度 $W=50\ \mathrm{mm}$,阀芯位移范围 $x_v\in[0,0.5]\ \mathrm{mm}$,阀压降变化范围 $\Delta p\in[0,1\,000\,000]\ \mathrm{Pa}$。

(1) 试用 surf 命令绘制 Q_l 的三维曲面图;

(2) 用 plot 命令绘制当 x_v 分别为 $0.1\ \mathrm{mm}$,$0.2\ \mathrm{mm}$,$0.3\ \mathrm{mm}$,$0.4\ \mathrm{mm}$,$0.5\ \mathrm{mm}$ 时,$Q_l-\Delta p$ 的关系曲线。

8. 二阶无阻尼系统输入为零时的动力学方程为 $\ddot{x}+\omega_0^2x=0$,令 $x_2=\dot{x}$,$x_1=x$,可得 x_2 与 x_1 的关系式 $x_2^2+(\omega_0x_1)^2=A\omega_0^2$($A$ 取决于系统初始状态)。若已知 $\omega_0^2=0.5$,试用隐函数绘图命令 ezplot,在同一坐标系内绘制 $A=1,2,3$ 时,x_2-x_1 的关系曲线(系统的相轨迹)。

9. 播放一个直径不断变化的柱形图。

第 **4** 章　MATLAB 编程

MATLAB 不仅是一个功能强大的工具软件,更是一种高效的编程语言。MATLAB 软件就是 MATLAB 语言的编程环境,而 M 文件是用 MATLAB 语言编写的程序代码文件。

4.1　MATLAB 程序控制

和其他高级语言一样,MATLAB 也提供了多种控制语句来控制程序流的执行,从而使得编程十分灵活。MATLAB 支持的控制语句和 C 语言中的控制语句格式很相似,有三种基本结构:顺序结构,无控制语句;循环结构,控制语句主要有 for,while;分支结构,控制语句主要有 if,switch。

4.1.1　顺序结构

按照顺序从头至尾执行程序中的各条语句。顺序结构一般不包含其他任何子语句或控制语句。

【例 4-1】　顺序结构示例(图 4-1)。

```
t = 0:100;
x = sin(2*pi*0.01*t);
plot(x);
hold on
stem(x,'g');
grid on
```

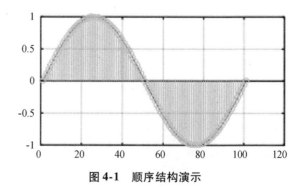

图 4-1　顺序结构演示

4.1.2　for 循环结构

```
for x = array
    (commands)
end
```

【说明】　for 命令后的变量 x 称为循环变量,commands 为循环体。循环体执行的次数由 for 后的数组 array 的列数决定。array 可以是向量也可以是矩阵,每次循环中循环变量依次

取 array 的各列并执行循环体,直到 array 所有列取完。例如:

```
for n = 1:5                          % 循环 5 次
for n = -1:0.01:1                    % 循环 201 次
for n = linspace(-2*pi,2*pi,5)       % 循环 5 次
a = eye(3,4);for n = a               % 循环 4 次
for    变量 = 初值:增量:终值
    语句
end
```

【例 4-2】　求 100!。

```
x = 1;                               x =
for    k = 1:1:100
    x = x*k;                         9.3326e+157
end
x
```

for 语句更一般的格式为:

```
for    循环变量 = 矩阵表达式
    循环体语句
end
```

执行过程是先依次将矩阵的各列元素赋给循环变量,然后执行循环体语句,直至各列元素处理完毕。

【例 4-3】　写出下列程序的执行结果。

```
s = 0;
a = [12,13,14;15,16,17;18,19,20;21,22,23];
for k = a
    s = s + k;
end
disp(s');
```

输出结果: s' = [39　　48　　57　　66]

4.1.3　while 循环结构

```
while expression
    (commands)
end
```

【说明】　当 while 后 expression 为逻辑真(非 0)时,一直执行循环体 commands,直至表达式的值为假;当表达式的值为数组时,只有当该数组所有元素均为真时,才会执行循环体;如果 while 后的表达式为空数组,MATLAB 认为表达式为假,不执行循环体。

【例 4-4】 计算阶乘 $(0,1!,2!,\cdots,n!)$ 相加的总次数不超过 10 000 的数据总和及对应的 n。

```
s = 1;T = 1;n = 1;          s = 1;T = 1;n = 0;
while s < 10000             while s < 10000
    T = T*n;                    n = n + 1;
    n = n + 1;                  T = T*n;
    s = s + T;                  s = s + T;
                                disp(['第 n 次阶乘和: ',num2str(s)])
end                         end
disp(n-2)                   disp(n-1)
```

```
第n次阶乘和:2
第n次阶乘和:4
第n次阶乘和:10
第n次阶乘和:34
第n次阶乘和:154
第n次阶乘和:874
第n次阶乘和:5914
第n次阶乘和:46234
7
```

【说明】 两个程序的初值不同,循环体的语句顺序有所不同,执行结果相同。

【例 4-5】 一数组的元素满足规则: $a_{k+2} = a_k + a_{k+1} (k = 1,2,\cdots)$,且 $a_1 = a_2 = 1$,求该数组中第一个大于 10 000 的元素。

```
a(1) = 1;a(2) = 1;i = 2;
while   a(i) < = 10000
            a(i + 1) = a(i-1) + a(i);
            i = i + 1;
end
i,a(i)
```

```
i=
    21
ans=
    10946
```

4.1.4 if-else-end 分支结构

if 语句(适合分支少)用于根据条件选择执行相应的语句,根据逻辑表达式的值来确定是否执行紧接的语句体。常见的 if 语句调用格式如下。

1. 单分支结构

```
if   expression 表达式
   (commands)语句
end
```

2. 双分支结构

```
if   expression 表达式
   (commands1)语句 1
else
   (commands2)语句 2
end
```

3. 多分支结构

```
if   expression1 表达式 1
   (commands1)语句 1
```

elseif　　expression2 表达式 2

　　（commands2）语句 2

······

else

　　（commands3）语句 3

end

【例 4-6】　判断输入数的奇偶性。

n = input（'n = '）；

if rem（n,2）= =0

　　　display（'n 是偶数'）

else

　　　display（'n 是奇数'）

end

【说明】　多分支结构常用 switch-case；若判决条件为一个空数组，则 MATLAB 认为条件为假；if 命令判决和 break 命令配合使用，可强制终止 for 循环或 while 循环。

4.1.5　switch-case 结构

格式：

switch　　ex　　　　　　% 表达式（标量或字符串）

　　case test1　　　　　　% 当 ex 等于 test1 时，执行组命令 1，然后跳出该结构

　　（commands1）

　　case test2

　　······

　　case testk

　　（commandsk）

　　otherwise　　　　　　% 表达式不等于前面所有检测值时，则执行该组命令

　　（commands）

end

将表达式依次与 case 后面的值进行比较，满足值的范围就执行相应的语句段，如果都不满足，则执行 otherwise 后面的语句段；表达式只能是标量或字符串；case 后面的值可以是标量、字符串或元胞数组，如果是元胞数组，则将表达式与元胞数组的所有元素进行比较，只要某个元素与表达式相等，就执行其后的语句段；switch 和 end 必须配对使用。

switch 语句和 if 语句类似，switch 语句根据变量或表达式的取值不同分别执行不同的命令。

【**例 4-7**】　x = menu('波形','正弦','余弦','正切','余切');

```
switch x
case 1
    ezplot('sin')
case 2
    ezplot('cos')
case 3
    ezplot('tan')
case 4
    ezplot('cot')
end
```

4.1.6　break 和 continue 命令

break 和 continue 命令用于循环语句(for,while),一般与 if 配合使用。

(1) break 语句

break 语句使包含 break 的最内层 for 或 while 循环强制终止,并立即跳出该循环结构,执行 end 后面的命令。

(2) continue 语句

continue 语句与 break 不同的是,continue 只结束本次 for 或 while 循环,继续进行下次循环。

【**例 4-8**】　输出 200 到 400 之间第一个能被 9 整除的数。

```
for    k = 200:400
    if rem(k,9) ~= 0
        continue
    end
    break
end
k
```

执行以上程序,命令窗中显示结果为

```
k =
    209
```

4.1.7　try-catch 结构

```
try
    (commands1)
catch
```

（commands2）

end

首先执行组命令 1,只有当执行组命令 1 出现错误后,组命令 2 才会被执行;当执行组命令 2 又出错,则终止该结构;可用 lasterr 函数查询出错原因。

【例 4-9】　try-catch 结构演示。

N = 4;A = magic(3);　　　 %设置 3*3 矩阵 A(魔方阵)

try

　　A_N = A(:,N),　　　 %取 A 的第 N 列元素

catch

　　A_end = A(:,end),　 %如果取 A(N,:)出错,改取 A 的最后一列

end

lasterr　　　　　　 %显示出错原因

执行结果为

A_end = [6;7;2]

ans =

Index exceeds matrix dimensions.

4.1.8　流程控制命令

流程控制命令常常与其他程序结构(包括顺序结构)命令配合使用,以增强编程的灵活性。

1. return 命令

return 命令用于提前结束程序的执行,并立即返回到上一级调用函数,结束函数调用或等待键盘输入命令,一般用于遇到特殊情况需要立即退出程序或终止键盘方式。

应注意当程序进入死循环时,则按[Ctrl] + [Break]键来终止程序的运行。

2. keyboard 命令

keyboard 命令用来使程序暂停运行,等待键盘输入命令。命令窗口出现"K >>"提示符,这时用户可输入命令,查看中间结果,输入 return 命令,则程序继续执行。keyboard 命令可以在程序调试或程序执行时使用。

3. input 命令

x = input('str = ','s')　　　 %从键盘输入数据或字符串保存到变量 x

>> x = input('Herzlich willkommen in unserer Schule','s');

Herzlich willkommen in unserer Schule

4. disp 命令

disp 命令是较常用的显示命令,常用来显示字符串型的信息提示。

disp(x)　　　 %在命令行显示 x 的内容

5. pause 命令

pause 命令用来使程序暂停运行,当用户按任意键时才继续执行。

pause——等待敲击键盘

pause(n)——等待 n 秒　　％暂停 n 秒

6. warning 和 error 命令

在程序中可以给出错误或警告信息以提醒用户。

warning('message')　％显示警告信息

error('message')　　　％显示错误信息

7. menu 命令

x = menu('标题','菜单项 1','菜单项 2',…),返回值为菜单序号。

>> x = menu('Title','Plus','Minus','Times','Divide')

在图形窗口中单击"Times"按钮,执行结果如下:

x =

　　3

8. 中止执行

格式: ^C

说明:强行停止程序的执行,回到命令行。

9. 打印

格式: print

说明:打印当前绘图。

print -dbitmap 文件名　　％将绘图转为图像文件-djpeg

4.2　M 文件结构

通过在命令窗口中输入 edit 命令,或单击 MATLAB 命令窗中工具条上的 New File 图标 ,就可打开文件编辑调试器 Editor/Debugger,进入一个窗口名为 untitled 的 M 脚本文件的编辑窗口,利用文本编辑器编写 M 文件,单击 M 文件编辑器的 🖫 图标,并在保存对话框中输入目录和文件名(不能以汉字或数字开头),再按[保存]键,脚本文件即存于指定的目录上。选中 M 文件编辑器下拉菜单项【Debug:Run】,即可执行该文件。如果文件有错误,则会停在出错的命令行上,并在命令窗口中指出错误的类型和出错的位置。

M 文件有两种,即 M 脚本文件(Script File)和 M 函数文件(Function File),它们都以 .m 作为文件扩展名。M 脚本文件可直接由 MATLAB 解释执行,而 M 函数文件则必须通过调用执行。

4.2.1　M 脚本文件

M 脚本文件的有效性:

① 脚本文件名必须满足 MATLAB 为变量命名的约定,如不能以汉字或数字开头。

② 为脚本文件赋予的名称不要与其所计算的变量名称相同。

③ 为脚本文件赋予的名称要与 MATLAB 命令或者函数的名称都不相同。

④ 函数文件所创建的变量是该函数的局部变量。使用函数文件避免变量名"弄乱"工作空间,使程序模块化。

在 MATLAB 中 M 脚本文件的基本结构如下:

① 由符号"%"起首的 H1 行,应包括文件名和功能简述。

② 由符号"%"起首的 Help 文本:H1 行及其之后的所有连续注释行,以此构成整个在线帮助文本。

③ 编写和修改记录,该区域文本内容也都由符号"%"开头;标志编写及修改该 M 文件的作者、日期和版本记录,可用于软件档案管理。

④ 程序体(附带关键命令功能注解)。

M 脚本是最简单的 M 文件,它没有入口和出口参数变量。脚本是对工作空间中的现有数据操作,或创建一个新数据,而且脚本所创建的任一变量在脚本运行完都保留在工作空间中以便进一步使用。脚本可以在命令窗口用文件名直接调用。一般用 clear,close all 等语句开始,可清除掉工作空间中原有的变量和图形,以避免其他已执行的残留数据对本程序的影响。

4.2.2　M 函数文件

函数是 MATLAB 语言中最重要的组成部分。MATLAB 提供的各种工具箱中的 M 文件几乎都是以函数的形式给出,MATLAB 主体和各个工具箱本身就是一个庞大的函数库。

与 M 脚本文件不同,M 函数文件犹如一个"黑箱",是一种封装结构,是有特定的书写规范的 M 文件,外界通过提供输入参量得到函数文件的输出结果。MATLAB 中 M 函数文件的基本结构如下。

① 函数申明行,位于函数文件的首行,罗列出函数与外界联系的全部"标称"输入、输出参量。

② MATLAB 允许使用比标称数目少的输入、输出参量,实现对函数的调用。

4.2.3　M 函数文件的一般结构

【例 4-10】　M 函数文件示例。

[circle. m]

function sa = circle(r,s)　　　　　　　% 函数定义行

% CIRCLE　　plot a circle of radii r in the line specified by s　　　% H1 行

%　　r　　　　　　　指定半径的数值　% 在线帮助文本

%　　s　　　　　　　指定线色的字符串

%　　sa　　　　　　圆面积

%

```
%   circle(r)          利用蓝实线画半径为 r 的圆周线
%   circle(r,s)        利用串 s 指定的线色画半径为 r 的圆周线
%   sa = circle(r)     计算圆面积,并画半径为 r 的蓝色圆面
%   sa = circle(r,s)   计算圆面积,并画半径为 r 的 s 色圆面
%   编写于 1999 年 4 月 7 日,修改于 1999 年 8 月 27 日      %编写和修改记录
if nargin > 2
    error('输入参量太多。');
end;
if nargin = = 1
    s = 'b';
end;
clf;
t = 0: pi/100: 2*pi;
x = r*exp(i*t);
if nargout = = 0
    plot(x,s);
else
    sa = pi*r*r;
    fill(real(x),imag(x),s)
end
axis('square')
```

由例 4-10 可知,M 函数文件由如下几个部分组成:

① 函数声明行,是必不可少的,用关键字 function 把 M 文件定义为一个函数,指定函数名与文件名相同。函数名是函数的名称,保存时函数名与文件名最好一致,当不一致时以文件名为准;函数的输入、输出参量都在这一行被定义。M 脚本文件仅比 M 函数文件少一个函数定义行。如果函数有多个输入、输出参量,则参量之间用逗号",",隔开,多个输出参数用方括号括起来。输入参数列表是函数接收的输入参数,输出参数列表是函数运算的结果。

函数声明行的格式如下:

function [输出参数列表] = 函数名(输入参数列表)

例如,直角坐标(x,y)转换为极坐标(r,θ)的函数文件如下:

Function [r,theta] = convert(x,y)   %2 个输出参量 = 函数名 convert(2 个输入参量)

r = sqrt(x^2 + y^2),theta = atan(y/x)

② H1 行,由符号"%"起首,包括大写的函数文件名和用关键词简要简述的函数功能,尽量使用英文表达,以便借助 lookfor 进行"关键词"搜索查询和 help 在线使用帮助。

③ 函数帮助文本,由符号"%"起首的 Help 文本:H1 行及其之后的所有连续注释行以此构成整个在线帮助文本;编写和修改记录,标志编写及修改该 M 文件的作者、日期和版本

记录,可用于软件档案管理。

④ 函数体,就是函数的主体,与 M 脚本文件的编写完全相同。

⑤ 注释,在函数体中对语句进行注释,以"%"起首,与 M 脚本文件相同。

【例4-11】 函数调用示例(对例4-10 的 M 函数文件进行调用)。

figure(1)

sb = circle(10,'b')

figure(2)

circle(8,'g')

执行结果如图4-2 所示。

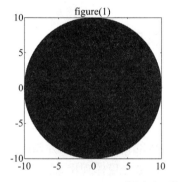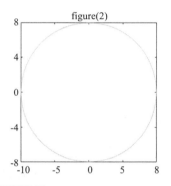

图4-2 函数调用演示

【例4-12】 分别建立脚本文件和函数文件,将华氏温度 f 转换为摄氏温度 c。

程序1: 建立脚本文件并以文件名 f2c. m 存盘。

clear;   %清除工作空间中的变量

f = input('Input Fahrenheit temperature:');

c =5*(f-32)/9

然后在 MATLAB 的命令窗口中输入 f2c 或者单击编辑器菜单【Run】,将会执行该脚本文件,执行情况为

Input Fahrenheit temperatur:73

c =

    22.7778

程序2:建立函数文件 f2c. m。

function c = f2c(f)   % 函数定义行

c =5*(f-32)/9

end

然后在 MATLAB 的命令窗口中调用该函数文件。

y = input('Input Fahrenheit temperature:');

x = f2c(y)

输出情况为

```
f2c.m ✕
function c=f2c(f)
c=5*(f-32)/9
end
```

```
>> y=input('Input Fahrenheit temperature: ');x=f2c(y)
Input Fahrenheit temperature: 55

c =

    12.7778
```

比较以上两种形式,如果有第一行(function),则主程序为函数文件形式,变量不保存到工作区中,为局部变量。如果没有第一行(function),则主程序为脚本文件形式,相当于各命令行的集合,变量保存到工作区中。

4.3 函数的使用

4.3.1 输入、输出参量检测命令

一个 M 函数文件至少要定义一个函数,M 函数的内部流程可对该函数的调用进行控制,而外部对 M 函数的调用则通过调用时的输入、输出参量体现出来。

获取输入、输出参量的个数:nargin 和 nargout 函数

nargin('fun')   % 获取函数 fun 的输入参量个数

nargout('fun')   % 获取函数 fun 的输出参量个数

【说明】 fun 是函数名,可以省略,当 nargin 和 nargout 函数在函数体内时 fun 可省略,在函数外时 fun 不省略。

【例4-13】 M 函数文件示例。

```
function fout = examp(a,b,c)    % 定义函数输入参量 3 个,输出参量 1 个
if nargin = =1                  % 获取实际输入参量个数如果为 1
    fout = a;                   % 输出等于输入
elseif nargin = =2              % 获取实际输入参量个数如果为 2
    fout = a + b;               % 输出等于 2 个输入参量求和
elseif nargin = =3              % 获取实际输入参量个数如果为 3
    fout = (a*b*c)/2;           % 输出等于 3 个输入参量乘积的一半
end
if nargout = =0                 % 获取实际输出参量个数如果为 0
    disp('fout')
    else                        % 获取实际输出参量个数如果为 1
    fout =0
end
```

用函数调用文件或者命令行输入:

$x = [1:3]; y = [1;2;3]; examp(x), examp(x,y'), examp(x,y,3), a = examp(x,y,3)$

fout

ans =

　　1　　2　　3

ans =

　　2　　4　　6

ans =

　　21

a =

　　0

4.3.2　局部变量和全局变量

M 函数文件在运行过程中产生的变量都存放在函数本身的工作空间中,函数的工作空间是独立的、临时的,随具体的 M 函数文件调用而产生并随调用结束而删除,在 MATLAB 运行过程中如果运行多个函数,则产生多个临时的函数空间;当文件执行完最后一条命令或遇到"return"命令时就结束函数文件的运行,同时函数工作空间的变量被清除。

1. 局部变量

局部变量为存在于函数空间内部的中间变量,产生于函数的运行过程中,影响范围仅限于函数本身且只能在函数内部。

2. 全局变量

全局变量在使用前必须用"global"命令声明,而且每个要共享全局变量的不同函数空间和基本空间,都必须逐个用"global"命令对该变量加以声明。

对全局变量的定义必须在该变量被调用之前;并不提倡使用全局变量,因为它会损害函数的封装性。可以使用"clear"命令清除全局变量,格式如下:

clear global 变量名　　　% 清除某个全局变量

clear global　　　　　　% 清除所有的全局变量

【例 4-14】　在主函数和子函数之间使用全局变量,绘制的输出曲线如图 4-3 所示。

```
function y = ex4_14()          % 主函数
    global T                   % 全局变量 T
    T = 0:0.1:20;
    y = f1(0.2)
    plot(T,y)
function y = f1(w)             % 子函数
    global T                   % 全局变量 T
    y = sin(w*T);
```

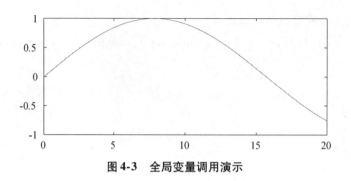

图 4-3　全局变量调用演示

4.3.3　主函数和子函数

1. 主函数

一个 M 函数文件中可以包含一个或多个函数,主函数是出现在文件最上方的函数,即第一行声明的函数,一个 M 函数文件只能有一个主函数,通常主函数名与 M 函数文件名相同。

2. 子函数

子函数的次序无任何限制;help,lookfor 等帮助命令不适用于子函数;子函数只能被同一文件中的函数(主函数或子函数)调用,不能被其他文件的函数调用;同一文件的主函数和子函数运行时的工作空间是相互独立的。

【例 4-15】　子函数编程及调用演示。

(1) 编写 M 函数文件: mainfun. m

```
function y1 = mainfun(a,s)          % 主函数
t = (0: a)/a*2*pi;
y1 = subfun(8,s);                   % 子函数调用
% -----------------------------------subfunction-----------------------------------------------
function y2 = subfun(a,s)           % 子函数
t = (0: a)/a*2*pi;
ss = 'a*exp(i*t)'                   % 产生 ss 复数数组
switch s
case {'base','caller'}              % 取'base'或'caller'空间的变量计算 ss 表达式
        y2 = evalin(s,ss);
case 'self'                         % 取本子函数空间的变量计算 ss 表达式
        y2 = eval(ss)
end
```

【说明】　evalin(s,ss)为 M 函数,实现从指定的 s 空间中获取变量值,并计算 ss 表达式。其中,"base"表示基本工作空间;"caller"表示主调函数空间。eval(ss)为 M 函数,执行 ss 指定的计算。

（2）在命令窗口中输入以下命令运行

```
clear
a = 30;t = (0:a)/a*2*pi;                % 基本工作空间变量值
sss = {'base','caller','self'};          % sss 为"空间"字符串数组
for k = 1:3                              % 分别绘制变量取自不同空间时的曲线
    y0 = mainfun(8,sss{k})
subplot(1,3,k)
plot(real(y0),imag(y0),'r','Linewidth',3)
end
```

执行结果如图 4-4 所示。

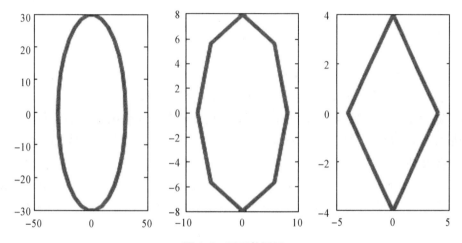

图 4-4　子函数调用

该例中不同空间中的变量值如表 4-1 所示。

表 4-1　例 4-15 中不同空间中的变量值

基本空间	$a = 30, t = [0, 2\text{pi}/30, \cdots, 2\text{pi}]$
主函数空间	$a = 8, t = [0, 2\text{pi}/8, \cdots, 2\text{pi}]$
子函数空间	$a = 4, t = [0, 2\text{pi}/4, \cdots, 2\text{pi}]$

　　函数的参数传递是将主调函数中的变量值传给被调函数的输入参数。函数参数传递数值,每一个 M 函数运行时都有一个内存区,称为函数的工作空间。被调函数的输入参数存放在函数的工作空间中,与 MATLAB 的工作空间是独立的,当调用结束时函数的工作空间被清除,输入参数也被清除。

4.3.4　嵌套函数、私有函数和重载函数

1. 嵌套函数

在 MATLAB 中一个函数的内部还可以定义一个或多个函数,这种定义在其他函数内部的函数就称为嵌套函数。

```
function A(x)
……
    function B(x,y)
    ……
    end
end
```

2. 私有函数

私有函数是限制访问权限的函数,私有函数存放在"private"子目录中,只能被其直接父目录的 M 函数文件所调用,对于其他目录的函数是不可见的,因而私有函数可以和其他目录下的函数重名。help,lookfor 等帮助命令不适用于私有函数;不要将私有函数的目录 private 添加到 MATLAB 的搜索路径中。

3. 重载函数

重载函数是指两个函数使用相同的名称,处理的功能相似,但参数类型或个数不同。重载函数通常放在不同的文件夹下,文件夹名称以"@"开头,后面跟一个数据类型名。

例如,"@int"文件夹下放置的是参数类型为 int 的函数文件,当在 MATLAB 中输入一个函数名时,确认不是变量名后,函数搜索的顺序如下:检查是否是本 M 函数文件内部的子函数;检查是否是"private"目录下的私有函数;检查是否在当前路径中;检查是否在搜索路径中。

4. P 码文件

P 码就是伪代码。一个 M 文件第一次被调用时,MATLAB 就将其进行编译并生成 P 码文件存放在内存中,生成的 P 码文件与原 M 文件名相同,其扩展名为". p",P 码文件的保密性好。

```
pcode File1. m,File2. m…… -inplace          %生成 File1. p,File2. p……文件
```

4.4 串演算函数

命令、表达式、语句以及由它们综合组成的 M 文件是完成计算最常使用的形式。为提高计算的灵活性,MATLAB 还提供了 eval 和 feval 两种演算函数,常用于 GUI 的回调操作。

4.4.1 eval

eval()命令是一种串演算函数,它具有对字符串表达式进行计算的能力,其调用格式为

y = eval('expression')   % 执行 expression 指定的计算

[y1,y2,…] = eval(function(b1,b2,b3,…))   % 执行对 function 代表的函数文件调用,
                                          并输出计算结果

【说明】 eval()命令的输入参量 expression 必须是字符串。构成字符串的 expression 可

以是 MATLAB 任何合法的命令、表达式、语句或文件名。第二种格式中的 function 只能是（包含输入参量 b1,b2,b3……在内的）M 文件名。

【例 4-16】　eval( )命令演示。

```
% 演示一
clear,
t = pi;
eval('theta = t/2,y1 = sin(theta)');
% 演示二
CEM = {'cos','sin','tan'};
for k = 1:3
    theta = pi*k/12;
    y2(1,k) = eval([CEM{k},'(',num2str(theta),')']);
end
y2
```

运行结果显示如下：

```
theta =
    1.5708
y1 =
    1
y2 =
    0.9659    0.5000    1.0000
```

【说明】　演示二中, num2str 为将数值转换为串数组的指令。eval([CEM{k},'(', num2str(theta),')'])中, 为用方括号表示的组合字符串。

4.4.2　feval

feval( )命令具有更加灵活的函数运算功能。

[y1,y2,…] = feval(F,b1,b2,b3,…)　　% 执行由 F 指定的计算

【说明】　F 可以是函数句柄和函数名字符串,可以执行 F 指定的计算。b1,b2,b3…… 是传给函数的参数,它们的含义及排列次序均与"被计算函数的输入变量含义及次序"一致。

【例 4-17】　feval 和 eval 运行区别,feval 的函数 F 绝对不能是表达式。

x = pi/4; Ve = eval('1 + sin(x)'),Vf = feval('1 + sin(x)',x)

运行结果为

```
Ve =
    1.7071
Error using feval,Invalid function name '1 + sin(x)'.
```

g = @(x)(1 + sin(x)),g = inline('1 + sin(x)'),% 函数句柄和内联函数可被 feval 命令调用

```
Vf = feval( g,x )
Vf =
    1. 7071
```

4.4.3　内联函数 inline 对象

内联函数是 MATLAB 提供的一个对象(object),如函数文件,内联函数的创建比较容易。创建 inline 对象就是使用 inline 函数将字符串转换成 inline 对象。内联函数的有关命令如下:

```
inline_fun = inline('string',arg1,arg2,…)      % 创建 inline 对象,把串表达式'string'转化
                                                  为 arg1,arg2 等指定输入参量的内联
                                                  函数

class( inline_fun )                             % 给出内联函数类型
char( inline_fun )                              % 给出内联函数计算公式
argnames( inline_fun )                          % 给出内联函数的输入参量
vectorize( inline_fun )                         % 使内联函数适用数组运算规则
```

【例 4-18】　内联函数使用示例。

```
f = inline('sin(x)*exp(-z*x)','x','z');         % 创建 inline 对象 f
disp([class(f),char(f),blanks(10)])             % 显示内联函数 f 的类型及计算公式
argnames(f)                                     % 给出内联函数输入参量
y = f(1,2)                                      % 调用 inline 对象 f
f1 = vectorize(f)                               % 使内联函数适用数组运算规则
y1 = f1([pi/3,pi],[1,2])                        % 内联函数调用
```

命令窗口中显示运行结果为

```
inlinesin( x )*exp( -z*x )
ans =
    'x'
    'z'
y =
    0. 1139
f1 =
    Inline function:
    f1( x,z ) = sin( x ).*exp( -z.*x )
y =
    0. 3039      0. 0000
```

4.5　函数句柄

　　函数句柄是一种数据类型,包含函数的路径、函数名、类型以及可能存在的重载方法,即函数是否为内部函数、M 或 P 文件、子函数、私有函数等。函数句柄提供了一种间接的函数调用方法,匿名函数实际上也是一种函数句柄,MATLAB 的所有 M 函数和内部函数都可以通过创建函数句柄来实现。引入函数句柄可使函数调用像变量调用一样灵活方便,提高函数的调用速度。

1. 函数句柄的创建

（1）利用@ 符号,使用一个已有的函数创建函数句柄

fhandle = @ sin　　　% 创建函数 sin 的句柄 hsin

借助命令 functions 可观察句柄内涵。对上述创建的句柄 hsin 进行观察,可输入:

cc = functions(fhandle)

（2）使用匿名函数创建函数句柄

fhandle = @ (arg1 ,arg2 ,…)(expr)　　　% 创建匿名函数

【例 4-19】　使用匿名函数创建 $f_1 = 1 + \mathrm{e}^{-x}$ 和 $f_2 = \sin(1 + \mathrm{e}^{-x}) + \cos(1 + \mathrm{e}^{-y})$。

\>> fhnd1 = @ (x)(1 + exp(-x)) ;　　　% 创建匿名函数

\>> rf1 = fhnd1(2)　　　　　% 调用匿名函数

rf1 =

　　1. 1353

\>> fhnd2 = @ (x ,y)(sin(fhnd1(x)) + cos(fhnd1(y))) ;　　　% 创建嵌套匿名函数

\>> rf2 = fhnd2(1 ,2)

2. 函数句柄的调用

　　在使用函数句柄调用函数时,可以直接调用,也可以使用 feval 命令调用,命令格式如下:

[y1 ,y2 ,… ,yn] = fhandle(arg1 ,arg2 ,…)　　　% 调用函数句柄 fhandle

[y1 ,y2 ,… ,yn] = feval(fhandle ,arg1 ,arg2 ,…)

[y1 ,y2 ,… ,yn] = feval('fun' ,arg1 ,arg2 ,…)

3. 处理函数句柄的函数

（1）functions 函数

functions(fhandle)函数用来获得函数句柄的信息。

（2）func2str 和 str2func 函数

func2str(fhandle)函数是将函数句柄转换成函数名称字符串,str2func(str)函数则相反,是将字符串函数名转换为函数句柄。

（3）isa 函数

isa 函数用来判断变量是否是函数句柄。

isa(var,'function_handle'?)   % 判断 var 是否是函数句柄

【例 4-20】 函数句柄演示:直接调用子函数。

与例 4-15 相似,只是主程序采用子函数句柄调用子程序,子函数则多了绘图功能。

```
function Hr = ffzzy( a,s)              % 传递子函数句柄
t = (0: a)/a*2*pi;
Hr = @ subffzzy;                      % 创建子函数句柄
feval( Hr,4,s);                       % 利用函数句柄调用子函数
% -----------------------------subfunction----------------------------------
function subffzzy( a,s)               % 子函数
t = (0: a)/a*2*pi; ss = 'a*exp(i*t)';  % 产生 ss 复数数组
switch s
case {'base','caller'}                % 取'base'或'caller'空间的变量计算 ss 表达式
        y1 = evalin( s,ss);
case 'self'                           % 取本子函数空间的变量计算 ss 表达式
        y1 = eval( ss)
end
plot( real( y1),imag( y1),'r','LineWidth',3)
axis square image
```

在命令窗口中输入命令:

```
hc1 = ffzzy( 16,'self')
```

则显示结果为

```
hc1 =
    @ subffzzy
```

hc1 即为子函数的句柄。在命令窗口中输入命令(直接调用子函数):

```
feval( hc1,16,'self');
```

其执行结果如图 4-5 所示。

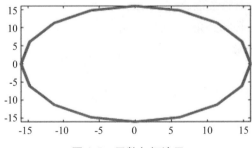

图 4-5 函数句柄演示

4.6 程序调试

M 文件编写完成后,即可启动运行。但在程序运行时,由于程序员的一些失误,会造成程序运行错误。一般常见的错误主要有以下两种。

(1)语法错误

此类错误包括词法或文法的错误,主要指变量名、函数名不合法,函数名拼写错,表达式书写错,标点符号使用不正确等。遇到此类错误,MATLAB 会终止程序运行,给出出错信息。此类错误比较好排除,一般可根据出错提示信息找到问题并解决。新版 MATLAB 在输入程序时往往有命令提示拼写错误。

(2)逻辑错误

此类错误主要是指程序运行结果与预期结果不符。原因可能是多方面的,包括对算法理解不正确、误用命令、程序流程控制不合理等。排除此类错误比较困难,需要跟踪调试,通过一些中间结果来发现问题。

为了尽快找到程序中的错误,可以借助不同的调试方法,常用的调试方法有以下两种。

1. 直接调试法

直接调试法的具体步骤如下:

① 删除语句结尾处的分号";",这样可以显示该语句的执行结果,根据显示结果来判断该语句是否正确。

② 在适当的位置利用命令显示变量值,如直接以变量名作为一行或利用"disp"命令等。

③ 利用"echo on"和"echo off"命令显示执行的脚本指令行,判断程序流是否正确。

④ 利用"keyboard"和"return"命令暂停文件执行,从而可以观察及修改中间变量。

2. 调试器

(1)Run and Time 菜单

该菜单项用于运行并测试程序执行时间以提高性能,单击后进入 DEBUG,需要与 Breakpoints 菜单项配合使用,如图 4-6 所示。

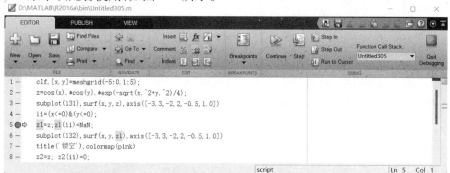

图 4-6　DEBUG 调试

（2）Breakpoints 菜单

该菜单使程序在某一行停止运行，显示当时结果。该菜单项共有 6 个菜单命令，前 2 个是用于在程序中设置和清除断点，后 4 个是设置停止条件，用于临时停止 M 文件的执行，并给用户一个检查局部变量的机会，相当于在 M 文件指定的行号前加入一个 keyboard 命令。

调试菜单及其子菜单如图 4-7 所示，各子菜单功能如下：

Run：运行当前文件并显示结果。

Step：根据设置的断点进行单步调试。

Step in：在单步调试时，遇到被调用函数，会进入被调用函数内部调试。

Step out：在单步调试时，遇到被调用函数，不进入被调用函数内部调试，而直接执行下面的语句。

Run to Cursor：文件的执行从文件开始执行到当前光标所在的行。

Clear All：清除所有断点。

Set/Clear：当前行断点的设置与清除，用于单步调试。

Enable/Disable：使当前光标所在处的断点有效或无效。

Set Condition：设置或修改条件断点，条件断点可以使程序满足一定条件时停止。

Stop on Errors/Warnings：程序出现错误或警告时停止运行，停在错误行。

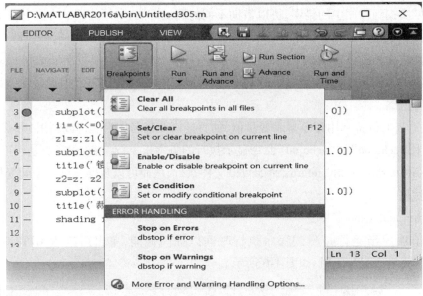

图 4-7　Breakpoints 菜单

切换工作空间，结束对程序的调试，打开窗口中的 Function Call Stack，下拉选择【Base】，切换到主工作空间，绿色箭头（调试）变为白色。记得要清除掉断点，红色圆点去掉了，然后选择【Continue】，白色箭头去掉，调试完成。

习 题 4

1. 编写从 100 到 200 不能被 4 整除同时也不能被 9 整除的数,并按每行 10 个数输出。

2. 编制一个解数论问题的函数文件:取任意整数,若是偶数,则用 2 除,否则乘 3 加 1,重复此过程,直至整数变为 1。

3. 求一个值 n,使 $n!$ 最大但小于 10^{50}。

4. 编写程序,实现以下功能:

(1) 生成一个 5 行 5 列的二维随机数组;

(2) 找出数组 A 中所有大于 0.31 且小于 0.62 的元素的单下标;

(3) 求数组 A 中满足(2)的条件的元素个数;

(4) 求出数组 A 中满足(2)的条件的元素的和,并求出这些元素的平均值;

(5) 将(4)求出的平均值赋值给数组 A 中满足(1)的条件的每个元素。

5. 编写一段程序,能够把输入的摄氏温度转化成华氏温度,也能把华氏温度转换成摄氏温度。

6. 有一组学生的考试成绩(见下表),根据规定,成绩在 100 分时为满分,成绩在 90~99 之间时为优秀,成绩在 80~89 分之间时为良好,成绩在 60~79 分之间为及格,成绩在 60 分以下时为不及格,编制一个根据成绩划分等级的程序。

学生姓名	赵博	王琳	钱瑶	孙维	周德	刘武	吴韩	郑福	李利	孟健
成绩/分	78	87	53	75	90	100	93	66	49	82

第 5 章 Simulink 建模仿真

5.1 Simulink 概述

Simulink 是一种图形化仿真工具包,是 MATLAB 最重要的组件之一,它向用户提供一个动态系统建模、仿真和综合分析的交互式集成环境。在这个环境中,用户无须书写多少程序,只需通过简单直观的鼠标操作,就可构造出复杂的仿真模型。

1. Simulink 的特点

Simulink 的特点:设计简单,系统结构使用方框图绘制,以绘制模型化的图形代替程序输入,以鼠标操作代替编程;分析直观,用户不需要考虑系统模块内部,只要考虑系统中各模块的输入输出;仿真快速、准确,能智能化地建立各环节的方程,自动地在给定精度要求下以最快的速度仿真,还可以交互式地进行仿真。

2. Simulink 文件

Simulink 保存的文件为模型文件,模型文件可以保存为. slx 和. mdl 文件。这两种格式的文件可以相互转换,格式. mdl 文件是老版本的模型文件,格式. slx 文件小很多。

3. Simulink 帮助

在 MATLAB 帮助浏览器窗口的【Contents】和【Demos】选项卡中,有专门针对 Simulink 的帮助信息。在【Demos】中可以查看各种复杂的仿真例题演示。例如,在 MATLAB 命令窗口中输入"demo simulink",便可看到打开的 Demo 窗口,选择一个模型单击打开,可以查看文字说明,并单击"Open this model"超链接可打开相应的. mdl 文件。

5.2 Simulink 工作环境

5.2.1 启动 Simulink

Simulink 是在 MATLAB 基础上运行的,可通过以下两种方法打开"Simulink Start Page"

窗口,如图 5-1 所示。

- 启动 MATLAB,在主界面中单击 Simulink 按钮 ![icon]。
- 启动 MATLAB,直接在命令窗口中输入"Simulink"或"Simulink Library"命令。

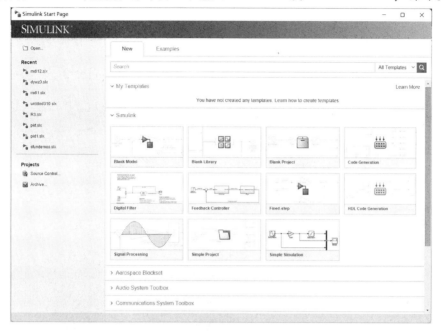

图 5-1　Simulink 启动页面

Simulink 有两个基本窗口,即模块库浏览器窗口(Simulink Library Browser)和模型窗口。

1. 模块库浏览器窗口

可通过以下两种方法打开 Simulink 模块库浏览器窗口(图 5-2)。

- 在命令窗口中输入"slLibraryBrowser"。
- 在 Simulink 系统模型编辑器中单击菜单栏【Tools】→【Library Browser】选项 ![icon]。

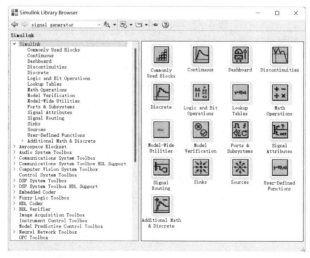

图 5-2　"Simulink Library Browser"窗口

Simulink 内置模块库包含通用模块库(Simulink)和若干专业模块库,如通信系统工具箱、计算机视觉系统工具箱、控制系统工具箱、数字信号处理工具箱和模糊逻辑工具箱等。

2. 模型窗口

通过以下三种方法均可新建一个名为"untitled"(未命名)的模型窗口(图 5-3),用户可以在这个新建的空白窗口中创建自己需要的 Simulink 模型。

- 单击【Blank Model】选项,即可打开系统模型编辑器。
- 在 MATLAB 菜单栏中单击【File】→【New】→【Simulink Model】命令。
- 在模块库浏览器窗口单击【File】→【New】→【Model】命令或 ![] 按钮。

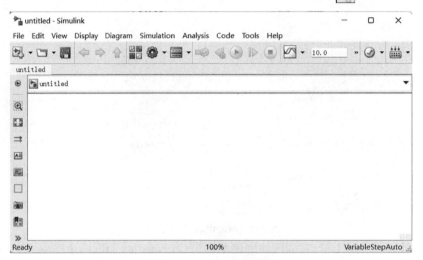

图 5-3 Simulink 模型窗口

Simulink 建模仿真需要先调用模块构建系统模型,然后分步进行仿真。典型的 Simulink 模型由图 5-4 所示的三种类型的模块构成。

图 5-4 Simulink 模型结构

三种模块的功能说明如下:

① 信号源模块。信号源模块为系统的输入,主要在 Source 库中,包括常数信号源、函数信号发生器(如正弦波和阶跃函数等)以及用户创建的自定义信号。

② 系统模块。作为仿真的中心模块,是系统仿真建模的核心,也是解决问题的关键。

③ 显示模块。显示模块主要是在 Sinks 库中用于系统的输出,输出显示的形式包括图形显示、示波器显示和输出数据到文件或 MATLAB 工作空间中。

通过在 MATLAB 或 Simulink 窗口中选择打开命令或单击打开已有文件的图标,按照 Windows 的常规操作打开一个已有的 Simulink 模型文件,如图 5-5 所示。

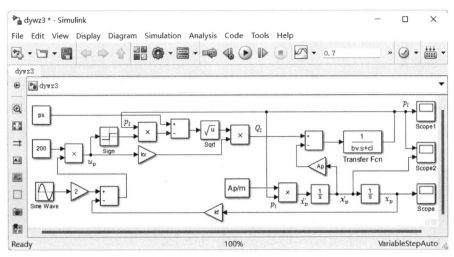

图 5-5　Simulink 实例模型

5.2.2　模块基本操作

Simulink 模块操作包括模块的选择、复制、删除和移动,模块外形的调整,模块间的连接,模块名的操作以及设置模块的参数和属性等。

1. 调整模块大小

调整模块大小的目的是提高模型可读性。在 Simulink 模块库中,选择信号源模块组 Sources 中的 Constant 模块,并将其拖动到模型窗口,双击此模块,并设置 Constant value 文本框中的值为"5118.18",由于参数"5118.18"位数较多,在图标中不能显示,只显示为"-C-"。

为了能够显示常数,可以扩大模块,先单击 Constant1 模块,然后将鼠标指针放在位于四个角的某一黑方块上,此时鼠标指针会改变形状,然后拖动鼠标,如图 5-6 所示。

图 5-6　Simulink 模块调整大小

2. 模块旋转

右击该模块以弹出快捷菜单,选择快捷菜单中的【Rotate&Flip】命令。

3. 模块复制

右击需要复制的模块,选择快捷菜单中的【copy】;在空白处单击鼠标右键,选择快捷菜单中的【paste】。按住鼠标右键拖动要复制的模块。

4. 模块删除

右击需要删除的模块,选择【Delete】。或者选中需要删除的模块,按键盘上的 [Delete]键。

5. 选择多个目标模块

使用[Shift]键:先按住此键,然后依次单击需要选择的模块即可选中多个模块。

使用框选:按住鼠标左键或右键均可,从任何方向画方框,使画出来的方框框住要选择的模块。

6. 标签设置

修改模块的标签(名称):在所要修改的标签上面单击,标签则呈现可编辑状态。先输入想要的标签名字,再在空白区域单击,便完成设置。

修改标签位置:右击需要修改标签位置的模块,从弹出的菜单中选择【Rotate&Flip】→【Flip Block Name】命令。

隐藏标签:右击需要隐藏标签的模块,从弹出的菜单中选择【Format】→【Show Block Name】→【Off】命令。

显示标签:显示标签与隐藏标签作用相反,操作方式类似。右击所要编辑的模块,从弹出的菜单中选择【Format】→【Show Block Name】→【On】命令。

模块标签设置如图 5-7 所示。

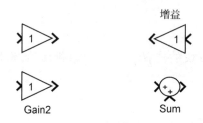

图 5-7　模块标签设置

7. 增加模块阴影

右击所要编辑的模块,从弹出的菜单中选择【Format】→【Shadow】命令。增加阴影后显示的结果如图 5-8 所示。

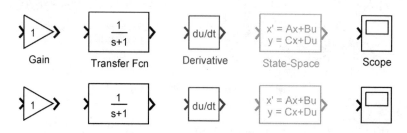

图 5-8　增加模块阴影的效果

5.2.3　模块连线操作

模块和连线是模型的骨架,模块及其参数设置是模型的灵魂。

1. 绘制连线

向窗口中添加相应的模块,在此不要求实现一个可运行的模型,只需任意拖动几个模块到模型窗口中。

将鼠标指针移动到模块输出端,指针呈十字形,按住鼠标左键,拖动到所要连接模块的输入端后松开即可。

便捷方法：以绘制从 A 模块输出端到 B 模块一个输入端之间的连线为例，先用左键单击选中 A 模块，再按住［Ctrl］键，同时左键单击选中 B 模块，则 Simulink 会自动绘出该连线，如图 5-9 所示。

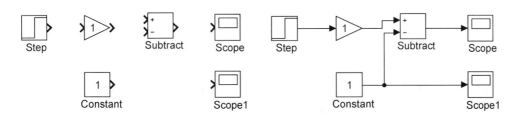

图 5-9　添加模块绘制连线

2. 连线移动

单击希望移动的连线，将鼠标指针移到连线上，连线被选定显示淡蓝色阴影，按住鼠标左键并拖动鼠标到期望的位置后松开即可。

3. 节点移动

先将鼠标指针放在连线的转角处，此时鼠标指针的形状会变成圆形，再拖放节点到期望的位置后松开即可。

4. 连线删除

连线删除有以下三种方法：

- 单击所要删除的连线，按［Delete］键。
- 单击所要删除的连线，选择【Edit】→【Delete】命令。
- 右击所要删除的连线，在弹出的快捷菜单中选择【Delete】命令。

5.2.4　模型说明

在一个模型中添加文本形式的模型说明，以说明该模型的功能和使用方法，可以让模型更加易懂。

1. 模型说明的添加方法

在模型窗口的任意空白处双击，在出现的文本框中输入需要添加的模型说明内容，输入完成后在此框外任意空白处单击即可。

2. 修改模型说明字体

单击模型说明，使模型说明处于选中状态。在模型说明文本编辑框内右击引出快捷菜单，选择【Format】→【Font Style for Selection】命令，在弹出的对话框中进行适当设置后，单击"OK"按钮。图 5-10 所示就是在模型 mdl12 左上角空白处添加了一个中文说明"这是模型12 号"。

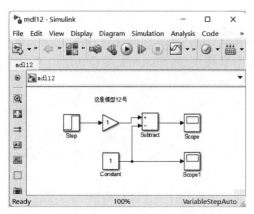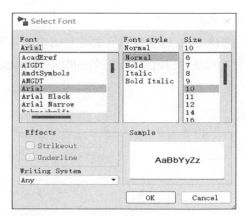

图 5-10　修改模型说明字体

5.2.5　模型打印

有时需将模型输出打印出来以便检查,打印方法主要有三种:菜单打印、粘贴到文档中打印和使用 MATLAB 中的打印命令。

1. 菜单打印

选择【File】→【Print】→【Page Setup】命令,在弹出的对话框中可设置各种打印属性,设置好后单击"确定"按钮,如图 5-11(a)所示。

选择【File】→【Print】命令,在弹出的对话框中单击"Print"按钮,如图 5-11(b)所示。

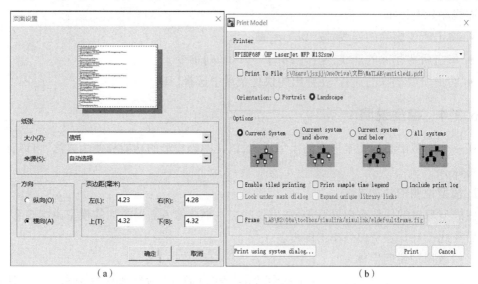

（a）　　　　　　　　　　　　　　（b）

图 5-11　图形模型打印

2. 粘贴到文档中打印

在模型窗口中选择【Edit】→【Copy Current View To Clipboard】命令,这样模型就被复制到剪贴板中,然后粘贴到文档(如 Word)中即可打印。

抓图的方法,使用键盘上[Print Screen SysRq]键,然后粘贴到图形处理程序中,进行适当的处理,也可用其他抓图软件处理,然后打印。

3. 使用 MATLAB 中的打印命令

使用【print】命令可以将图形输出到打印机、剪贴板或其他文档中。

Simulink 不仅能够与 MATLAB 完美结合,而且可以调用 MATLAB 中的许多工具箱。如在命令窗口中输入命令"ver",就会在 MATLAB 命令窗口中输出 MATLAB/Simulink 所包含的所有工具箱,如图 5-12 所示。

```
Command Window
>> ver
-----------------------------------------------------------------
MATLAB Version: 9.0.0.341360 (R2016a)
MATLAB License Number: 123456
Operating System: Microsoft Windows 11 家庭中文版 Version 10.0 (Build 22000)
Java Version: Java 1.7.0_60-b19 with Oracle Corporation Java HotSpot(TM) 64-Bit Server VM mixed mode
-----------------------------------------------------------------
MATLAB                                  Version 9.0      (R2016a)
Simulink                                Version 8.7      (R2016a)
Aerospace Blockset                      Version 3.17     (R2016a)
Aerospace Toolbox                       Version 2.17     (R2016a)
Antenna Toolbox                         Version 2.0      (R2016a)
Audio System Toolbox                    Version 1.0      (R2016a)
Bioinformatics Toolbox                  Version 4.6      (R2016a)
Communications System Toolbox           Version 6.2      (R2016a)
Computer Vision System Toolbox          Version 7.1      (R2016a)
Control System Toolbox                  Version 10.0     (R2016a)
Curve Fitting Toolbox                   Version 3.5.3    (R2016a)
DO Qualification Kit                    Version 3.1      (R2016a)
DSP System Toolbox                      Version 9.2      (R2016a)
Data Acquisition Toolbox                Version 3.9      (R2016a)
Database Toolbox                        Version 6.1      (R2016a)
Datafeed Toolbox                        Version 5.3      (R2016a)
Econometrics Toolbox                    Version 3.4      (R2016a)
Embedded Coder                          Version 6.10     (R2016a)
Filter Design HDL Coder                 Version 3.0      (R2016a)
```

图 5-12　MATLAB 工具箱

5.3　Simulink 模型的仿真运行

用 Simulink 模型仿真的基本步骤:

① 根据具体的仿真问题,建立系统的数学仿真模型;

② 打开一个空白模型编辑窗口,其初始的文件名为 untitled,用户可修改文件名;

③ 拖放或复制所需模块到空白模型中;

④ 设置各个模块参数;

⑤ 用连线对各个模块进行连接;

⑥ 设置仿真模型的系统参数;

⑦ 运行仿真;

⑧ 查看仿真结果;

⑨ 保存文件后退出。

Simulink 允许在仿真过程中修改模型参数,但以下这些情况例外:① 采样周期、模型的过零个数、模块中的参数维数、模型的状态、模型的输入/输出个数、内部模块工作向量的维数等不能在仿真运行过程中修改。② 不能在模型的仿真运行过程中增加或删除模块、增加或删除信号线。如果要进行这类修改,必须停止模型仿真过程,修改完成后再进行仿真。

5.3.1 创建一个简单模型

【例 5-1】 因为计算机仿真的核心是数值积分,所以首先以积分一个简单信号作为仿真建模的起点。仿真结构包括一个输入(在 Simulink 中称为 Source)、两个积分器、一个可以观看信号随时间变化规律的窗口(Sinks)。

启动 Simulink 新模型和库浏览器窗口,展开 Source 库,找到 Step 模块。用鼠标单击该模块,并一直按住鼠标将该模块拖到空的窗口后,松开鼠标,窗口中就会出现一个 Step 模块。

类似地,可以在 Continuous 库中找到 Integrator 模块,并将一个积分器模块移到窗口中。在仿真中需要两个积分器,这里仅从库中拖出一个。一旦 Step 旁有一个积分器,只需将鼠标移到该积分模块并按住鼠标右键,在窗口中将该模块拖到右边,然后松开鼠标,就会看到两个积分器。在 Simulink 中任意一个模块处按住鼠标右键并将模块拖到一个新的位置,就可以获得该模块的一个拷贝。从 Sinks 库中找到 Scope 模块并将之拖到窗口,用鼠标拖着连接线从一个模块移到下一个模块,将二者连接起来,即可创建一个模块结构,如图 5-13(a) 所示。双击 Scope 图标并单击 Simulink 窗口的运行按钮,几秒后,仿真结束并发出逐渐减弱的嘟嘟声,显示窗口如图 5-13(b) 所示。

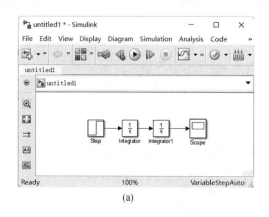

(a)

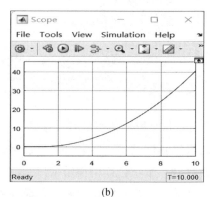

(b)

图 5-13 模型及仿真结果

从图 5-13 中可以看出:Simulink 默认的仿真运行时间是 0 ~ 10 s,第二个积分器的输出信号是一个二次增长的信号,但只有 1 s 后才表现出这种特性,Scope 模块默认显示整个信号。

返回模型窗口,打开 Step 模块,会看到如图 5-14 所示的对话框。Step 模块产生了在 Step time 中的时刻从 Initial value(初始值) 阶跃变化到 Final value(终值) 的信号,改变这些参数可以在示波器中观察信号随时间变化的波形。打开 Integrator 模块,可以看到积分器的缺省初始条件是 0,可以修改这两个积分器的初始条件,观察波形的变化,深入理解积分初始条件对波形的影响。

图 5-14 模块的参数对话框

Simulink 模块中不同的参数设置会影响仿真的运行结果。在仿真窗口中单击【Simulink】→【Parameters】命令将会出现如图 5-15 所示的窗口。可以选择仿真开始和结束的时间。除了对那些含有显式时间函数的仿真外,对大多数物理仿真来说,所用的起始时刻实际值和仿真没有关系,通常的做法是让仿真从 $t=0$ s 开始。这个窗口也被用作调整参数,以便了解 Simulink 如何进行数值积分,而这一点恰恰是仿真的核心。Simulink 缺省采用对经典 Runge-Kutta 法改进后的变步长四阶/五阶显式 Runge-Kutta 积分法。该方法在积分过程中调整积分时间步长,使得积分误差低于某个误差限,缺省的相对误差限是 1e-3。绝对误差限由算法在积分过程中自动调整。

图 5-15 仿真参数设置窗口

如要严格地控制相对误差限,可在窗口中进行相应的修改,令相对误差限达到 1e-6 或 1e-7。类似地,将最终的运行时间改为 5 s,然后单击 "OK" 按钮关闭窗口。如果再运行仿真,将显示仿真时间 5 s 的相应信号。

对前面的仿真模型再做进一步的修改以显示 Simulink 的更多特性。返回 Simulink 库浏览器窗口,在 Signals Routing 标题下找到 Mux 模块,并将它拖到仿真窗口,删除最后一个积分器和 Scope 模块的连接线。Mux 模块是一个多路合成器,该模块接收多路信号并将它们合并为一路信号,这在许多场合都非常有用。双击鼠标,利用对话框改变输入信号的数量为 3 路输入的多路转换器。重新布置仿真模块,使 Mux 模块位于第二个积分器和 Scope 模块之间,将第二个积分器和 Mux 模块连接作为一路输入,Mux 模块的输出和 Scope 模块连接。仿真模型如图 5-16 所示。

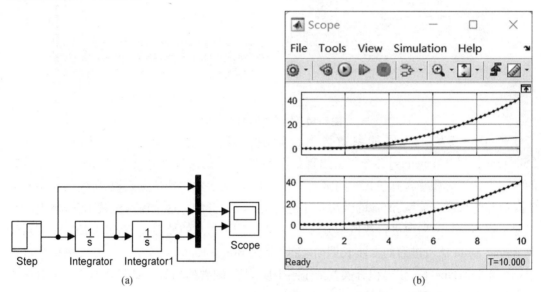

(a)   (b)

图 5-16 模型及仿真结果

将初始条件重新设置为零,运行仿真并在 Scope 模块中观察仿真,如图 5-16(b)所示,注意到三条线(在屏幕上表现为不同的颜色)表示输入 Mux 模块的 3 个信号。水平线是第一个输入,阶跃信号在仿真开始 1 s 从 0 变到 1 并在整个仿真过程中保持不变。Mux 的第二个输入是第一个积分器的输出,是经过一段时间后终止于一定值的水平线,是对常量积分的响应。第二个积分器输出和前面结果一样,改变初始条件、时间步长以及阶跃输入的大小,可以观察改变这些参数对仿真结果的影响。示波器经过 Layout 布局设置,下面第二个端口显示的也是第二个积分器输出波形。

5.3.2 示波器模块(Scope)设置

Scope 模块用来接收信号并显示信号的波形曲线,双击该模块时会出现示波器窗口。示波器可以进行仿真运行和单步运行,工具栏中的　　　　　与 Simulink 工具栏中的图标相同,可以进行步长设置、仿真运行和单步运行。

单击鼠标右键选择菜单【Configuration Properties】,打开“Configuration Properies:Scope”对话框,单击【Main】选项卡,如图 5-17(a)所示,“Number of input ports”用来设置示波器的输

入信号端口数量,模型中模块的输入端口也会同时改变,"Layout"用来设置 2 个以上的信号显示布局。单击【Display】选项卡,如图 5-17(b)所示,"Y-limits(Minimum)"和"Y-limits(Maximum)"用来设置 Y 坐标的上、下限,"Title"用来设置坐标的文字标注,"Y-label"用于设置坐标名称。可以框选显示网格和图例。

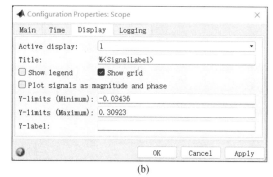

(a)　　　　　　　　　　　　　　　　　　(b)

图 5-17　示波器模块参数设置

单击【Logging】选项卡,如图 5-18(a)所示,"Limit data points to last"表示缓冲区接收数据的长度,默认为 5000。示波器的缓冲区可接收 30 个信号,数据长度为 5000,若数据长度超出5000,则最早的历史数据会被清除。"Log data to workspace"把示波器缓冲区中保存的数据以矩阵或结构数组的形式送到工作空间,在下面两栏设置变量名"Variable name"和数据类型"Save format"。当示波器的输入信号序列个数超过 1 时,只能采用构架数组或带有时间的构架数组。SD 为构架数组名;signals 是 SD 的域,为 1×3 的构架数组;values 为 signals 的域。

单击鼠标右键选择菜单【Style】,可以设置图形背景色,轴的颜色,文字颜色,输入信号的线型、颜色、样式标记等,如图 5-18(b)所示。

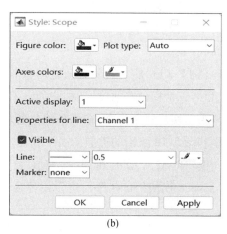

(a)　　　　　　　　　　　　　　　　　　(b)

图 5-18　示波器显示参数设置

在"Scope"窗口中单击工具栏中的 ![按钮] 按钮能调整坐标范围,单击工具栏中的 ![按钮] 光标测量按钮可以使光标在波形曲线上移动以查看数据。本例示波器经过参数调整后的结果如图 5-19 所示,可以在右侧看到对应两个点的坐标。

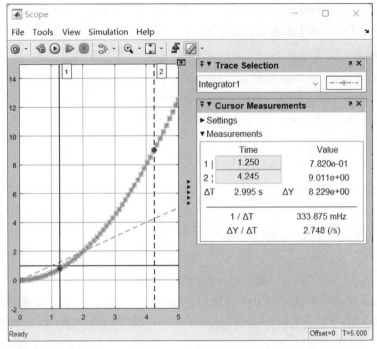

图 5-19　示波器显示

5.3.3　返回数据到工作环境

Simulink 最强大的功能之一在于它是 MATLAB 环境的一部分,并且可以和 MATLAB 环境无缝地交换数据,为了研究 Simulink 和 MATLAB 工作环境可能存在的联系,这里将 MATLAB 环境的可编程能力和 Simulink 高度可视化方法相结合。User-Defined Functions 库中的 Fcn 模块,可以将编写的任何 MATLAB 函数文件插入 Simulink 中仿真,实现 M 文件和 Simulink 的结合。

【例 5-2】　建立一个对任意输入积分两次的仿真,但在第一个积分器的输出(称之为 x_1)和第二个积分器的输入(称之为 x_2)之间有一个代数函数,函数关系式为 $x_2 = 3x_1 - x_1^2$。

为了实现这个仿真,在两个积分器之间插入一个 MATLAB 的 Fcn 模块。所建立的仿真模型和图 5-16 给出的类似。由于现在多了一个需要进行监测的信号(函数的输出),所以将 Mux 模块的输入增加到四个,将函数的输入和输出均连接到 Mux 模块,并添加了 To Workspace 模块(Sinks 库),可以代替 Scope 模块,如图 5-20 所示。

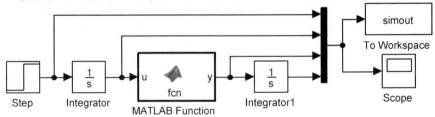

图 5-20　增加 To Workspace 模块的模型

To Workspace 模块一般将多路信号作为输入,在 MATLAB 环境中生成一个矩阵。矩阵的每一列代表在给定时间向量的输入变量值。变量在矩阵中出现的顺序与它们连接到 Mux 模块的顺序一样。换言之,图 5-16 中第二个积分器的输出与 Mux 模块最下端或第四个输入连接。因此,工作环境矩阵的第四列将是第二个积分器的输出。保留默认的矩阵名 simout,双击 To Workspace 模块,需注意对话框下面的 Save format,默认格式是 Structure。这种格式以一种非常紧凑且完整的数据结构存储数据。在图 5-21 所示的对话框中作此更改并运行仿真。

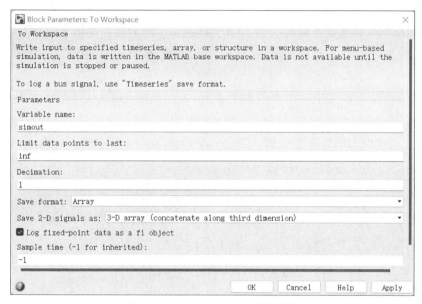

图 5-21　To Workspace 模块参数

在 MATLAB 命令窗口中键入列出存储在工作环境中的矩阵的命令“whos”,如下所示:

```
>> whos
```

Name	Size	Bytes Class	Attributes
simout	56 ×4	1792 double	
tout	56 ×1	448 double	

simout 矩阵有 56 行 4 列,是 Simulink 模型产生的默认矩阵。tout 列出了每一个积分步长的时间,这一点非常重要,因为 Simulink 一般采用变时间步长算法,因此数据存储的实际时间预先不知道。

simout 由仿真中的 To Workspace 模块产生。该矩阵是 56 行 4 列的矩阵,这与 Mux 具有四个输入变量一致。为了证实这一事实,最简单的方法是在命令行中输入矩阵的名字,查看一下存储在矩阵中的以下数据。

```
>> simout

simout =
    1.0000        0        0        0
```

1.0000	0.0000	0.0000	0.0000
1.0000	0.0002	0.0006	0.0000
1.0000	0.0012	0.0036	0.0000
1.0000	0.0062	0.0186	0.0001
1.0000	0.0313	0.0931	0.0015
1.0000	0.1313	0.3768	0.0251
1.0000	0.2313	0.6405	0.0762

……

如前所述,第 1 列数据是输入变量,第 2 列是第一个积分器后的信号,也即函数的输入,是一个线性增长的斜波函数,第 3 列是经过函数后的输出,第 4 列是第二个积分器后即最后的输出。

返回 M 文件编辑器,打开一个新的文件,得到一个单输入、单输出函数以实现上面给出的多项式函数。选择的变量名可以是任意的,MATLAB 习惯定传递进来的参数为变量 u。实现这个函数的一个可能的 MATLAB 程序脚本如图 5-22 所示,在命令行中输入绘图 plot 命令。

```
Editor - Block: untitled310/MATLAB Function

  MATLAB Function   ×   +

1   function y = fcn(u)
2     %function used to demonstrate the use of functions in Simulink
3     y = 3*u-u^2;
```

图 5-22 Fcn 模块的程序脚本

\>> plot(tout, simout(:,1), ':', tout, simout(:,2), 'r', tout, simout(:,3), 'k-', tout, simout(:, 4), 'g-')

这是 plot 命令最简单的形式,画出 simout 第 1 列、第 2 列、第 3 列、第 4 列的所有元素随 tout 变化的曲线。由该命令得到的结果如图 5-23 所示。图中为清楚地指明曲线,使用了 Figure 中的 Insert 编辑命令。

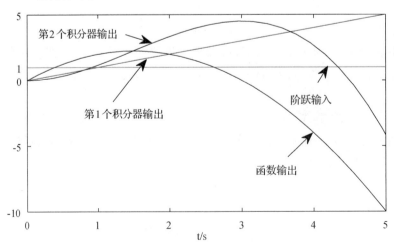

图 5-23 各信号随时间变化的曲线

Sinks 模块库中还有另一个输出到文件(To File)模块,将信号输出到 mat 文件,其模块参数对话框如图 5-24 所示。

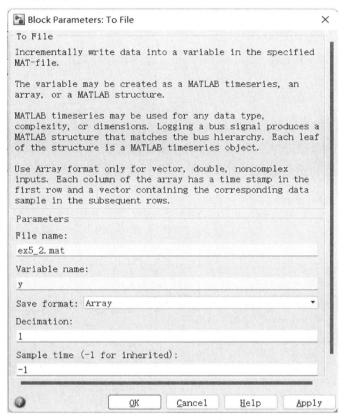

图 5-24　To File 模块参数

5.3.4　仿真结构参数化

模型窗口中各模块的参数在参数对话框中设置,参数的设置可以用常量也可以用变量,当模块的参数需要经常改变或由函数得出时,可以使用变量来设置模块的参数,然后通过 MATLAB 的工作空间或 M 文件对变量进行修改。

【例 5-3】　仿真两个简单的电路,一个 RL 串联电路和一个 RC 串联电路,输出分别用 To File 模块和 To Workspace 模块显示。R,L,C 的参数使用变量表示,变量的值存放在"ex. m"文件中,模型命名为 R2,模型框图如图 5-25 所示。

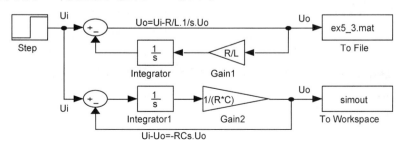

图 5-25　R2 模型

已知 $R = 1000\ \Omega, C = 10\ \mu F, L = 10\ H$，模块参数的三个变量在"ex. m"文件中设置，文件内容如下。

%R2 设置参数 R,L,C

R = 1000;L = 10;C = 0. 00001;

运行时在命令窗口中先运行"ex. m"文件，再运行"R2. mdl"文件，命令窗口中的程序如下。

>> ex

>> R2

在"ex. m"文件中修改各参数变量，就可以修改 R2 模型参数的值。

运行前在【File】下先进入【Model Properties】菜单，如图 5-26 所示，再进入【Callbacks】调用，在【InitFcn】模型初始化函数界面按照图 5-27 所示输入这三个参数后运行。

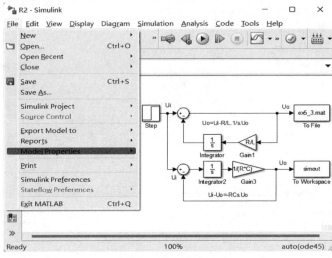

图 5-26　R2 模型特性

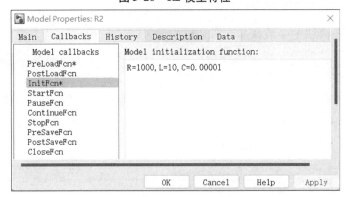

图 5-27　R2 模型输入初始参数

将 To Workspace 模块的"Save format"设置为"Array"，其他为默认值，输入以下命令。

>> plot(tout, simout)　　　　　%RC 回路输出波形

执行结果如图 5-28 所示。

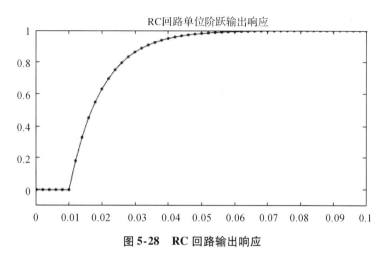

图 5-28 RC 回路输出响应

将 To File 模块的"Filename"设置为"ex5_3. mat","Variable name"设置为"y","Save format"设置为"Array",仿真运行结束后,仿真数据输出到 ex5_3. mat 文件。

在命令窗口中输入命令查看 ex5_3. mat 文件。

>> load ex5_3,size(y)

ans =

    2   69

5.3.5 用命令运行 Simulink 模型

1. sim 命令

启动模型的仿真可以使用 sim 函数来完成,命令格式如下:

$[t,x,y]$ = sim('model',timespan,options,ut)   % 利用输入参数进行仿真

【说明】 'model'为模型名,其余参数可以省略;timespan 是仿真时间区间,options 为仿真参数选择项,由 simset 设置;ut 为模型的外部输入向量;t 为返回的仿真时间列向量,x 为返回的状态矩阵,y 为返回的输出矩阵,矩阵中每列对应一路输出信号。RL 回路输出响应如图 5-29 所示。

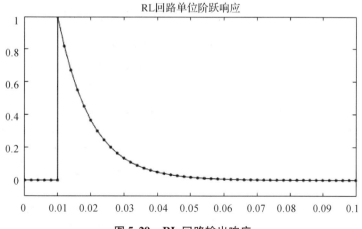

图 5-29 RL 回路输出响应

【例 5-3 续】
>>[t,x,y] = sim('R2') ;   %调用 Simulink 模型,运行仿真

>> load ex5_3, plot(t,y)

2. simset 命令

simset 命令用来为 sim 函数建立和编辑仿真参数或规定算法,并把设置结果保存在一个结构变量中,命令格式如下:

options = simset('name1',value1,'name2',value2,…)   %设置属性值

>> options = simset('solver','ode45') ;   %求解器采用 ode45

>>[t,x,y] = sim('R2') ;

5.3.6　Simulink 仿真运行参数设置

利用 Simulink 窗口进行仿真,主要有以下几个操作。

1. 设置仿真参数

在 Simulink 窗口中选择【Simulation】→【Model Configuration Parameters】选项,弹出仿真参数设置对话框。图 5-30 中左侧列表框中的目录树包括 Solver, Data Import/Export, Optimization, Diagnostics, Hardware Implementation, Model Referencing, Simulation Target 和 Code Generation 等。右侧是每一项所包含的参数设置选项。

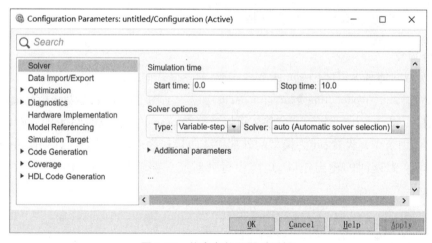

图 5-30　仿真参数设置对话框

仿真参数设置好之后,单击"Apply"按钮或者单击"OK"按钮。

(1) Solver 求解器

求解器设置包括两个选项组[Simulation time]和[Solver options],可以设置仿真的起止时间、求解器类型、误差大小等。

1) Simulation time:仿真起止时间设置

Start time:仿真起始时间,默认为 0。

Stop time:仿真终止时间,默认为 10。

2）Solver options：仿真求解器具体设置

Type：此选项包括 Variable-step 和 Fixed-step，分别表示变步长和定步长。

Solver：表示求解方法，当 Type 值为 Variable-step 时，包括 ode45，ode23，ode113，ode15s，ode23s，ode23t 和 ode23tb，其中前 3 个为非刚性求解方法，其余为刚性求解方法。

① 离散时间系统求解器算法。离散时间系统一般都是用差分方程描述的，其输入与输出仅在离散的采样时刻取值，系统的状态每隔一个采样周期才更新一次，而 Simulink 对离散时间系统仿真的核心，就是对离散时间系统的差分方程求解。因此，除了有限的数据截断误差外，Simulink 对离散时间系统仿真的结果可以认为是没有误差的。

用户欲仿真纯粹的离散时间系统，需要选用离散求解器。即在 Simulink 仿真参数设置对话框的求解器选项卡中选择【discrete（no continuous states）】选项，便可对离散时间系统进行精确的求解和仿真。

② 连续系统求解器算法。连续系统是用微分方程描述的。使用数字计算机只能求出其数值解（即近似解），不可能得到系统的精确解。Simulink 对连续系统进行仿真，实质上是求系统的常微分或者偏微分方程的数值解。微分方程的近似求解方法有多种，因此 Simulink 的连续求解器有多种不同的算法。在具体介绍这些算法之前，必须先了解关于用微分方程描述的系统的"刚性（stiff）"的概念。

所谓刚性系统，是指该系统方程特征值相差很大（有的很大，有的很小）的系统，其物理意义就是描述该动态系统惯性的一组时间常数值大小相差悬殊。因此，刚性系统中既包含变化很快的动态模式（分量），又包含变化很慢的动态模式。

连续系统求解器算法有以下几种：

a．ode45 算法。采用 Runge-Kutta 方法，这是利用 Simulink 求解微分方程时最常用的一种方法。它利用有限项的 Taylor 级数来近似解函数，而误差的来源就是 Taylor 级数的截断项，误差就是截断误差。这种算法精度适中，一般情况下应该作为首选。

ode45 分别采用 4 阶与 5 阶 Taylor 级数计算每个积分步长终端的状态变量近似值，并把这两个阶次不同的级数的近似值相减，用得到的差值作为计算误差的判断标准。如果误差估计值大于该系统的设定值，那么就把该积分步长缩短，然后重新计算；如果误差估计值远小于系统的设定值，那么就将积分步长加大。

b．ode23 算法。这种求解器也采用 Runge-Kutta 方法，同样是利用有限项的 Taylor 级数来近似解函数。与 ode45 不同的是，它分别采用 2 阶与 3 阶 Taylor 级数计算每个积分步长终端的状态变量近似值，并将这两个级数的值相减，以得到的差值作为计算误差的判断标准。如果误差估计值大于这个系统的设定值，那么就把该积分步长缩短，然后重新计算。如果误差估计值远小于系统的设定值，那么就将积分步长加长。

为了能够达到与 ode45 同样的精度，ode23 的积分步长总要比 ode45 取得小。因此，ode23 处理"中度刚性"问题的能力优于 ode45。ode23 和 ode45 都属于变步长算法。

c．ode113 算法。ode113 采用的变阶 Adams 法是一种多步预报校正算法。

使用 ode113 的步骤如下：

（a）在预报阶段,用一个$(n$-$1)$阶多项式近似导函数。该预报多项式的系数通过前面$(n$-$1)$个节点及其导数值来确定。

（b）用外推方法计算下一个节点。

（c）在校正阶段,通过对前面n个节点和新的试探节点运用拟合技术获得校正多项式。

（d）用该校正多项式重算试探解,即获得校正解。

（e）用预报解和校正解之间的差值作为误差,与系统设定值比较,用来调整积分步长,调整方法与 ode45 和 ode23 方法类似。

d. ode15s 算法。它是专门用来求解刚性方程的变阶多步算法,包含一种对系统动态转换进行检测的机理。这种检测使这一算法对非刚性系统计算效率低下,尤其是对那种有快速变化模式的系统更是如此。

e. ode23s 算法。它与 ode15s 一样,都是用来求解刚性方程的,是基于 Rosenbrok 公式建立起来的定阶单步算法。由于计算阶数不变,所以计算效率要比 ode15s 高。

f. ode23t 算法。该方法用来求解中度刚性方程,也可以用来求解刚性方程。

（2）Data Export/Import 数据输入/输出

单击"Configuration Parameters"对话框左侧目录中的［Data Export/Import］选项,对话框如图 5-31 所示。这个页面的作用是定义将仿真结果输出到工作空间,以及从工作空间得到输入和初始状态。

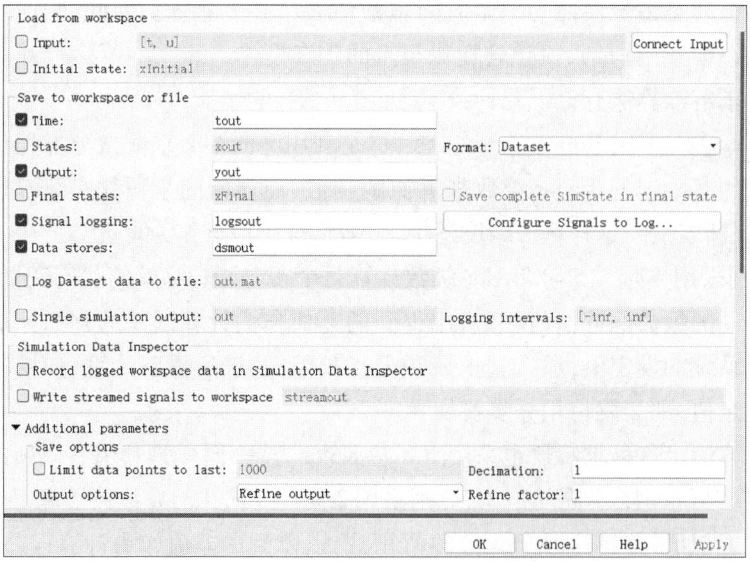

图 5-31　Data Export / Import 设置窗口

Load from workspace:可以设置如何从 MATLAB 工作区调入数据。勾选相应方框表明从工作空间获得输入或初始状态。若勾选 Input,则工作空间提供输入,且为矩阵形式。输入矩阵的第 1 列必须是升序的时间向量,其余列分别对应不同的输入信号。

Save to workspace or file:可以设置如何将数据保存到 MATLAB 工作区。勾选相应方框表明保存输出到 MATLAB 工作空间。Time 和 Output 为缺省选中的,即一般运行一个仿真模型后,在 MATLAB 工作空间都会增加两个变量 tout,yout。变量名可以设置。

　　Save options:允许设置保存到工作区或者从工作区加载的数据长度(Limit data points to last),存储数据到工作空间的格式(Format 下拉列表框可选数组、构架数组、包含时间数据的构架数组),确定两相邻存储数据间隔的点数即抽样率(Decimation 若为 1,则保存所有数据;若为 2,则隔一个数据保存一次)。

　　Output options:包含细化输出(Refine output)、产生附加输出(Produce additional output)、只产生特定输出(Produce specified output only)。细化输出指可以增加输出数据的点数,使输出更加平滑。数据点数增加的数量由(Refine factor)细化系数控制,可在文本框内设置,若为 2,则在每个步长中间插入一个点。

　　(3) Diagnostics 诊断

　　Diagnostics 参数配置控制面板可以配置适当的参数,如图 5-32 所示,以便在仿真执行过程中遇到异常情况时诊断出错误,从而采取相应的措施。

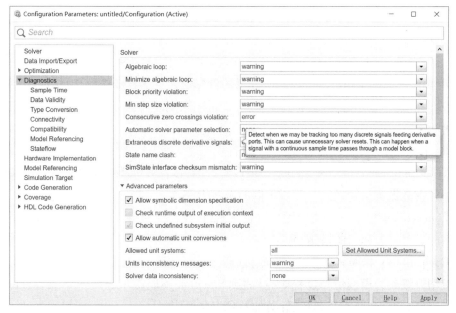

图 5-32　Diagnostics 设置窗口

　　① Solver:当 Simulink 检测到与求解器相关的错误时,这个控制组可设置诊断措施。

　　Algebraic loop:在执行模型仿真时可以检测出代数环。

　　Minimize algebraic loop:如果需要 Simulink 消除包含有子系统的代数环及这个子系统的直通输入端口,就可以设置此选项来采取相应的诊断措施。

　　Block priority violation:当仿真运行时,Simulink 检测模块优先级设置错误的选项。

　　Min step size violation:允许下一个仿真步长小于模型设置的最小时间步长。当设置的模型误差需要的步长小于设置的最小步长时,此选项起作用。

　　Solver data inconsistency:兼容性检测是一个调试工具,确保满足 Simulink 中 ODE 求解器的若干假设。

② Sample Time：当 Simulink 检测到与模型采样周期相关的错误时，这个控制组可以设置诊断措施，如图 5-33 所示。

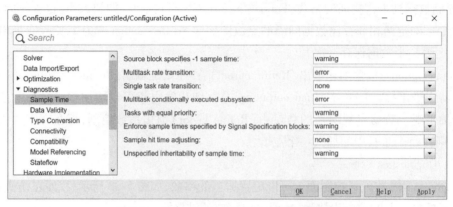

图 5-33　Diagnostics Sample Time 设置窗口

Source block specifies -1 sample time：设置源模块的采样周期为-1，如 Sine Wave 模块。

Multitask rate transition：在多任务模式中的两个模块，会出现两个模块间速率的转换。

Single task rate transition：在单任务模式中，两个模块间的速率会进行转换。

Tasks with equal priority：这个模型所表示的目标中的一个异步任务与另外一个目标异步任务具有同样的优先级。如果目标不允许具有同样优先级的任务相互支配，那么必须将选项设置为 error。

③ Data Validity：数据有效性诊断。

④ Type Conversion：该选项组用于用户设置诊断，以便在模型编译过程中 Simulink 检测到模型中存在数据类型转换问题时所采取的应对措施。

⑤ Connectivity：该选项组用于用户设置诊断，以便在模型编译过程中 Simulink 检测到模块的连接问题时采取相应的措施。

⑥ Compatibility 和 Model Referencing：这两个选项组都允许用户设置相应的诊断措施，以便在模型升级或者模型仿真过程中，检测到 Simulink 不同版本之间的不兼容性时采取相应的应对措施，二者功能类似，只是针对的对象有所不同。

（4）Hardware Implementation

参数配置控制面板主要针对基于计算机系统的模型，如嵌入式控制器。允许设置这些用来执行模型所表示系统的硬件的参数，能够在模型仿真中检测到目标硬件中存在的错误条件，如硬件的溢出。

2. 运行仿真

选择【Simulation】→【Run】命令运行仿真，或者使用［Ctrl］+［T］快捷键，或者单击工具栏中的"Run"按钮直接运行。模型运行时，命令【Simulation】→【Run】自动变为【Simulation】→【Stop】，运行按钮变为暂停按钮。

3. 终止仿真

与运行仿真操作类似，在运行完仿真后可选择【Simulation】→【Stop】命令，或者使用快捷键[Ctrl] + [Shift] + [T],或者单击"Stop"按钮直接终止仿真。

4. 暂停仿真

与终止仿真操作类似,在运行仿真后可选择【Simulation】→【Stop】命令,或者单击暂停按钮直接暂停仿真。

5. 仿真诊断

在仿真过程中,如果模型中存在错误,运行会被终止,并弹出仿真诊断对话框,在该对话框中显示错误信息,错误信息含义如表 5-1 所示。

表 5-1　错误信息含义

错误信息	信息含义
Message	信息类型,如错误模块、警告、日志
Source	信息来源,如 Simulink, Stateflow, Real-Time Workshop
Reported by	导致出错的元素名,如模块
Summary	出错信息摘要

5.4　子系统创建与封装

当建立的 Simulink 系统模型比较大或很复杂时,可将一些模块组合成子系统,这样可使模型得到简化,便于连线;可提高效率,便于调试;可生成层次化的模型图表,用户可采取自上而下或自下而上的设计方法。

将一个创建好的子系统进行封装,也就是使子系统像一个模块一样,可以有自己的参数设置对话框和模块图标等,使用起来非常方便。

5.4.1　创建子系统

1. 通过 Subsystem 子系统模块创建子系统

在 Simulink 库浏览器中有一个 Ports & Subsystems 模块库,单击该图标即可看到不同类型的子系统模块。下面以创建 PID 子系统为例,说明子系统的创建过程。

【例 5-4】　创建 PID 控制器子系统。

将子系统库模块中的 Subsystem 模块复制到模型窗口,如图 5-34(a)所示。双击该图标即打开该子系统的编辑窗口,如图 5-34(b)所示。

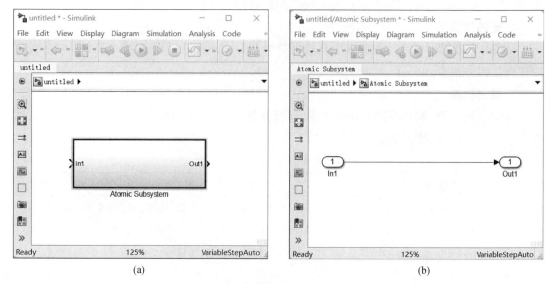

(a)   (b)

图 5-34 原始子系统及内部结构型窗口

将组成子系统的模块添加到子系统编辑窗口,将模块按设计要求连接,设置子系统各模块参数(可以是变量),修改 In1 和 Out1 模块下面的标签,关闭子系统的编辑窗口,返回模型窗口,如图 5-35 所示。

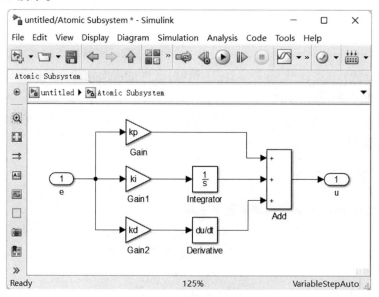

图 5-35 PID 子系统内部结构模型窗口

修改子系统的标签(PID),该 PID 子系统即可作为模块在构造系统模型时使用,如图 5-36 所示。

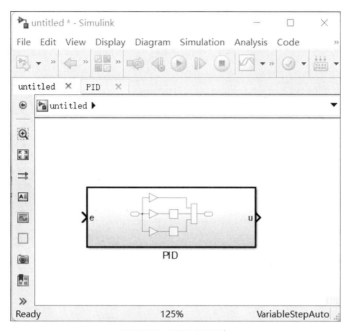

图 5-36　PID 子系统

2. 组合已存在的模块建立子系统

如果现有的模型已经包含了需要转化成子系统的模块,就可以通过组合这些模块的方式建立子系统。步骤如下:

① 确定需建立 Subsystem 的模型(被选中的背景均标记有蓝色),如图 5-37 所示。

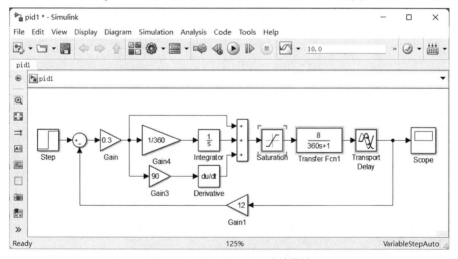

图 5-37　确定欲建子系统的模块

② 单击模型窗口中【Diagram】→【Subsystem & Model Reference】→【Create Subsystem From Selection】命令,则所选定的部分模块或者全部模块组合自动转化成子系统,如图 5-38 所示。

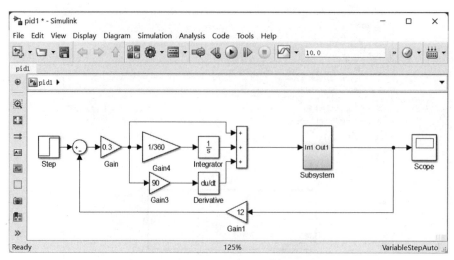

图 5-38 所选模块转化为子系统

③ 双击该图标,可打开该子系统窗口,改写输入输出符号;关闭子系统编辑窗口,设置子系统标签,则系统模型如图 5-39 所示。

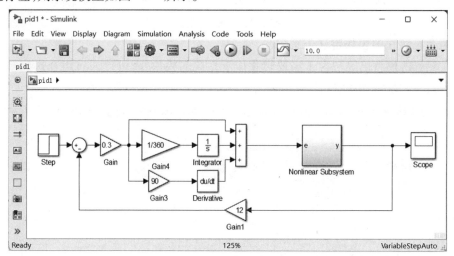

图 5-39 包含子系统的模型

5.4.2 封装子系统

子系统可以建立自己的参数设置对话框,以避免对子系统内的每个模块分别进行参数设置,因此在子系统建立好以后,需对其进行封装。子系统封装的基本步骤如下:

① 选择需要封装的子系统,设置好子系统中各模块的参数变量。

② 定义提示对话框及其特性,定义被封装子系统的描述和帮助文档,定义产生模块图标的命令。选择【Mask】→【Edit Mask】菜单命令,在弹出框中设置。

③ 单击"Apply"或"OK"按钮保存。

1. 设置子系统参数变量

将原子系统中的常数改为变量,其中饱和环节的上、下限分别设为 au,ab(需打开该环节的参数设置框),如图 5-40 所示。

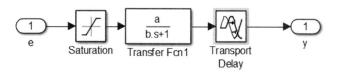

图 5-40　子系统内部参数定义

2. 产生提示对话框

选择需要封装的子系统,从模型窗口的【Diagram】下的【Mask】菜单中选择【Create Mask】命令,即弹出如图 5-41 所示的封装编辑器窗口,共有 4 个选项卡。

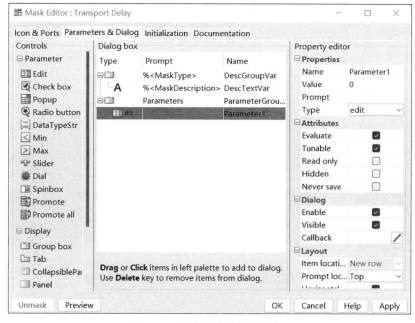

图 5-41　子系统封装编辑器窗口

Parameters & Dialog(参数设置):定义子系统参数对话框的变量。

参数设置对于子系统封装是最关键的,用于设置参数变量及其类型等。在本例中需要对饱和器的上、下限,传递函数系数,延迟时间常数等进行设置。只需要在【Prompt】文本框中输入变量提示符,在对应的【Variable】文本框中输入相应的变量名(必须与被封装子系统定义的变量名一致),在【Type】下拉列表框中选“Edit”,勾选【Evaluate】和【Tunable】复选框,然后单击左侧“Edit”按钮即可依次设置子系统中的各个变量。【Type】下拉列表框有 10 个选项,一般选 Edit 控件,它要求直接在文本框里输入要设置的值(变量名)。

Initialization(初始化):主要是对封装子系统内的变量赋初值,输入初始化命令并显示所定义的变量,如图 5-42(a)所示。其中【Dialog variables】(变量表)中的变量排序应与Parameters 定义的变量一致。参数变量名由封装编辑器的【Parameters】选项卡全部输入后,双击该子系统图标,即弹出如图 5-42(b)所示子系统的参数设置对话框。

Icon & Ports(图标):确定封装后子系统模块的图标。图 5-43 所示为模块图标编辑窗口,在图标上显示文本、定制图标的命令都写在"Icon drawing commands"(图标绘制命令)窗口内,disp 命令将内容显示在图标中心,而 text 命令则将内容放在指定位置。在图标上显示图形需要在窗口输入绘图命令"plot( )"。例如,输入"plot([0 1 4 5],[0 0 4 4],[0 5],[2 2],[2.5 2.5],[0 4])",则图标显示如图 5-43 左下所示。其中第一对数据([0 1 4 5],[0 0 4 4])绘制饱和曲线,第二对数据([0 5],[2 2])画 X 轴,最后一对数据画 Y 轴。在图标绘制命令窗口中输入命令"dpoly(num,den)"可以显示传递函数,num 和 den 分别为分子和分母的系数。

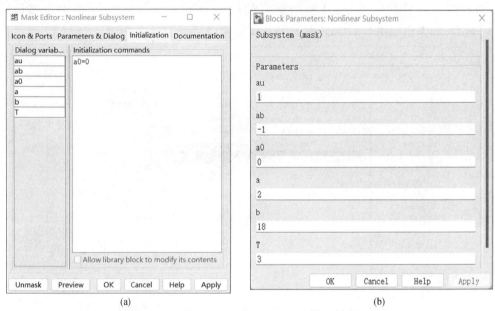

(a)　　　　　　　　　　　　　　　(b)

图 5-42　Initialization 界面和子系统参数设置对话框

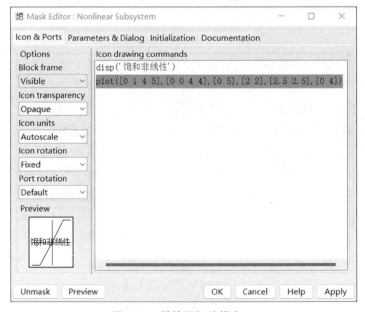

图 5-43　模块图标编辑窗口

Documentation(文档):封装说明。该选项有三个文本框,如图 5-44 所示。Type 文本框用来设置子系统模块的封装类型,可输入字符串。Description 文本框用于设置子系统的说明文档。Help 文本框用于设置帮助信息。

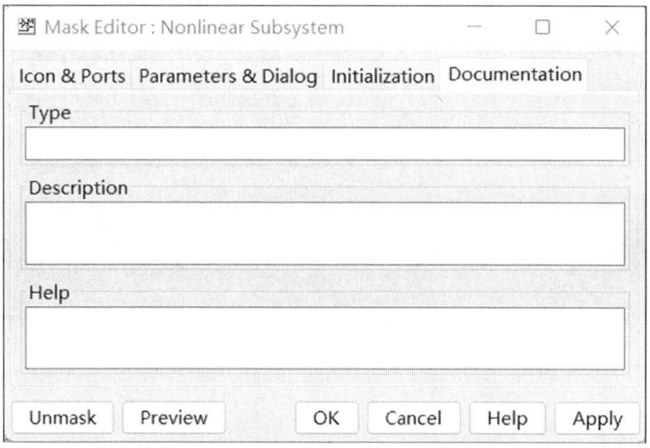

图 5-44　Documentation 编辑窗口

封装后完整的系统如图 5-45 所示。

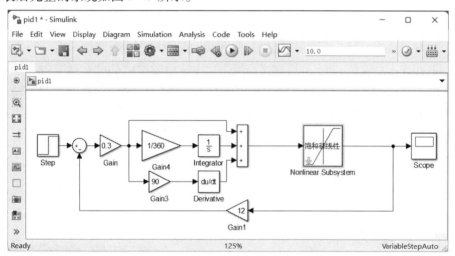

图 5-45　带有子系统的 Simulink 模型

5.4.3　条件子系统

条件子系统是指执行受某种信号控制的一类子系统。Simulink 中的条件子系统受到两种信号作用,一是决定子系统是否执行的控制信号(触发信号、使能信号);另一个是使系统产生输出的输入信号。条件子系统包括使能子系统、触发子系统和使能触发子系统模块。

1. 使能子系统

当使能端控制信号为正时,系统处于"允许"状态,否则为"禁止"状态。"使能"控制信号可以为标量,也可以为向量。当为标量信号时,只要该信号大于零,子系统就开始执行;当为向量信号时,只要其中一个信号大于零,也"使能"子系统。双击使能子系统图标,得到如图 5-46 所示的子系统编辑窗口,再双击窗口中的 Enable 模块,则弹出如图 5-46(b)所示的对话框,可以选择使能开始时状态的值 reset(复位)或 held(保持当前状态)。

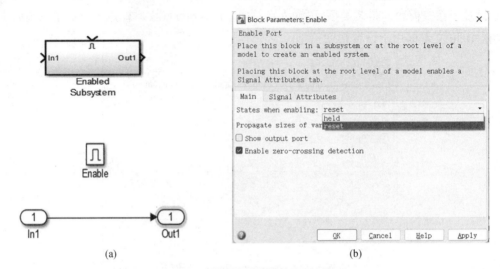

图 5-46　使能子系统模块和对话框

2. 触发子系统

触发子系统只在触发事件发生的时刻执行。所谓触发事件,就是触发子系统的控制信号。一个触发子系统只能有一个控制信号,在 Simulink 中称之为触发输入。

触发事件有 4 种类型,即上升沿触发(rising)、下降沿触发(falling)、跳变触发(either)和回调函数触发(function-call)。双击触发子系统中的触发器模块(Trigger),在弹出的对话框中可选择触发类型,如图 5-47 所示。

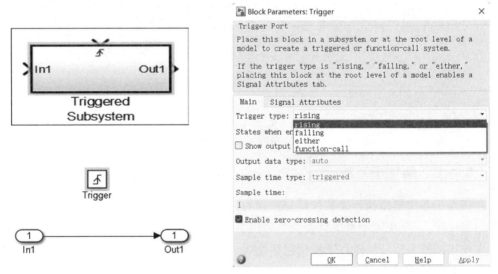

图 5-47　触发子系统模块和对话框

图 5-48(a)所示是触发子系统应用的一个示例。触发器设为上升沿触发,正弦输入经触发控制后成为阶梯波,如图 5-48(b)所示。触发器设为下降沿触发,正弦输入经触发控制后,成为阶梯波,如图 5-49 所示。触发事件发生时刻触发子系统的输出会保持到下一个触

发事件的发生时刻。

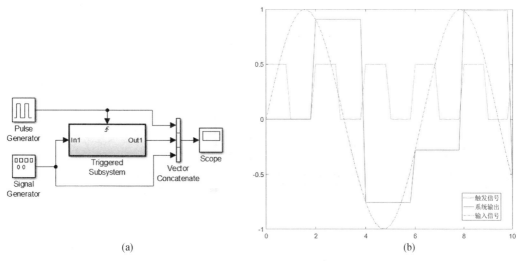

(a)   (b)

图 5-48　上升沿触发子系统仿真模型及输出

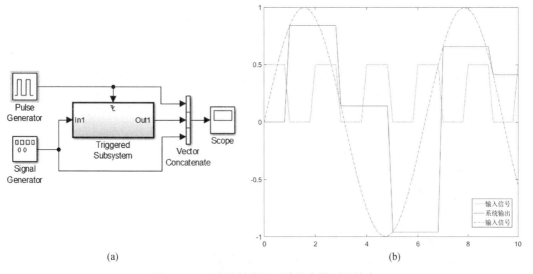

(a)   (b)

图 5-49　下降沿触发子系统仿真模型及输出

3. 触发使能子系统

触发使能子系统是同时具有触发和使能两个功能模块的子系统。在该系统中,若系统处于使能状态,则触发事件将激活子系统;若系统处于非使能状态,则忽略触发信号。

5.4.4　仿真实例

本节介绍如何利用 Simulink 求解机构的运动约束方程,进行机构的运动学仿真。图 5-50所示为某曲柄滑块机构示意图,连杆 r_2,r_3 的长度已知,曲柄输入角速度或角加速度已知。

1. 曲柄滑块机构的运动学方程

图 5-50 所示是只有一个自由度(DOF)的曲柄滑块机构,其输入为 $\omega_2 = \dot{\theta}_2$,输出分别为 $\omega_3 = \dot{\theta}_3, \theta_3, v_1 = \dot{r}_1, r_1$。设每一个连杆(包括固定杆件)均由一位移矢量表示,图 5-51 给出了该机构各个杆件之间的矢量关系,则机构的运动学方程导出如下。

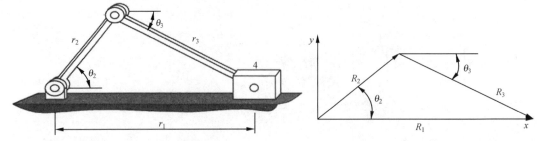

图 5-50　曲柄滑块机构简图　　　　图 5-51　曲柄滑块机构的矢量环

曲柄滑块机构的闭环位移矢量方程:

$$R_2 + R_3 = R_1 \tag{1}$$

闭环矢量方程的分解:

$$\begin{cases} r_2\cos\theta_2 + r_3\cos\theta_3 = r_1 \\ r_2\sin\theta_2 + r_3\sin\theta_3 = 0 \end{cases} \tag{2}$$

对位置方程(2)求时间的导数,即得曲柄滑块机构的运动学方程为

$$\begin{cases} -r_2\omega_2\sin\theta_2 - r_3\omega_3\sin\theta_3 = \dot{r}_1 \\ r_2\omega_2\cos\theta_2 + r_3\omega_3\cos\theta_3 = 0 \end{cases} \tag{3}$$

为方便编程,将式(3)写成以 ω_3 和 $\dot{r}_1$ 为未知变量的矩阵方程形式:

$$\begin{bmatrix} r_3\sin\theta_3 & 1 \\ -r_3\cos\theta_3 & 0 \end{bmatrix}\begin{bmatrix} \omega_3 \\ \dot{r}_1 \end{bmatrix} = \begin{bmatrix} -r_2\omega_2\sin\theta_2 \\ r_2\omega_2\cos\theta_2 \end{bmatrix} \tag{4}$$

2. 曲柄滑块机构运动学的 Simulink 仿真

仿真的基本思路:已知输入 ω_2, θ_2,由运动学方程求出 ω_3 和 $\dot{r}_1$,再通过积分,即可求出 θ_3 和 r_1。

编写 MATLAB 函数求解运动学方程,将运动学方程式(4)编写为 M 函数文件并以 compv.m 名保存。

设 $r_2 = 15$ mm, $r_3 = 55$ mm, $r_1(0) = 70$ mm, $\theta_2(0) = \theta_3(0) = 0°$,其中 r_1、θ_2、θ_3 的初始值可在 Simulink 模型的积分器初始值设置时输入。

```
function[x] = compv(u)                    % x 为函数的输出;u 为 M 函数的输入
u(1) = w2,u(2) = sita2,u(3) = sita3       % 3 个输入 ω₂,θ₂,θ₃
r2 = 15; r3 = 55;                         % 连杆 2,3 的长度
% 求解矩阵方程 ax = b 中的 x
a = [r3*sin(u(3)) 1;-r3*cos(u(3)) 0]; b = [-r2*u(1)*sin(u(2)); r2*u(1)*
cos(u(2))];
```

x = inv(a)*b；　　% 方程的解 a\b 相当于 a 逆阵左乘 b

建立曲柄滑块机构的 Simulink 运动学仿真模型，如图 5-52(a) 所示。其中 MATLAB Function 模块在 User-defined Function 库中，将该模块复制到模型窗口后，双击该模块，在弹出的对话框的 Parameters 栏中填入前面建立的 MATLAB 函数名 compv(该函数应当已经在 MATLAB 搜索路径中)以及两个输出变量，如图 5-52(b) 所示。

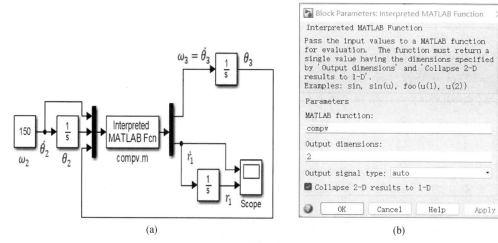

(a) （b)

图 5-52　匀速输入时的曲柄滑块 Simulink 仿真模型及 Function 模块参数设置

设输入转速 ω_2 为 150 rad/s，启动仿真后，设置仿真时间为 0.1 s，滑块的速度、位移曲线显示在示波器中，如图 5-53 所示。

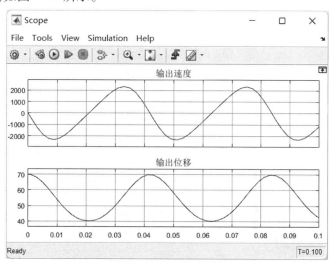

图 5-53　滑块的运动情况

3. 通过运动学仿真求解加速度

对曲柄滑块机构的闭环矢量方程式(2)求时间的二阶导数：

$$\begin{cases} -r_2\dot{\omega}_2\sin\theta_2 - r_2\omega_2^2\cos\theta_2 - r_3\dot{\omega}_3\sin\theta_3 - r_3\omega_3^2\cos\theta_3 = \ddot{r}_1 \\ r_2\dot{\omega}_2\cos\theta_2 - r_2\omega_2^2\sin\theta_2 + r_3\dot{\omega}_3\cos\theta_3 - r_3\omega_3^2\sin\theta_3 = 0 \end{cases} \tag{5}$$

此时输入连杆 2 的角加速度 $\alpha_2 = \ddot{\theta}_2 = \dot{\omega}_2$ 为仿真系统的输入量,而 $\alpha_3 = \ddot{\theta}_3$, $\ddot{r}_1$ 为系统输出,位移$(r_1, \theta_2, \theta_3)$和速度$(\dot{r}_1, \dot{\theta}_2, \dot{\theta}_3)$为已知量,将式(5)写成矩阵方程形式:

$$\begin{bmatrix} r_3\sin\theta_3 & 1 \\ -r_3\cos\theta_3 & 0 \end{bmatrix}\begin{bmatrix} \alpha_3 \\ \ddot{r}_1 \end{bmatrix} = \begin{bmatrix} -r_2\alpha_2\sin\theta_2 - r_2\omega_2^2\cos\theta_2 - r_3\omega_3^2\cos\theta_3 \\ r_2\alpha_2\cos\theta_2 - r_2\omega_2^2\sin\theta_2 - r_3\omega_3^2\sin\theta_3 \end{bmatrix} \tag{6}$$

则可由式(6)编写 MATLAB 函数求解加速度:

```
function [x] = compa(u)
% u(1) = a2, u(2) = w2, u(3) = w3, u(4) = sita2, u(5) = sita3
r2 = 15; r3 = 55;
a = [r3*sin(u(5)) 1; -r3*cos(u(5)) 0];
b = [-r2*u(1)*sin(u(4))-r2*u(2)^2*cos(u(4))-r3*u(3)^2*cos(u(5));
r2*u(1)*cos(u(4))-r2*u(2)^2*sin(u(4))-r3*u(3)^2*sin(u(5))];
x = inv(a)*b;
```

将所建立的 MATLAB 函数 compa(u)嵌入图 5-54 所示的 Simulink 模型的 MATLAB Function 模块中。设输入角加速度为 5 rad/s², $r_1(0) = 70$ mm,其他位移(θ_2, θ_3)和速度$(\dot{r}_1, \dot{\theta}_2, \dot{\theta}_3)$的初始值均为零,并且将滑块位移的范围限制在[40, 70](双击 r1 的积分器,在参数设置对话框中设置)。此外,为了进一步进行数据分析,将各个变量的数据利用 To Workspace 模块存储到具有 5 列的数组 acc 中,如图 5-54 所示。

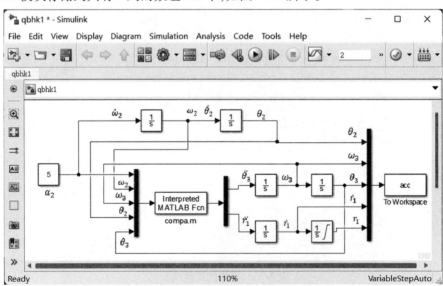

图 5-54   匀加速输入时的曲柄滑块机构运动学的 Simulink 模型

为了分析连杆 3 的转角和滑块的位移间的关系,可利用双纵坐标图同时绘制这两条曲线。编写程序如下:

```
t = tout;
[ax, h1, h2] = plotyy(t, acc(:,3), t, acc(:,5), 'plot');  % 利用图形句柄进行操作(坐标轴
```

和对应图形)

　　set(get(ax(1),'Ylabel'),'string','连杆 3 转角/rad');%设置左纵坐标轴名

　　set(get(ax(2),'Ylabel'),'string','滑块位移/mm');%设置右纵坐标轴名

　　xlabel('t/s');

　　set(h1,'LineStyle','-.')%设置左纵坐标轴对应曲线的线型

　　text(0.94,0.2,'连杆转角\rightarrow')

　　text(0.27,0.1,'滑块位移\rightarrow')

　　所绘制的图形如图 5-55 所示。

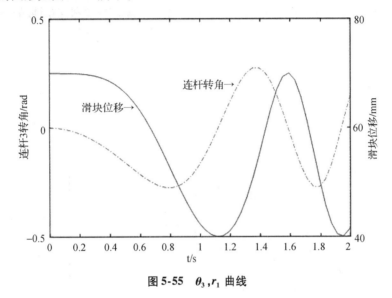

图 5-55　θ_3, r_1 曲线

5.5　S-函数简介

5.5.1　S-函数工作原理

　　Simulink 的系统函数(System Function)简称 S-函数,是由一系列子函数即"仿真过程"组成的。仿真过程就是 S-函数特有的语法结构,用户编写 S-函数的任务就是在相应的仿真过程中填写适当的代码,供 Simulink 及 MATLAB 求解器调用。

　　M 文件 S-函数结构清晰,书写方便,易于理解,能够调用丰富的 MATLAB 函数,所以可满足大多数实际应用的需求。

　　S-函数模块在"User-Defined Functions"子模块库中,模块可以用 C、MATLAB 和 Fortran 编写,通过"S-Function"模块创建包含 S-函数的 Simulink 模型。如果"S-Function"模块需要其他源文件来生成代码,在"S-Function name:"中必须填写不带扩展名的 S-函数文件名,输

入"src",而不是"src. c",在"S-Function parameters:"中填写模块的参数。

S-函数 M 文件形式的标准模板程序是一个格式特殊的 M 文件,名为"sfuntmpl. m",存放在"…MATLAB\R2016a\toolbox\simulink\blocks"目录下,用户可以根据该模板进行修改。M 文件的 S-函数由以下形式的 MATLAB 函数组成:

$$[sys,x0,str,ts,simStateCompliance] = f(t,x,u,flag,p1,p2,\ldots)$$

其中 f 是 S-函数的文件名,t 是当前时间,x 是状态向量,u 是模块的输入,flag 是所要执行的任务标志,p1,p2,…都是模块的参数。在模型仿真的过程中,Simulink 不断调用函数 f,通过标志 flag 的值来说明所要完成的任务。每次 S-函数执行任务后,都将以特定结构返回结果。M 文件 S-函数利用标志 flag 控制调用仿真过程函数的顺序。M 文件 S-函数的仿真流程图如图 5-56所示。

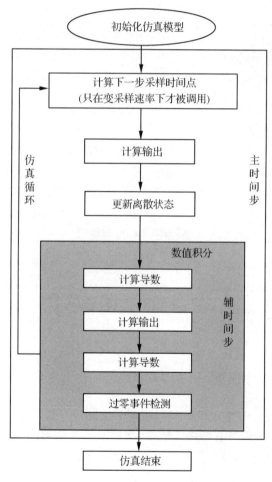

图 5-56 S-函数的仿真流程图

在初始化阶段,通过标志 0 调用 S-函数,并请求提供输入输出个数、初始状态和采样周期等信息后仿真开始。下一个标志为 4,请求 S-函数提供下一步的采样周期(只在变采样速率下才被调用)。接着标志为 3,计算模块的输出,然后标志为 2,更新离散状态,当需要计算连续状态导数时标志为 1。然后求解器使用积分过程计算状态的值。计算状态导数和更新离散状态之后通过标志 3 计算模块的输出。这样就完成了一个仿真步长的工作。当到达结束时间时,采用标志 9 完成结束前的处理工作。表 5-2 为仿真过程对应的 flag 选项表。

表 5-2　仿真过程及对应 flag 值

仿真阶段	S-函数仿真过程	flag 值(M 文件 S-函数)
初始化	mdlInitializeSizes	0
计算下一个采样点	mdlGetTimeofNextVarHit	4
计算输出值	mdlOutputs	3
更新离散状态	mdlUpdate	2
计算导数	mdlDerivatives	1
结束仿真	mdlTerminate	9

当在 flag = 0 时调用 S-函数,调用格式为

$[sys, x0] = model(t, x, u, flag)$

返回参数 x0 表示状态向量的初始值及 sys 各分量的信息。

sys(1) = 连续状态变量数

sys(2) = 离散状态变量数

sys(3) = 输出变量数

sys(4) = 输入变量数

sys 中前四个元素中的任何一个都可以指定为 −1,表示它们可以动态调整大小。所有其他 flag 的实际长度将等于输入的长度 u。

sys(5) = 系统中不连续根的个数,保留用于根查找,必须为零

sys(6) = 直通标志(1 = 存在,0 = 不存在)。S-函数如果在标志 = 3 期间使用 u,则具有直通,将此设置为 0,类似于承诺在标志 = 3 期间不使用 u。如果违背承诺,会出现不可预测的结果。

sys(7) = 采样时间数。

实际用户在建立 Simulink 模型框图时,Simulink 就会利用该框图中的信息生成一个 S-函数(即.mdl 文件),每个框图都有一个与之同名的 S-函数。

5.5.2　M 文件 S-函数模板

Simulink 为用户提供了大量的 S-函数模板和实例,用户可以根据需要进行修改。双击 Simulink 模块库中 User-Defined Function 的子库 S-Function Example,弹出如图 5-57 所示的 S-函数示例模块库;再双击其中的 MATLAB file S-functions 模块,弹出如图 5-58 所示的用 M 文件编写的 S-函数模块库,其中 Level-1 MATLAB files 用于兼容以前版本的 S-函数仿真,Level-2 MATLAB file 用于扩展 M 文件的 S-函数仿真。双击 Level-1 MATLAB file S-functions Template 即可打开 S-函数模板文件 sfuntempl,如图 5-59 所示。

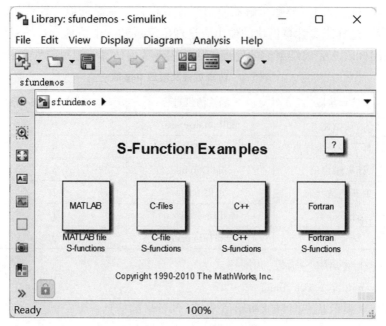

图 5-57　S-函数示例模块库

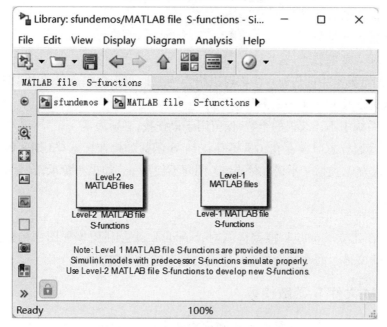

图 5-58　M 文件 S-函数示例模块库

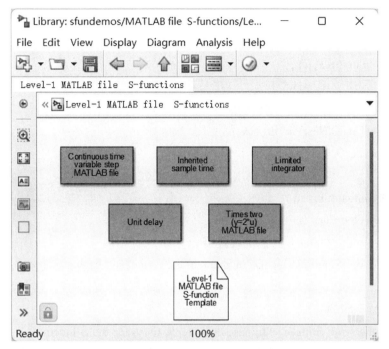

图 5-59　Level-1 M-File 模块库

S-函数有固定的编写格式,MATLAB 中自带了默认的模板,用户只需要按要求填写或改写相关部分。利用 MATLAB 语言编写的 S-函数不需要编译就可以直接调用。

在编写 M 文件 S-函数时,建议使用 S-函数模板文件 sfuntempl,这个文件中包含了一个完整的 M 文件 S-函数,包括一个主函数和若干子函数,每一个子函数都对应一个 flag。

主函数用来调用子函数,子函数就成为 S-函数回调函数。在主函数内有一个 Switch-Case 开关结构,根据变量 flag 的值将执行流程转到对应的子函数。用户在 MATLAB 命令窗口中输入命令"edit sfuntempl"即可打开文件。以下是 sfuntempl 在删除了部分注释后的内容。

```
>> edit sfuntempl
function [sys,x0,str,ts,simStateCompliance] = sfuntempl(t,x,u,flag)        % 主函数
switch flag,
    % Initialization %
    case 0,          % flag = 0 则调用初始化子函数
        [sys,x0,str,ts,simStateCompliance] = mdlInitializeSizes;
    % Derivatives %
    case 1,          % flag = 1 则调用计算导数子函数
        sys = mdlDerivatives(t,x,u);
    % Update %
    case 2,          % flag = 2 则调用离散状态更新子函数
sys = mdlUpdate(t,x,u);
```

```
   % Outputs %
case 3,              % flag = 3 则调用计算输出子函数
sys = mdlOutputs(t,x,u);
   % GetTimeOfNextVarHit %
case 4,              % flag = 4 则调用计算下一个采样点子函数
sys = mdlGetTimeOfNextVarHit(t,x,u);
   % Terminate %
   case 9,           % flag = 9 则调用仿真结束子函数
sys = mdlTerminate(t,x,u);
   % Unexpected flags %
otherwise            % flag = 其他值则报错
DAStudio. error('Simulink:blocks:unhandledFlag', num2str(flag));
end
% mdlInitializeSizes
% Return the sizes,initial conditions,and sample times for the S-function.
function [sys,x0,str,ts,simStateCompliance] = mdlInitializeSizes      % 初始化子函数
sizes = simsizes;                  % 生成 sizes 数据结构
sizes. NumContStates = 0;          % 连续状态变量数,默认为 0
sizes. NumDiscStates = 0;          % 离散状态变量数,默认为 0
sizes. NumOutputs = 0;             % 输出变量个数,默认为 0
sizes. NumInputs = 0;              % 输入变量个数,默认为 0
sizes. DirFeedthrough = 1;         % 直通前向通道数,默认为 1
sizes. NumSampleTimes = 1;         % 采样周期个数,默认为 1
sys = simsizes(sizes);             % 返回 sizes 数据结构所包含的信息
% initialize the initial conditions
x0 = [];                           % 设置初值状态,默认置空
str = [];                          % 特殊保留变量,默认置空
% initialize the array of sample times
ts = [0 0];        % 采样时间由[采样周期 偏移量]组成,采样周期为 0 表示连续系统
simStateCompliance = 'UnknownSimState';
% mdlDerivatives 计算导数子函数
% Return the derivatives for the continuous states.
function sys = mdlDerivatives(t,x,u)      % 根据 t,x,u 计算连续状态的导数
sys = [];          % 状态导数 dx 赋值给 sys,连续系统状态方程
function sys = mdlUpdate(t,x,u)      % 更新离散状态子函数
sys = [];          % 离散状态向量 x(k+1)赋值给 sys,离散系统状态方程
```

```
function sys = mdlOutputs(t,x,u)      % 计算输出子函数
sys = [ ];                % 输出向量赋值给 sys,系统输出方程
function sys = mdlGetTimeOfNextVarHit(t,x,u)% 计算下一采样时刻子函数
sampleTime = 1;           % 设置当前时刻 1 秒后再调用模块
sys = t + sampleTime;     % 下一个采样时刻赋值给 sys
function sys = mdlTerminate(t,x,u)         % 仿真结束子函数
sys = [ ];
```

5.5.3　编写 S-函数

对上述标准模板进行适当的修改,可以生成用户自己的 M 文件,再把 S-函数嵌入 Simulink 提供的 S-函数标准库模块中,生成自己的 S-函数模块。

【例 5-5】　建立 Simulink 模型,输入阶跃信号,分别经过"State-Space"模块和自己创建的 S-函数模块送到示波器,比较 2 个模块的输出信号是否相同。

编写 S-函数"mcon"建立一个连续系统的模型,系统状态方程如下:

$$\begin{cases} \dot{x} = Ax + Bu \\ y = Cx + Du \end{cases}, 其中 A = \begin{bmatrix} 0 & 1 \\ -1 & -2 \end{bmatrix}, B = \begin{bmatrix} 0 \\ 1 \end{bmatrix}, C = \begin{bmatrix} 1 & 0 \end{bmatrix}, D = 0$$

1. 生成 S-函数

根据标准模板程序生成 S-函数,程序如下:

```
% mcon. m
function[ sys,x0,str,ts] = mcon(t,x,u,flag,A,B,C,D)
A = [ 0 1;-1 -2];B = [0;1];C = [1 0];D = 0;      % 定义连续系统 S-函数
switch flag,
    % Initialization %
    case 0,
       [ sys,x0,str,ts] = mdlInitializeSizes;          % 初始化
    case 1,
       sys = mdlDerivatives(t,x,u,A,B,C,D);        % 计算连续系统状态向量
    % Update %
    case 2,
sys = mdlUpdate(t,x,u);
    case 3,
       sys = mdlOutputs(t,x,u, A,B,C,D);          % 计算系统输出
    case 4,
       sys = mdlGetTimeOfNextVarHit(t,x,u);
    case 9,
sys = mdlTerminate(t,x,u);
```

```
        otherwise
        DAStudio. error('Simulink: blocks: unhandledFlag', num2str(flag));
        end
        function [sys,x0,str,ts,simStateCompliance] = mdlInitializeSizes    % 初始化子函数
        sizes = simsizes;
        sizes. NumContStates = 2;           % 设置连续状态变量个数
        sizes. NumDiscStates = 0;
        sizes. NumOutputs = 1;              % 设置输出变量个数
        sizes. NumInputs = 1;               % 设置输入变量个数
        sizes. DirFeedthrough = 1;
        sizes. NumSampleTimes = 1;
        sys  = simsizes(sizes);
        x0 = [0;0];                         % 设置零初值状态
        str = [];
        ts = [0 0];
        simStateCompliance = 'UnknownSimState';
        % mdlDerivatives
        % Return the derivatives for the continuous states.
        function sys = mdlDerivatives(t,x,u,A,B,C,D)
        sys = A*x + B*u;                    % 计算连续状态变量
        function sys = mdlUpdate(t,x,u)
        sys = [];
        function sys = mdlOutputs(t,x,u,A,B,C,D)    % 计算系统输出
        sys = C*x + D*u;
        function sys = mdlGetTimeOfNextVarHit(t,x,u)
        sampleTime = 1;                     % 设置当前时刻1秒后再调用模块
        sys = t + sampleTime;
        function sys = mdlTerminate(t,x,u)
        sys = [];
```

保存 M 文件为"mcon. m",文件名必须与函数名相同,文件必须在 MATLAB 的当前路径或搜索路径中。

2. 编写的 S-Function 模块

打开空白的 Simulink 模型,将【User-Defined Function】的子库【S-Function】模块添加到模型中,打开模块参数设置对话框,在【S-Function name】中填写【mcon】,就可以将编写的 S-函数添加到模型中。然后添加【Step】【State-Space】和【Scope】模块,设置各模块的参数,将【State-Space】的 A,B,C 和 D 参数与【mcon】模块参数设置相同。模型结构如图 5-60 所示。

启动仿真,查看【Scope】的波形显示,如图 5-61 所示,两个波形完全相同。

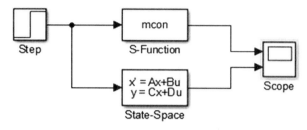

图 5-60 模型结构

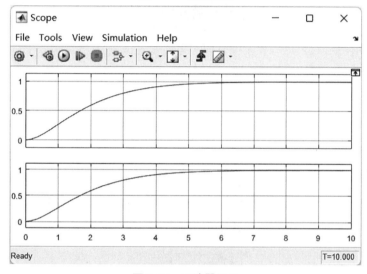

图 5-61 示波器显示

习题 5

1. 建立如图所示的仿真模型,编写按照示波器存储到工作空间的数据绘制曲线的 M 文件,再与示波器输入用 Mux 多路信号合成模块的显示进行对比。

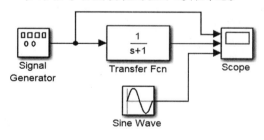

题 1 图

2. 对如图所示的系统框图进行仿真。

(1) 输入分别为正弦波(幅值为 2,频率为 0.5 Hz)、方波(幅值为 1,频率为 0.2 Hz),限幅器饱和值为 1,并比较在无饱和环节时系统仿真结果。

（2）将图中各观察点改用信号汇总器连接到示波器,观察仿真结果。

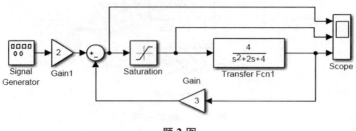

题 2 图

3. 构建如图所示的模型,要求:

（1）建立 PID 控制器子图并进行封装,控制器参数变量为 kp,ki,kd 和饱和值 ± sat。kp,ki,kd 由命令窗口输入,sat 值(设为 5)由子图参数对话框输入。

（2）方波输入(幅值为 1,频率为 0.2 Hz),调节控制器参数,观察三路信号。

（3）尝试由工作空间输入命令($r = 0.4\cos(2t) + 0.4\sin(t)$, $t = 0 \sim 20$ s)。

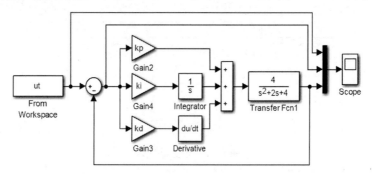

题 3 图

4. 已知 $y = \sin t + \sin 9t$,用 Simulink 建立模型仿真输出,并和 MATLAB 编程实现进行对比分析。如何调整模块参数设置以使最终图形输出结果保持一致?

5. 将图 5-52(a)中曲柄滑块机构 Simulink 仿真模型的示波器改为 To Workspace 模块,其他参数不变,绘制以滑块位移为横坐标、速度为纵坐标的运动曲线。

6. 对惯性环节 $G(s) = \dfrac{K}{Ts + 1}$,分别令 $K = 2$, $T = 1, 5, 0.5$ 进行仿真。

7. 对积分环节 $G(s) = \dfrac{K}{Ts}$,分别令 $K = 1$, $T = 0.5, 1, 2$ 进行仿真。

8. 对比例积分环节 $G(s) = K_p\left(1 + \dfrac{1}{T_i s}\right)$,分别令 $K_p = 2, 4$, $T_i = 10, 5$ 进行仿真。

9. 对比例微分环节 $G(s) = K_p(1 + T_i s)$,分别令 $K_p = 2, 4$, $T_d = 2, 5$ 进行仿真。

第 *6* 章　系统模型

6.1　系统模型概述

　　建立系统模型是进行系统仿真的基础。任何系统的动态特性都取决于两大因素,即内因和外因。内因包括系统的结构、参数、初始状态,外因包括输入信息和干扰因素。任何一个实际系统,不论它是电的、机械的,还是液压的,也不论它是生物学的还是经济学的,只要能把它的内外两大因素都用数学表达式描述出来,就得到了数学模型。基于这个数学模型,便可以在计算机上研究实际系统的动态特性。

　　为了从理论上对控制系统进行性能分析,首先要建立系统的数学模型。系统的数学模型,是描述系统输入、输出量以及内部各变量之间关系的数学表达式,它揭示了系统结构及其参数与不同的形式性能之间的内在关系。系统数学模型有多种形式,依据不同的变量和坐标系选择不同的形式。在时间域,通常采用微分方程或一阶微分方程组的形式;在复数域,则采用传递函数形式;而在频率域,采用频率特性形式。

　　必须指出的是,建立合理的数学模型,对于系统的分析和研究极为重要。由于不可能将系统实际的错综复杂的物理现象完全表达出来,因而要对模型的简洁性与精确性进行综合考虑。一般是根据系统的实际结构参数和系统分析所要求的精度,忽略一些次要因素,建立既能反映系统内在本质特性,又能简化分析计算工作的模型。

　　如果想对某个系统的部分特性进行研究,可以简化这个系统,并提取该系统的特性来描述,这就是建模。建模的目的是用模型替代系统进行试验研究,因此必须检验模型的特性与系统的特性之间的差异。模型的准确性是其能否用于仿真的重要前提。用解析数学描述系统模型最简洁准确,但是需要注意,当试验研究的目的发生变化时,也就是当拟研究的特性发生变化时,原系统模型的准确性很可能也会发生变化。

　　如果系统的数学模型方程是线性的,那么称该系统为线性系统。线性系统最重要的性质是满足叠加原理,即不同的作用函数同时作用于同一系统的响应,等于各作用函数单独作用的响应之和。借助这一原理,可以方便地对复杂线性系统进行分析。

　　线性系统又可以分为线性定常系统和线性时变系统。若描述线性系统的微分方程的系数是常数,则称这类系统为线性定常系统;若描述线性系统的微分方程的系数是时变的,则称这类系统为线性时变系统。在机电系统控制中,在一定的条件下理想化,如弹簧限制在一定弹性范围内,忽略温度对电阻的影响,弹簧—质量—阻尼器等机械系统,电阻—电感—电容等电气系统可以被视为线性定常系统。航天飞机控制系统则是一个时变系统的例子,因为随着燃料的消耗,飞机的质量在发生变化,而且,重力也在随时间和位置的变化而变化。

如果系统的数学模型方程是非线性的,称该系统为非线性系统。虽然许多物理关系常以线性方程表示,但实际关系常常并非如此。非线性是系统的本质,而线性只是非线性的持例,即使对所谓的线性系统而言,也只是在一定工作范围内保持线性关系。叠加原理不能用于非线性系统,因此,对非线性系统的分析往往都比较复杂。实践中,常常采用线性化、忽略非线性因素等处理方法,引入"等效"线性系统来替代非线性系统,完成对系统的分析。

模型仿真实现过程如下:首先建立计算机模型(仿真数学模型),应与对象的功能和参数之间具有相似性和对应性;再利用数学公式、逻辑公式和各种算法表示出系统的内部状态和输入、输出关系,将计算机模型编制成可运行的计算机程序(如 MATLAB 软件);最后确定仿真方案,如输入信号的类型、仿真运行时间,通过运行仿真程序对仿真结果进行分析,利用实际系统的数据进行验证,并进一步完善模型。

6.2 系统数学模型

6.2.1 时域模型

系统时域模型是指系统运动变化过程的时间域描述,可以用微分方程、差分方程表示,也可以用状态空间方程表示。

1. 连续时间系统

集中参数连续时间系统用常微分方程描述,用解析法列写连续系统或元件微分方程的一般步骤是:

① 分析系统的工作原理和信号传递变换的过程,确定系统和各元件的输入、输出变量。

② 从系统的输入端开始,按照信号传递变换过程,依据各变量所遵循的物理学定律,依次列写出各元件、部件动态微分方程。

③ 消去中间变量,得到一个描述元件或系统输入、输出变量之间关系的微分方程。

④ 写成标准化形式。将与输入有关的项放在等式右侧,与输出有关的项放在等式的左侧,且各阶导数项按降幂排列。

设线性定常系统输入、输出是单变量 SISO,$y(t)$ 为系统输出,$u(t)$ 为系统输入,a_i, b_i 为各阶导数项系数,数学模型的一般形式为

$$a_0 y^{(n)} + a_1 y^{(n-1)} + \cdots + a_{n-1} y' + a_n y = b_0 u^{(m)} + b_1 u^{(m-1)} + \cdots + b_{m-1} u' + b_m u \qquad (6-1)$$

模型参数形式为

输出系统向量 $A = [a_0, a_1, \ldots, a_n]$，$n+1$ 维

输入系统向量 $B = [b_0, b_1, \ldots, b_m]$，$m+1$ 维

2. 离散时间系统

离散系统或采样数字系统与连续系统的根本区别在于,所处理的信号是离散型的。在连续控制系统中,其控制信号、反馈信号、偏差信号等都是连续时间的函数,而在离散控制系统中,这些信号都是以数字的形式给出的,都是离散的时间函数。系统变量仅在离散的时刻才发生变化,而在两个相邻时刻之间是不发生变化的。连续时间变量 $y(t)$ 在离散系统中被离散化成 kT 的时间函数 $y(kT)$,其中 T 称为采样周期。对于 SISO 系统,其模型的一般形式为

$$a_0 y[(k+n)T] + a_1 y[(k+n-1)T] + \cdots + a_n y(kT) = b_m u[(k+m)T]$$
$$+ b_{m-1} u[(k+m)T] + \cdots + b_0 u(kT) \tag{6-2}$$

在式(6-1)和式(6-2)中,若 a_i, b_i 为常数,则系统称为线性时不变系统。MATLAB 控制工具箱为线性时不变系统提供了充足的工具函数。由系统的微分方程和差分方程模型,可以得到零初始状态下的系统传递函数模型、状态空间模型以及频率特性模型等。

6.2.2　传递函数模型

1. 拉氏变换

系统的微分方程模型是根据物理规律列写的,直接表示在时间域内,因而物理意义比较明显。通过求解微分方程可以求得相应的时域准确解。然而微分方程本身求解困难,且微分方程模型不便于系统的分析和设计。特别是当所描述的系统阶数越高时,微分方程的求解过程也就越复杂。这时在时域中分析系统就更加困难,如果把微分方程中的导数 $\dfrac{dy}{dt}$ 用算子 s 替换,即通过拉普拉斯变换,将时域中的微分方程变换为复数域中的代数方程,就使得对系统的运算和分析大为简化。经典控制理论也主要是借助拉普拉斯变换,直接在频域中研究系统的动态特性,对系统进行分析综合并完成控制器设计。

微分方程是在时域中描述系统动态性能的数学模型,在给定外作用和初始条件下,解微分方程可以得到系统的输出响应。用拉氏变换法求解微分方程时,可以得到控制系统在复数域的数学模型——传递函数。

线性定常系统的传递函数,定义为满足零初始条件下,系统输出的拉氏变换式与输入的拉氏变换式之比。所谓零初始条件,是指:

① 输入量在 $t>0$ 时才作用在系统上,即在 $t=0_-$ 时系统输入及各项导数均为零;

② 输入量在加于系统之前,系统为稳态,即在 $t=0_-$ 时系统输出及其所有导数项为零。

设时间函数 $f(t), t \geq 0$,则 $f(t)$ 的拉普拉斯变换记为 $L[f(t)]$ 或 $F(s)$,定义:

$$L[f(t)] = F(s) = \int_0^\infty f(t) \times e^{-st} dt \tag{6-3}$$

式中:s 为复频率。

并不是所有 $f(t)$ 的拉普拉斯变换都存在,只有式(6-3)的积分收敛于一个确定的函数值

时,$F(s)$才存在。传递函数是以 s 为自变量的复变函数。这个复频域中输入输出关系式是一种传递函数模型。传递函数是由系统的微分方程经线性变换得到的,其本质与微分方程等价,和微分方程一样能表征系统的固有特性。

根据拉氏变换定义或查表能对一些标准的函数进行拉氏变换和反变换,利用以下定理可使运算简化。

叠加定理:拉氏变换满足线性函数的齐次性和叠加性,即
$$L[af_1(t) + bf_2(t)] = aF_1(s) + bF_2(s)$$

微分定理:若函数 $f(t)$ 及其各阶导数的初始值均为零(零初始条件),则 $f(t)$ 各阶导数的拉氏变换为
$$\left.\begin{array}{c} L[f'(t)] = sF(s) \\ L[f''(t)] = s^2 F(s) \\ L[f'''(t)] = s^3 F(s) \\ \vdots \\ L[f^{(n)}(t)] = s^n F(s) \end{array}\right\}$$

积分定理:当函数 $f(t)$ 各重积分在初始时刻为零,则
$$L\Big[\int f(t)\,\mathrm{d}t\Big] = \frac{1}{s}F(s), L\Big[\underbrace{\int\cdots\int}_{n} f(t)(\mathrm{d}t)^n\Big] = \frac{1}{s^n}F(s)$$

延迟定理:$L(f(t-\tau)) = \mathrm{e}^{-\tau s}F(s)$

位移定理:$L[\mathrm{e}^{-at}f(t)] = F(s+a)$

初值定理:$\lim\limits_{t\to 0}f(t) = \lim\limits_{s\to\infty}sF(s)$

终值定理:$\lim\limits_{t\to\infty}f(t) = f(\infty) = \lim\limits_{s\to 0}sF(s)$

卷积定理:$L[f(t)*g(t)] = F(s)G(s)$

2. 连续系统

线性定常系统若由式(6-1)中的 n 阶线性微分方程描述,则由传递函数的定义,(6-1)方程两边在零初始条件下,拉氏变换后可得线性定常系统的传递函数为
$$(a_0 s^n + a_1 s^{n-1} + \cdots + a_{n-1}s + a_n)Y(s) = (b_0 s^m + b_1 s^{m-1} + \cdots + b_{m-1}s + b_m)U(s)$$
$$G(s) = \frac{Y(s)}{U(s)} = \frac{b_0 s^m + b_1 s^{m-1} + \cdots + b_{m-1}s + b_m}{a_0 s^n + a_1 s^{n-1} + \cdots + a_{n-1}s + a_n} = \frac{N(s)}{D(s)} \tag{6-4}$$

$G(s)$ 为系统的传递函数,其分母多项式的最高阶次定义为系统的阶次。对于实际的物理系统,多项式 $D(s)$、$N(s)$ 的所有系数为实数,且分母多项式的阶次 n 总是高于或等于分子多项式的阶次 m,即 $n \geq m$,这是由于实际系统的惯性所造成的。分母多项式 $D(s)$ 称为系统的特征多项式,若记 $D(s) = 0$,则此特征方程的根称为系统的特征根或极点。

传递函数分母系数向量为 $\mathrm{den} = [a_0, a_1, \cdots, a_n]$,传递函数分子系数向量为 $\mathrm{num} = [b_0, b_1, \cdots, b_m]$,简练地表示为 $(\mathrm{num}, \mathrm{den})$,称为传递函数二对组模型参数。

MATLAB 建模:$\mathrm{sys} = \mathrm{tf}(\mathrm{num}, \mathrm{den})$,利用 tf 函数(transfer function)表示传递函数。

3. 离散系统

对于 SISO 离散系统,差分方程(6-2)两边经 Z 变换,得到脉冲传递函数(z 传递函数):

$$G(z) = \frac{Y(z)}{U(z)} = \frac{b_0 z^m + b_1 z^{m-1} + \cdots + b_{m-1} z + b_m}{z^n + a_1 z^{n-1} + \cdots + a_{n-1} z + a_n} = \frac{\boldsymbol{num}(z)}{\boldsymbol{den}(z)} \tag{6-5}$$

用函数 tf( ) 可以建立一个 LTI 离散系统的脉冲传递函数模型,其使用格式为

$$\text{sys} = \text{tf}(\text{num}, \text{den}, \text{Ts})$$

z 传递函数系数向量 num 和 den 的含义与连续系统相同,只是传递函数中的拉氏变换算子 s 用 z 变换算子 z 替换,Ts 为采样周期,调用方法与连续系统一样,只是需要预先给 Ts 赋值。

6.2.3　状态空间模型

以传递函数为基础的控制理论,主要考虑的是系统的输入、输出和偏差信号,只适用于单输入单输出线性系统,对于时变系统(变参数系统)、非线性系统等则无能为力,用状态空间法分析控制系统的动态特性,比以传递函数为基础的分析设计方法更直接且更方便。

在引入相应的状态变量后,将一组一阶微分方程表示成状态方程的形式。

1. 连续系统

在控制系统中,控制系统在时刻 t 的状态是由 $t = t_0$ 时刻的行为和 $t \geq t_0$ 时刻的输入函数唯一地确定。构成控制系统状态的变量称为状态变量。若完全描述一个给定系统的动态行为需要 n 个状态变量,分别记为 $x_1(t), x_2(t), \cdots, x_n(t)$,将这些状态变量看成向量 $\boldsymbol{X}(t)$ 的分量,任意的状态 $\boldsymbol{X}(t)$ 都可以用状态空间中的一个点来描述,为系统的状态向量。通过向量表示法,可以将 n 阶微分方程表示成一阶矩阵微分方程,亦称为系统状态方程。

设 n 阶线性定常系统的运动方程可用下述微分方程描述,即

$$y^{(n)}(t) + a_1 y^{(n-1)}(t) + \cdots + a_{n-1} \dot{y}(t) + a_n y(t) = u \tag{6-6}$$

式(6-6)为作用函数 u 不含导数项的 n 阶常微分方程,其中作用函数、输出函数及其各阶导数 $y^{(i)}(i = 1, 2, \cdots, n)$ 项均为时间的函数。对于上述线性定常系统,若已知初始条件 $y(0)$, $y^{(i)}(0)(i = 1, 2, \cdots, n)$ 及 $t \geq 0$ 时刻的作用函数 u,则系统在任何 $t \geq 0$ 时刻的行为便可完全确定。因此,可以选取 y 及 $y^{(i)}(i = 1, 2, 3, \cdots, n-1)$ 为系统状态变量,即选取

$$\begin{aligned} x_1 &= y \\ x_2 &= \dot{y} \\ x_3 &= \ddot{y} \\ &\vdots \\ x_n &= y^{(n-1)} \end{aligned}$$

则式(6-6)的 n 阶常微分方程可以写成 n 个一阶常微分方程,即

$$\begin{aligned} \dot{x}_1 &= x_2 \\ \dot{x}_2 &= x_3 \\ \dot{x}_3 &= x_4 \\ &\vdots \\ \dot{x}_n &= -a_n x_1 - a_{n-1} x_2 - a_{n-2} x_3 - \cdots - a_1 x_n + u \end{aligned} \tag{6-7}$$

当控制系统输入、输出为多变量时,系统状态向量为 $\boldsymbol{X}(t)$,$\boldsymbol{U}(t)$ 为输入向量,$\boldsymbol{Y}(t)$ 为输出向量。连续系统模型基本形式为

$$\begin{cases} \dot{\boldsymbol{X}}(t) = \boldsymbol{A}\boldsymbol{X}(t) + \boldsymbol{B}\boldsymbol{U}(t) \\ \boldsymbol{Y}(t) = \boldsymbol{C}\boldsymbol{X}(t) + \boldsymbol{D}\boldsymbol{U}(t) \end{cases} \tag{6-8}$$

式中 $\boldsymbol{A}$ 为系统矩阵,$\boldsymbol{B}$ 为输入矩阵,$\boldsymbol{C}$ 为输出矩阵,$\boldsymbol{D}$ 为直接传输矩阵。

MATLAB 用函数 ss( )对式(6-8)建立一个状态空间模型,使用格式为

$$sys = ss\ (A,B,C,D)$$

A,B,C,D 分别与式(6-8)中 $\boldsymbol{A}$,$\boldsymbol{B}$,$\boldsymbol{C}$,$\boldsymbol{D}$ 对应。

2. 离散系统

对于 SISO 离散系统,状态空间模型与连续系统类似,模型参数形式为

$$\begin{cases} \boldsymbol{X}(k+1) = \boldsymbol{A}\boldsymbol{X}(k) + \boldsymbol{B}\boldsymbol{U}(k) \\ \boldsymbol{Y}(k+1) = \boldsymbol{C}\boldsymbol{X}(k) + \boldsymbol{D}\boldsymbol{U}(k+1) \end{cases} \tag{6-9}$$

在 MATLAB 中表示与连续系统类似,Ts 为采样周期,使用格式为

$$sys = ss(A,B,C,D,Ts)$$

6.3 典型系统及其特性

工程实践中,很多机械、电气或液压系统的运动规律,都可以用微分方程来进行描述。建立了系统的微分方程模型,就得到了系统的输入、输出关系,进而得到系统在某种输入信号作用下的输出响应。微分方程的解可表示系统随时间变化的动态特征。对稳定系统来说,在输入和环境不变而时间趋于无穷时系统趋于稳定,就是系统的静态特性。因此,微分方程形式的系统模型既可以分析系统的动态特性,也可以分析稳态和静态特性。

6.3.1 机械电气元件及其特性

机械系统中三个最基本的元件是弹簧、质量块和阻尼器,这些元件代表了机械系统各组成部分的运动本质。其中,弹簧的能量来自弹簧变形所产生的力,并以势能的形式被存贮;质量块的能量来自运动时的惯性,并以动能的形式被存贮;阻尼器运动减速消耗的能量,则取决于阻尼所受的力或运动速度。机械系统基本元件的动力学特性如表 6-1 所示。

表 6-1 机械系统基本元件的动力学特性

元件	符号	参数	特性
弹簧		弹簧刚度 K 变形 y	$F(t) = Ky(t)$ $y = y_2 - y_1$

续表

元件	符号	参数	特性
阻尼器		阻尼系数 B 运动速度 v	$F(t) = Bv(t)$
质量块		质量 m 运动速度 v	$F(t) = m\dot{v}(t)$

图 6-1(a)和(b)所示分别是一个串联和并联的机械式闭门缓冲器的简化模型,是由弹簧和阻尼器组成的机械系统,K 和 B 分别表示弹簧刚度和阻尼系数。由于系统中只有一个蓄能元件弹簧,其输入输出动态力学平衡方程是一阶微分方程:

$$K[y_i(t) - y_o(t)] = B\frac{\mathrm{d}y_o(t)}{\mathrm{d}t},\text{串联} \qquad (6\text{-}10)$$

$$Ky(t) + B\frac{\mathrm{d}y(t)}{\mathrm{d}t} = f(t),\text{并联} \qquad (6\text{-}11)$$

图 6-1(c)所示是一个汽车底盘被动悬挂系统的简化模型,实现减振的悬挂系统是一个弹簧-阻尼器,且汽车底盘有很大的质量,如果受到一个输入力 $f_i(t)$,则系统将沿着该输入力的方向有一个位移输出 $y_o(t)$,此时的输出位移 $y_o(t)$ 即质量块的位移;若质量块的质量为 m,弹簧刚度系数为 K,阻尼系数为 B,则弹簧位移产生的力 $f_K(t)$,阻尼器运动产生的力 $f_B(t)$,均与施加的输入力 $f_i(t)$ 和质量运动 $y_o(t)$ 的方向相反,系统中有 2 个蓄能元件,其动态力学平衡方程是二阶微分方程:

$$m\frac{\mathrm{d}^2 y_o(t)}{\mathrm{d}t^2} = f_i(t) - f_K(t) - f_B(t) \Rightarrow m\frac{\mathrm{d}^2 y_o(t)}{\mathrm{d}t^2} + B\frac{\mathrm{d}y_o(t)}{\mathrm{d}t} + Ky_o(t) = f_i(t) \qquad (6\text{-}12)$$

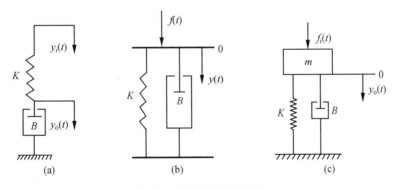

图 6-1　机械系统简化模型

6.3.2　典型电气元件及其特性

与机械系统一样,描述电气系统时,通常用一组理想元件来代替实际的电气器件,基本反映电气系统各组成部分的电磁特性。这些理想元件主要有电阻、电容和电感。其中,电阻反映电流流过器件时对电流呈现的阻力,体现能量的消耗,取决于电器材料的电阻率和电流强度;电容反映电流流过器件时在带电导体上电荷的聚集产生电场的效应,体现电场能量的存储;电感反映电流流过器件时产生磁场的效应,体现磁场能量的存贮。电气系统理想元件的符号、参数及其特性如表6-2所示。

表6-2　电气系统理想元件的符号、参数及其特性

元件	符号	参数	特性
电阻	$i(t)$　R +　$u(t)$　−	R	$u(t) = Ri(t)$
电容	$i(t)$　C +　$u(t)$　−	C	$u(t) = \dfrac{1}{C}\int i(t)\,\mathrm{d}t$
电感	$i(t)$　L +　$u(t)$　−	L	$u(t) = L\dfrac{\mathrm{d}i(t)}{\mathrm{d}t}$

图6-2(a)和(b)所示分别是一个电感、电阻 LR 串联,电阻、电容 RC 串联电路,电容和电感是储能元件,分别存贮电场能和磁场能,电阻是消耗能量的元件,可以吸收系统在能量转换过程中的能量。电路系统的基本定理是基尔霍夫定律,根据基尔霍夫电压定律,列出如下一阶微分方程:

$$R/L\frac{\mathrm{d}u_\mathrm{o}(t)}{\mathrm{d}t} + u_\mathrm{o}(t) = u_\mathrm{i}(t) \quad LR\ 串联 \tag{6-13}$$

$$RC\frac{\mathrm{d}u_\mathrm{o}(t)}{\mathrm{d}t} + u_\mathrm{o}(t) = u_\mathrm{i}(t) \quad RC\ 串联 \tag{6-14}$$

图6-2(c)所示是一个 RLC 串联回路,有2个蓄能元件 L 和 C,故列出二阶微分方程:

$$u_\mathrm{i}(t) = L\frac{\mathrm{d}i(t)}{\mathrm{d}t} + Ri(t) + \frac{1}{C}\int i(t)\,\mathrm{d}t$$

其中 $u_\mathrm{o}(t) = \dfrac{1}{C}\int i(t)\,\mathrm{d}t, i(t) = C\dfrac{\mathrm{d}u_\mathrm{o}(t)}{\mathrm{d}t}$, 代入上式得到

$$LC\frac{\mathrm{d}^2u_\mathrm{o}(t)}{\mathrm{d}t^2} + RC\frac{\mathrm{d}u_\mathrm{o}(t)}{\mathrm{d}t} + u_\mathrm{o}(t) = u_\mathrm{i}(t) \tag{6-15}$$

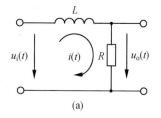 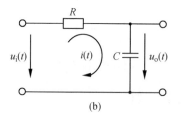 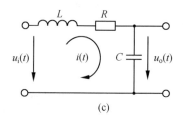

图6-2　电路系统简化模型

6.4 系统特性分析

6.4.1 一阶系统

通过对比发现,上一节四个机械或电气一阶系统的传递函数可以用同一数学解析式表达:

$$T \frac{\mathrm{d}y(t)}{\mathrm{d}t} + y(t) = x(t), t \geqslant 0 \tag{6-16}$$

可用一阶微分方程描述的系统称为一阶系统,其典型形式是惯性环节。设初始条件为零,对方程(6-10)、(6-11)、(6-13)和(6-14)两边取拉普拉斯变换,分别得到传递函数为

$$\frac{Y_\mathrm{o}(s)}{Y_\mathrm{i}(s)} = \frac{K}{Bs + K}, \frac{Y(s)}{F(s)} = \frac{1}{Bs + K}, \frac{U_\mathrm{o}(s)}{U_\mathrm{i}(s)} = \frac{1}{\frac{L}{R}s + 1}, \frac{U_\mathrm{o}(s)}{U_\mathrm{i}(s)} = \frac{1}{RCs + 1}$$

可以看出上述传递函数有同样的数学解析表达式,把这四个系统的传递函数转化成典型的一阶形式有

$$G(s) = \frac{K}{Ts + 1} \tag{6-17}$$

不同之处是参数 T, K 的取值不同。根据相似原理,数学解析模型相同的结构是一种最本质的相似性。上述四个一阶系统的开环增益在归一化处理后系统响应的幅值均为1。此时式(6-17)所示系统参数就只有时间常数 T,其由系统不同的元件参数值决定,如机械缓冲器的时间常数 $T = B/K$;而电气系统的时间常数 $T = RC$ 或 L/R。时间常数的大小反映了一阶系统响应的快慢,是决定一阶系统性能的重要参数。

系统的性能指标可以通过在输入信号作用下系统的瞬态和稳态过程来评价。系统的瞬态和稳态过程不仅取决于系统本身的特性,还与外加输入信号的形式有关。实际系统的输入信号常常无法预先知道,而且其输出的时变函数往往也不能以解析形式来表达。因此在分析和设计系统时,需要确定一个对各种系统性能进行比较的基础,这个基础就是预先规定一些具有特殊形式的测试信号作为系统的输入信号,然后比较各种系统对这些输入信号的响应。

6.4.2 一阶系统单位阶跃响应分析

单位阶跃函数,又称赫维赛德阶跃函数,是机电控制中最常用的典型输入信号之一,常用来作为评价系统性能的标准输入。单位阶跃函数定义为

$$H(t) = 1(t) = \begin{cases} 1, & t > 0 \\ \dfrac{1}{2}, & t = 0 \\ 0, & t < 0 \end{cases} \tag{6-18}$$

在 MATLAB 中使用 heaviside( )生成此函数。

>> syms t,fplot (heaviside(t) ,[0 3])

单位阶跃函数如图 6-3 所示,它表示在 $t > 0$ 时刻突然作用于系统一个幅值为 1 的不变量。

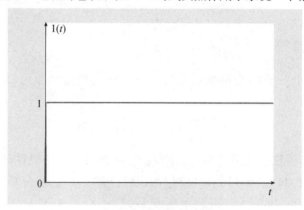

图 6-3 单位阶跃函数

在 MATLAB 的命令窗口中键入"doc heaviside"或"help heaviside"可以获得如下帮助信息:

"heaviside(x) has the value 0 for x < 0, 1 for x > 0, and 0.5 for x = 0. heaviside is not a function in the strict sense."

即若令 $y = $ heaviside(x),则当 $x < 0$ 时,y 的值为 0;当 $x > 0$ 时,y 的值为 1;当 x 等于 0 时,$y = 0.5$。严格来说,heaviside 不是连续函数。

单位阶跃函数的拉氏变换式为

$$H(s) = L[1(t)] = \int_0^\infty 1(t) \times e^{-st}dt = \frac{-1}{s}e^{-st}\bigg|_0^\infty = 0 - \left(-\frac{1}{s}\right) = \frac{1}{s}$$

系统在单位阶跃信号作用下的输出称为单位阶跃响应。一阶惯性环节在单位阶跃信号作用下输出拉氏变换为

$$Y(s) = G(s)X(s) = \frac{1}{Ts+1} \cdot \frac{1}{s} = \frac{1}{s} - \frac{1}{s + \frac{1}{T}} \tag{6-19}$$

将上式进行拉氏反变换,得出一阶惯性环节的单位阶跃响应为

$$y(t) = L^{-1}[Y(s)] = 1(t) - e^{\frac{-t}{T}}, t \geq 0 \tag{6-20}$$

单位阶跃响应中既包含了时间在零时刻的快速变化瞬态,也包含了时间趋于无穷时的稳态。此时从系统的输出响应信号中可以充分获取对系统时间特性的了解。

阶跃响应特性以指数的规律上升,若取时间 t 分别等于 $T,2T,3T,5T$,则微分方程的解分别为 $1 - e^{-1}, 1 - e^{-2}, 1 - e^{-3}, 1 - e^{-5}$。这几个时刻解的数值分别等于 $0.632, 0.865, 0.950, 0.993$,当 $t \to \infty$ 时,$y(t)$ 无限趋向于 1。

t	0	T	$2T$	$3T$	$4T$	$5T$	...	∞
$y(t)$	0	0.632	0.865	0.950	0.982	0.993	...	1

一阶惯性环节在单位阶跃信号作用下的时间响应曲线如图 6-4 所示,它是一条单调上

升的指数曲线,随着 t 的增大,其值趋近于 1。

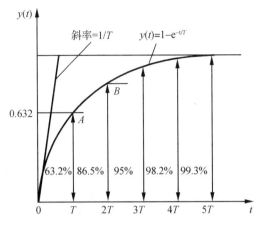

图 6-4　一阶系统单位阶跃响应

一阶惯性环节是稳定的,无振荡。当 $t = T$ 时,$y(t) = 0.632$,即经过时间 T,曲线上升到 0.632 的高度。反之,如果用实验的方法测出响应曲线达到 0.632 高度时所用的时间,则该时间就是一阶惯性环节的时间常数 T。经过时间 $3T \sim 4T$,响应曲线已达稳态值的 $95\% \sim 98\%$,工程上可以认为其瞬态响应过程基本结束,系统进入稳态过程。由此可见,时间常数 T 反映了一阶惯性环节的固有特性,其值越小,系统惯性越小,响应越快。

在 $t = 0$ 处,响应曲线的切线斜率为 $\dfrac{1}{T}$,因为 $\dfrac{\mathrm{d}y}{\mathrm{d}t}\bigg|_{t=0} = \dfrac{1}{T}\mathrm{e}^{\frac{-1}{T}t}\bigg|_{t=0} = \dfrac{1}{T}$。

综合上述分析,由相似原理可知,无论是一阶的机械系统,还是一阶的电气系统,它们不仅有着完全相似的微分方程,而且对单位阶跃输入也有着完全相似的响应,因此,我们在研究一阶系统的特性时,可以考虑将这两个系统互相替代。

6.4.3　二阶系统

二阶系统是常见的典型系统之一,对其系统的建模以及对系统特性的分析都十分重要。

图 6-1(c)机械系统和图 6-2(c)电路系统,都具有二阶微分方程的动态特性,这两个物理性质不同的系统具有结构相同的数学模型和相同的传递函数。

通过对比分析,这两个系统都是二阶系统,设初始条件为零,对方程(6-12)和(6-15)两边取拉普拉斯变换,分别得到传递函数为

$$\frac{Y(s)}{F_i(s)} = \frac{1}{ms^2 + Bs + K} , \frac{U_o(s)}{U_i(s)} = \frac{1}{LCs^2 + RCs + 1}$$

可以看出,传递函数也有同样的数学解析表达式,只是结构系数不同。把这两个系统的传递函数转化成典型的二阶形式有

$$G(s) = \frac{\omega_n^2}{s^2 + 2\zeta\omega_n + \omega_n^2} \tag{6-21}$$

式中,ω_n 称为二阶系统的无阻尼振荡频率或自然频率,ζ 称为阻尼系数。可以看出,二阶系统的无阻尼振荡频率和阻尼系数取决于汽车悬挂系统中质量块、阻尼器和弹簧的参数或电

气系统中的电阻、电感和电容的参数值。ω_n 和 ζ 是二阶系统的重要参数，ω_n 反映了系统响应的快速性，类似于一阶系统的时间常数，下面我们重点讨论阻尼系数 ζ。

6.4.4　二阶系统时间响应

1. 二阶系统单位阶跃响应

和一阶系统一样，仍以单位阶跃函数为系统的输入。

由传递函数可以得到典型二阶系统的特征方程为

$$s^2 + 2\zeta\omega_n + \omega_n^2 = 0 \tag{6-22}$$

这是关于复变量 s 的二次代数方程，其特征根（也称为系统极点）为

$$s_{1,2} = -\zeta\omega_n \pm \omega_n\sqrt{\zeta^2 - 1} \tag{6-23}$$

当 ζ 的取值不同时，系统特征根在复平面上的位置也不同。不论是根据传递函数，还是根据微分方程求解知识，都可以得到在 $t \geq 0$ 时的微分方程的解为

$$y(t) = 1 - e^{-\zeta\omega_n t}\left(\cos\omega_n t\sqrt{\zeta^2 - 1} + \frac{\zeta}{\sqrt{1-\zeta^2}}\sin\omega_n t\sqrt{1-\zeta^2}\right) \tag{6-24}$$

如果 $\zeta = 0$，则由式（6-24）得到无阻尼时的解为

$$y(t) = 1 - \cos\omega_n t, \quad t \geq 0 \tag{6-25}$$

此时 $y(t)$ 表示等幅振荡。对于机械系统，没有阻尼时，质量块运动时动能做功，使弹簧产生位移，变为势能存贮；弹簧恢复形变时势能做功，使质量块运动起来存贮动能。弹簧存贮的势能和质量块存贮的动能交互地释放并被完全存贮起来。由于阻尼系数等于零，系统的能量没有被吸收，理想状况下幅值可以不衰减地一直振荡下去。

对于电气系统，没有阻尼时，电容存贮的电场能和电感存贮的磁场能交互地释放和转换，由于没有电阻吸收和消耗能量，这种能量的转换在理想状况下可以一直持续进行。

如果式（6-24）中的阻尼系数在 0 到 1 之间，即 $0 < \zeta < 1$，得到欠阻尼时微分方程的解为

$$y(t) = 1 - \frac{e^{-\zeta\omega_n t}}{\sqrt{1-\zeta^2}}\sin\left(\omega_n t\sqrt{1-\zeta^2} + \arctan\frac{\sqrt{1-\zeta^2}}{\zeta}\right), \quad t \geq 0 \tag{6-26}$$

此时 $y(t)$ 表示减幅振荡，这是由于在能量转换的过程中，阻尼器吸收能量带来损失，使振荡的幅度不断减小。

如果阻尼系数 $\zeta = 1$ 时，称为临界阻尼，此时微分方程的解为

$$y(t) = 1 - e^{-\omega_n t}(1 + \omega_n t), \quad t \geq 0 \tag{6-27}$$

系统到达临界阻尼时已经不再振荡了。

过阻尼，即 $\zeta > 1$ 时微分方程的解为

$$y(t) = 1 - \frac{1}{2(1 + \zeta\sqrt{\zeta^2 - 1} - \zeta^2)}e^{-(\zeta - \sqrt{\zeta^2 - 1})\omega_n t} -$$

$$\frac{1}{2(1 - \zeta\sqrt{\zeta^2 - 1} - \zeta^2)}e^{-(\zeta + \sqrt{\zeta^2 - 1})\omega_n t}, \quad t \geq 0 \tag{6-28}$$

关于 ζ 的取值与系统特征根的分布以及对应单位阶跃响应的关系如表 6-3 所示。

表 6-3 ζ 不同取值时二阶系统单位阶跃响应特性

阻尼系数	特征根	极点位置	单位阶跃响应
$\zeta < 0$	$s_{1,2} = -\zeta\omega_n \pm \omega_n\sqrt{\zeta^2 - 1}$	一对正实部的共轭复根	系统发散
$\zeta = 0$	$s_{1,2} = \pm j\omega_n$	一对共轭纯虚根	等幅周期振荡
$0 < \zeta < 1$	$s_{1,2} = -\zeta\omega_n \pm \omega_n\sqrt{\zeta^2 - 1}$	一对负实部的共轭复根	衰减振荡
$\zeta = 1$	$s_{1,2} = -\omega_n$	一对负实重根	无振荡超调,单调上升
$\zeta > 1$	$s_{1,2} = -\zeta\omega_n \pm \omega_n\sqrt{\zeta^2 - 1}$	两个互异负实根	无振荡超调,单调上升

2. 二阶系统的性能指标

系统的输出是否能跟随系统的输入,并且跟随的过程是否稳、准、快,是评价一个系统的性能指标。在阶跃输入的激励下,当阻尼系数取值不同时,二阶系统的响应曲线也不同,如图 6-5 所示。

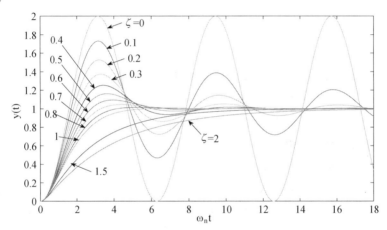

图 6-5   不同阻尼系数下二阶系统的阶跃响应曲线

显然,无阻尼($\zeta = 0$)时的响应,稳定性和准确性都很差;过阻尼($\zeta > 1$)时,虽然系统能够准确、稳定地跟随输入,但快速性很差。

在单位阶跃函数的激励下,得到图 6-6 所示的二阶系统阶跃响应性能指标曲线。可以看出,如果设计系统时选择适当的参数,使得系统的固有频率高,则可以得到阶跃输入的快速跟踪性,而选择合适的阻尼系数 ζ,则可以使超调量不会过大,振荡的幅度快速衰减,并很快地进入稳态误差区域。阻尼系数 ζ 越大,超调量越小,达到稳定的时间越长,临界阻尼时超调量为零。

二阶系统稳态响应的性能指标:上升时间 t_r,单位阶跃响应值由稳态值的 10% 上升到 90% 所需的时间;峰值时间 t_p,单位阶跃响应超过其稳态值达到第一个峰值所需的时间;超调量 M_p,单位阶跃响应偏离稳态值的最大值与稳态值之比的百分数;调整时间 t_s,当输出与稳态值之间的误差达到规定的允许值时,且以后再也不超过此值所需的最小时间;振荡次数,在调整时间之前,单位阶跃响应穿越稳态值次数的一半。

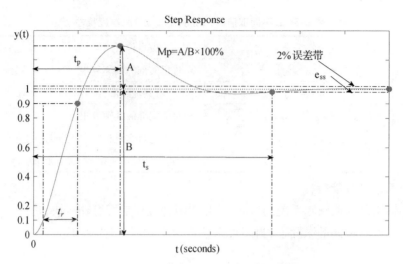

图 6-6　二阶系统单位阶跃响应性能指标

⚙️ 6.5　典型输入信号

在上述一阶和二阶系统中,采用的输入信号都是阶跃函数,事实上,常用的典型输入激励信号还有其他一些形式。选取测试信号时应考虑系统的实际工况,以使系统工作在最不利情况下的输入信号作为典型测试信号,信号形式应尽可能简单并易于在实验室获得,以便于数学分析和实验研究。在工程中通常采用脉冲信号、阶跃信号、速度信号、加速度信号等典型形式。

6.5.1　一阶系统单位脉冲响应

在物理中我们经常会遇到一些模型,如质点和点电荷等,这类模型使用了极限的思想(如令体积趋于无穷小),如果考察质点的密度或点电荷的电荷密度,将得到无穷大,然而将其密度(电荷密度)在空间中积分却又能得到有限的质量与电荷。为了描述这样的密度(电荷密度)分布,引入狄拉克 δ 函数(dirac delta function),其积分得到阶跃函数。

$\delta(x)$ 也不是数学中一个严格意义上的函数,在泛函分析中被称为广义函数(generalized function)或分布(distribution)。单位脉冲信号的定义为

$$\delta(t) = \begin{cases} 0, & t \neq 0 \\ \infty, & t = 0 \end{cases} \text{同时满足} \int_{-\infty}^{+\infty} \delta(t)\,\mathrm{d}t = 1$$

理想脉冲信号在工程实际中是不存在的。工程上一般用近似脉冲信号来代替理想脉冲信号,实际单位脉冲信号可视为一个持续时间极短的信号,是在持续时间 $t = \varepsilon\,(\varepsilon \to 0)$ 期间幅值为 $\frac{1}{\varepsilon}$ 的矩形波。其幅值和作用时间的乘积等于1,即 $\frac{1}{\varepsilon} \times \varepsilon = 1$。理想的单位冲激信号

是指宽度趋近于零、高度趋近于正无穷、面积等于 1 的脉冲信号。

在 MATLAB 中使用 dirac 生成此函数。

`>> syms t,fplot(dirac(t),[-1 3])`

`>> laplace(dirac(t))`

`ans = 1`

简单来讲,可以用一个非常窄的面积为 1 的方波来等效这种信号。在 MATLAB 的 Simulink 里用 Pulse Generator 来模拟它,高度和宽度根据应用情况自由确定,保证面积是 1,脉冲足够窄就行。如设参数脉冲宽度 Pulse Width 为 0.1 秒,脉冲幅度 Amplitude 为 10。

单位脉冲函数的数学表达式为

$$\delta(t) = \begin{cases} 0, & t<0, t>\varepsilon \\ \lim\limits_{\varepsilon \to 0} \dfrac{1}{\varepsilon}, & 0 \leqslant t \leqslant \varepsilon \end{cases} \tag{6-29}$$

$\delta(t)$ 拉氏变换

$$\delta(s) = L[\delta(t)] = \int_0^\infty \lim_{\varepsilon \to 0} \frac{1}{\varepsilon} \times e^{-st} dt = \lim_{\varepsilon \to 0} \frac{1}{\varepsilon} \int_0^\varepsilon e^{-st} dt = \lim_{\varepsilon \to 0} \frac{1}{\varepsilon} \frac{-e^{-st}}{s} \Big|_0^\varepsilon$$

$$= \lim_{\varepsilon \to 0} \frac{1}{\varepsilon s}(1 - e^{-s\varepsilon}) = 1$$

一阶系统在单位脉冲输入下的输出为

$$Y(s) = \frac{1}{Ts+1} \times 1 = \frac{\dfrac{1}{T}}{s + \dfrac{1}{T}} \tag{6-30}$$

其拉氏反变换为单位脉冲响应:

$$y(t) = \frac{1}{T} e^{\frac{-t}{T}}, t \geqslant 0 \tag{6-31}$$

6.5.2 一阶系统单位速度响应

单位速度函数,又称单位斜坡函数,其数学表达式为

$$f(t) = \begin{cases} 0, & t<0 \\ t, & t \geqslant 0 \end{cases} \tag{6-32}$$

单位速度函数的拉氏变换式为

$$F(s) = \int_0^\infty t e^{-st} \tag{6-33}$$

利用分部积分法:$t=u, e^{-st}dt = dv, dt = du, v = \dfrac{-1}{s}e^{-st}$

$$F(s) = \frac{-te^{-st}}{s}\Big|_0^\infty - \int_0^\infty \left(\frac{-1}{s}e^{-st}\right)dt = 0 + \frac{1}{s}\int_0^\infty te^{-st} = \frac{1}{s^2}$$

一阶系统在单位斜坡输入下的输出为

$$Y(s) = \frac{1}{Ts+1} \times \frac{1}{s^2} = \frac{1}{s^2} - \frac{T}{s} + \frac{T}{s+\frac{1}{T}} \tag{6-34}$$

其拉氏反变换为单位斜坡响应：

$$y(t) = t - T(1 - e^{\frac{-t}{T}}), t \geqslant 0 \tag{6-35}$$

6.5.3　一阶系统单位加速度响应

单位加速度函数的数学表达式为

$$f(t) = \begin{cases} 0, & t < 0 \\ \dfrac{1}{2}t^2, & t \geqslant 0 \end{cases} \tag{6-36}$$

其拉氏变换为

$$F(s) = L\left(\frac{1}{2}t^2\right) = \frac{1}{s^3}$$

一阶系统在单位加速度输入下的输出为

$$y(t) = \frac{1}{2}t^2 - Tt - T^2(1 - e^{\frac{-t}{T}}) \tag{6-37}$$

6.5.4　系统时间响应的性质

对于一阶系统 $G(s) = \dfrac{1}{Ts+1}$，$T = 0.2$，四种激励输入信号和四条输出响应曲线如图 6-7 所示。

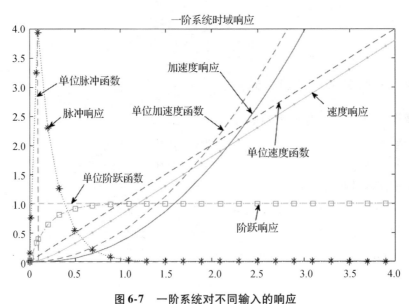

图 6-7　一阶系统对不同输入的响应

单位脉冲响应曲线为单调下降的指数曲线。时间常数 T 越大，响应曲线下降越慢，表示系统在脉冲输入信号作用下,恢复到初始状态的时间越长。反之,曲线下降越快,恢复到初始状态的时间越短。单位脉冲响应的终值为零。

单位阶跃响应曲线为从零开始按指数规律单调上升并最终趋于 1 的曲线。时间常数 T 反映了系统的惯性,T 越大,系统的惯性越大,响应速度越慢,系统跟踪单位阶跃信号越慢,单位阶跃响应曲线上升越平缓。反之,惯性越小,响应速度越快,系统跟踪单位阶跃信号越快,单位阶跃响应曲线上升越陡峭。由于一阶系统具有这个特点,工程上常称为一阶惯性环节或非周期环节。一阶系统在跟踪单位阶跃信号时,输出与输入之间的位置误差随时间减小,最终趋于零,即 $e_{ss} = \lim_{t \to \infty}[1(t) - y(t)] = \lim_{t \to \infty} e^{\frac{-t}{T}} = 0$。

一阶系统在输入单位速度信号时,系统的响应从 $t = 0$ 时开始跟踪输入信号而且单调上升,在达到稳态后,它与输入信号同速增长,但它们之间总存在跟随误差。跟随误差的大小随时间增大,最后趋于常数 T。跟随误差 $e(t) = \lim_{t \to \infty}[t - y(t)] = \lim_{t \to \infty} T(1 - e^{\frac{-t}{T}}) = T$。可见,当 t 趋于无穷大时,误差趋近于 T,因此,系统在进入稳态以后,在任一时刻,输出量将小于输入量一个 T 值。时间常数 T 越小,系统跟踪斜坡输入信号的稳态误差也越小,跟随精度越高。

一阶系统在输入单位加速度信号时,稳态误差 $e_{ss} = \lim_{t \to \infty}\left[\frac{1}{2}t^2 - y(t)\right] = \lim_{t \to \infty} Tt - T^2(1 - e^{\frac{-t}{T}}) = \infty$,随时间推移而增长,直至无穷。因此一阶系统不能跟踪加速度函数。

一阶系统的典型响应与时间常数 T 密切相关。只要时间常数 T 小,单位阶跃响应调节时间小,单位斜坡响应稳态值误差也小。

线性系统对输入信号导数的响应,等于系统对输入信号响应的导数。一阶系统时间响应如表 6-4 所示。

表 6-4　一阶系统时间响应

输入信号	$r(t)$	$R(s)$	输出响应
单位脉冲信号	$\delta(t)$	1	$\frac{1}{T}e^{-\frac{t}{T}}$
单位阶跃信号	$1(t)$	$\frac{1}{s}$	$1 - e^{-\frac{t}{T}}$
单位斜坡信号	t	$\frac{1}{s^2}$	$t - T(1 - e^{-\frac{t}{T}})$
单位加速度信号	$\frac{1}{2}t^2$	$\frac{1}{s^3}$	$\frac{1}{2}t^2 - Tt - T^2(1 - e^{-\frac{t}{T}})$

线性定常系统的输出响应之间具有如图 6-8 所示的关系,前者是后者的导数,后者是前者的积分。

图 6-8　不同响应之间的关系

　　线性定常系统对某种输入信号导数的响应,等于对该输入信号响应的导数;对某种输入信号积分的响应,等于系统对该输入信号响应的积分,积分常数由初始条件确定。因此,研究线性定常系统的时间响应,不必对每种输入信号形式进行测定和计算,可以只采用其中一种典型输入信号,如单位阶跃信号。

　　注意:对于线性时变系统和非线性系统,这一特性并不适用。利用 Simulink 得到不同输入下系统时间响应表 6-5 为输入 Source 模块。

表 6-5　Simulink 中输入 Source 模块

	类别	Simulink 对应模块
输入信号 Source	零输入响应信号	Constant:值为 0
	阶跃响应信号	Step
	单位脉冲响应函数	Pulse Generator
	sine 正弦, square 方波, sawtooth 锯齿, random 随机波形	Signal Generator
	单位斜坡信号	Ramp
	单位加速度信号	Acceleration = Ramp + Integrator(1/s) 串联

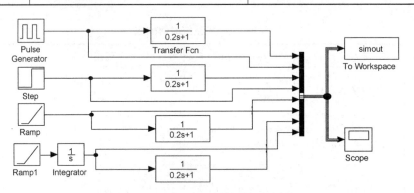

图 6-9　Simulink 图示一阶系统时间响应

　　在命令窗口中输入 plot(tout, simout),可以得到和图 6-7 一样的图形。

　　对于二阶系统($\zeta = 0.5$, $\omega_n = 5$),四种激励信号的四条响应曲线如图 6-10 所示。

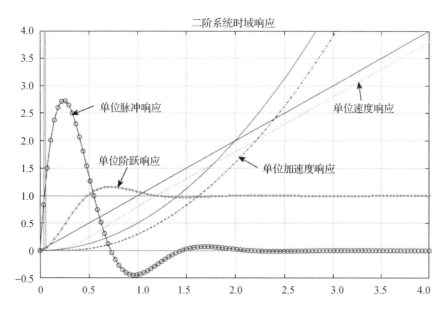

图6-10 二阶系统对不同输入的响应

二阶系统的单位阶跃响应在前面已经详细叙述，这里不再赘述。

当 $0 < \zeta < 1$ 时，二阶系统的单位脉冲响应是以一定阻尼振荡频率为角频率的衰减振荡，随着 ζ 的减小，其振荡幅度加大。当 $\zeta > 1$ 时，系统的脉冲响应曲线为单调下降的指数曲线，ζ 越大，响应曲线下降越慢；反之，曲线下降越快。

二阶系统在输入单位速度信号时，总存在位置误差，并且位置误差的大小随时间增大，最后趋于常数 $\dfrac{2\zeta}{\omega_n}$。当 $0 < \zeta < 1$ 时，随着 ζ 的减小，其振荡幅度加大。

二阶系统在输入单位加速度信号时，输出随时间推移而增长，直至无穷。

显然，二阶系统的瞬态性能由系统阻尼系数 ζ 和自然频率 ω_n 这两个参数决定。

总之，一阶系统的稳定性好，其快速性取决于时间常数 T，对脉冲输入信号和阶跃输入信号没有位置误差，而速度信号的位置误差与时间常数 T 有关；二阶系统的快速性取决于频带宽度（截止频率 ω_c），稳定性和精确性都与阻尼系数 ζ 和自然频率 ω_n 有关。表6-6是前述分析结果的归纳。

表6-6 一阶、二阶系统对不同输入信号的响应

特性	一阶系统	二阶系统
快速性	取决于时间常数 T	取决于频带宽度
稳定性	稳	取决于阻尼系数 ζ
准确性（稳态误差）	脉冲响应 $=0$；阶跃响应 $=0$； 速度响应 $=T$；加速度响应 $=\infty$	脉冲响应 $=0$；阶跃响应 $=0$； 速度响应 $=\dfrac{2\zeta}{\omega_n}$；加速度响应 $=\infty$

一阶系统和二阶系统都是典型的系统，其模型也是重要的应用基础。系统性能指标可以通过在输入激励信号作用下系统输出的瞬态和稳态过程来评价，不仅取决于系统本身的

特性,还与外加输入信号的形式有关。通常只有在一些特殊情况下,系统的输入信号才是确定的。因此在分析和设计系统时,需要确定一个对各种系统性能进行比较的基础,这个基础就是预先规定一些具有特殊形式的测试信号作为系统的输入信号,然后比较各种系统对这些输入信号的响应。

6.5.5　计算二阶系统特征参数

MATLAB 中提供了函数计算阻尼比和振荡频率,使用格式为

$[wn,zeta,p] = damp(G)$　　　　% wn 为自由振荡频率 ω_n,zeta 为阻尼系数 ζ,p 为极点

【说明】　极点 p 可以省略,可以用 pole 函数获得。MATLAB 也提供由阻尼比和振荡频率生成连续二阶系统的函数 ord2。使用格式为

$[num,den] = ord2(wn,zeta)$　% wn 为自由振荡频率 ω_n,zeta 为阻尼系数 ζ

$[A,B,C,D] = ord2(wn,zeta)$　% wn 为自由振荡频率 ω_n,zeta 为阻尼系数 ζ

% 获得 LTI 系统的稳态增益,当 G 为传递函数模型时,dcgain 等价于计算 $K = \lim\limits_{s \to 0} sG(s)$

$K = dcgain(G)$

【例 6-1】　已知二级系统闭环传递函数 $G(s) = \dfrac{5}{s^2 + 2s + 5}$,绘制其阶跃响应曲线并计算稳态增益、峰值时间、上升时间、超调量、调整时间(相对误差阈值在 2%)、阻尼比和振荡频率。

```
num = 5;den = [1 2 5];G = tf(num,den);
% 稳态值计算 y(∞) = lim sY(s) = lim G(s)
                    s→0         s→0
final = dcgain(G); 或 final = polyval(num,0)/ polyval(den,0);
[y,t] = step(G);
[yp,k] = max(y);            % 计算峰值及其坐标
tp = t(k);                  % 计算峰值时间
Mp = (yp-final)/final*100;  % 计算超调量
n = 1;while y(n) < = final;
n = n +1;
end;
tr = t(n);                  % 计算上升时间
len = length(t);            % 计算时间向量长度
while(y(len) >0.98*final)&(y(len) <1.02*final)
len = len-1;                % 计算调整时间坐标
end;
ts = t(len);                % 计算调整时间
disp(['稳态值:final = ',num2str(final)])
disp(['峰值时间:tp = ',num2str(tp)])
```

disp(['上升时间:tr = ',num2str(tr)])

disp(['超调量:Mp = ',num2str(Mp) ,'% '])

disp(['调整时间:ts = ',num2str(ts)])

step(G) ;

[wn,zeta,p] = damp(G)

命令窗口中显示执行结果为

稳态值:final = 1

峰值时间:tp = 1.5658

上升时间:tr = 1.0592

超调量:Mp = 20.7866%

调整时间:ts = 3.7302

wn = 2.2361

zeta = 0.4472

p =

　-1.0000　+　2.0000i

　-1.0000　-　2.0000i

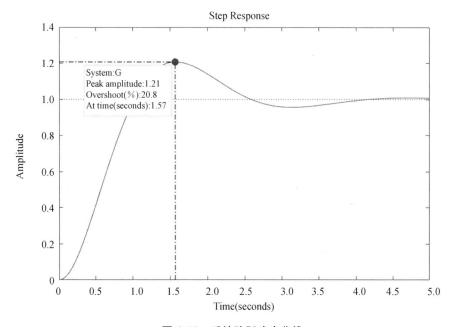

图 6-11　系统阶跃响应曲线

【说明】　polyval( )求多项式函数;max( )求最大值;length( )求数组长度;step( )求传递函数单位阶跃响应曲线,均为 MATLAB 函数。

6.5.6　时域分析的 MATLAB 实现

使用拉氏变换和反变换计算输入信号为阶跃信号和脉冲信号的系统输出响应。

【例 6-2】　沿用例 6-1 的系统传递函数 $G(s) = \dfrac{5}{s^2 + 2s + 5}$，计算当输入信号分别为单位阶跃信号 $r(t) = 1(t)$，单位脉冲信号 $r(t) = \delta(t)$ 时，系统的输出拉氏变换 $C(s)$，并绘制系统输出 $c(t)$ 的时域波形曲线。

```
>> syms t s r c;R1 = laplace(heaviside(t))  %单位阶跃函数拉氏变换
R1 =
1/s
R2 = laplace(dirac(t))                       %单位脉冲函数拉氏变换
R2 =
1
>> G = 5/(s^2 + 2*s + 5);
>> C1 = R1*G;C2 = R2*G;        % 系统输出的拉氏变换 C(s) = R(s)*G(s)
```

输出时间响应：

```
>> c1 = ilaplace(C1),c2 = ilaplace(C2),%C1,C2 拉氏反变换得到单位阶跃和脉冲响应
c1 =
1-exp(-t)*(cos(2*t) + sin(2*t)/2)
c2 =
(5*sin(2*t)*exp(-t))/2
>> t = 0:0.1:10;
>> y1 = subs(c1,t);y2 = subs(c2,t);      % 将数据代入 c 表达式替换 t
>> plotyy(t,y1,t,y2)
```

【说明】　也可以用 ezplot(c1)，ezplot(c2)，比较一下区别。考虑用 step() 函数和 impulse() 实现。

执行结果如图 6-12 所示。

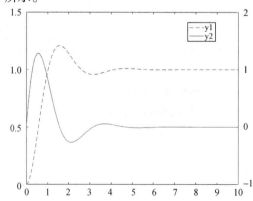

图 6-12　由拉氏反变换得到系统阶跃和脉冲响应曲线

虚线为单位阶跃响应曲线,和例 6-1 一致,实线为单位脉冲响应曲线。

6.6　典型环节及其传递函数

机电控制系统一般由若干元件以一定形式连接而成,这些元件的物理结构和工作原理可以是多种多样的。但从控制理论来看,物理本质和工作原理不同的元件,可以有完全相同的数学模型,亦即具有相同的动态性能。在控制工程中,常常将具有某种确定信息传递关系的元件、元件组或元件的一部分称为一个环节,经常遇到的环节则称为典型环节。任何复杂的系统总可归结为由一些典型环节组成,为了方便地研究系统,熟悉和掌握典型环节的数学模型是十分必要的。以下是使用理想运算放大器和阻容元件构成各种典型环节的模拟电路。

（1）比例环节（P）

比例环节的特性参数为比例增益 K,表征比例环节的输出量能够无失真、无滞后地按比例复现输入量。比例环节又称无惯性环节,其动态方程为

$$\frac{c(t)}{r(t)} = \frac{-R_2}{R_1} = K$$

式中:$c(t)$,$r(t)$ 分别为输出电压和输入电压;K 为环节的比例系数,等于输出量与输入量之比。比例环节的传递函数为

$$G(s) = \frac{L[c(t)]}{L[r(t)]} = \frac{C(s)}{R(s)} = K$$

比例环节电路与特性如图 6-13 所示。

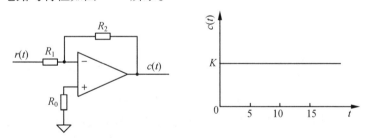

图 6-13　比例环节电路与特性

（2）惯性环节

其动态方程为一阶微分方程

$$R_2 C \frac{\mathrm{d}}{\mathrm{d}t} c(t) + c(t) = \frac{-R_2}{R_1} r(t)$$

其传递函数为

$$G(s) = \frac{L[c(t)]}{L[r(t)]} = \frac{C(s)}{R(s)} = \frac{K}{Ts+1} \left(K = \frac{-R_2}{R_1}, T = R_2 C \right)$$

惯性环节电路与特性如图 6-14 所示。

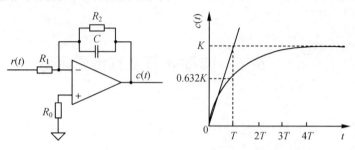

图 6-14　惯性环节电路与特性

由于惯性环节中含有一个储能元件,所以当输入量突然变化时,输出量不能跟着突变,而是按指数规律逐渐变化,惯性环节的名称就由此而来。比例增益 K 表征环节输出的放大能力,惯性时间常数 T 表征环节惯性的大小,T 越大表示惯性越大,延迟的时间越长。

（3）积分环节（I）

积分环节是输出量正比于输入量的积分的环节,其动态方程为

$$c(t) = \frac{-1}{RC}\int_0^t r(t)\,\mathrm{d}t$$

$$G(s) = \frac{L[c(t)]}{L[r(t)]} = \frac{C(s)}{R(s)} = \frac{-1}{Ts}, T = RC$$

积分时间常数 T 表征积累速率的快慢,T 越大表示积分能力越强。但实际上放大器都有饱和特性,输出不可能无限制地增加。

积分环节电路与特性如图 6-15 所示。

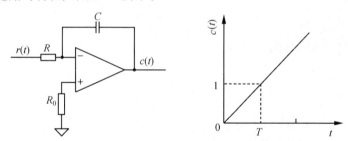

图 6-15　积分环节电路与特性

积分环节的一个显著特点是输出量取决于输入量对时间的积累过程。输入量作用一段时间后,即使输入量变为零,输出量仍将保持在已达到的数值,故有记忆功能;另一个特点是有明显的滞后作用,从图 6-15 可以看出,输入量为常值 A 时, $c(t) = \frac{1}{T}\int_0^t A\,\mathrm{d}t = \frac{1}{T}At$。输出是一斜线,输出量需经过时间 T 的滞后,才能达到输入量在 $t=0$ 时的数值。因此,积分环节常被用来改善控制系统的稳态性能。

（4）比例积分环节（PI）

$$G(s) = \frac{L[c(t)]}{L[r(t)]} = \frac{C(s)}{R(s)} = K\left(1 + \frac{1}{Ts}\right)\left(K = \frac{-R_2}{R_1}, T = R_2C\right)$$

比例积分环节电路与特性如图 6-16 所示。

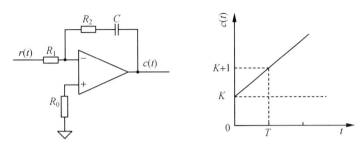

图 6-16　比例积分环节电路与特性

比例积分环节的特征参数为比例增益 K 和积分时间常数 T。但实际上放大器都有饱和特性,积分后的输出量不可能无限增加。

（5）微分环节（D）

微分环节的输出是输入的导数,即输出反映了输入信号的变化趋势,所以也等于给系统以有关输入变化趋势的预告。因而,微分环节常用来改善控制系统的动态性能。

凡输出量正比于输入量的微分环节,其运动方程式为

$$c(t) = -RC_1 \frac{\mathrm{d}r(t)}{\mathrm{d}t}$$

其传递函数为

$$G(s) = \frac{L[c(t)]}{L[r(t)]} = -Ts, T = RC_1$$

微分环节电路与特性如图 6-17 所示。

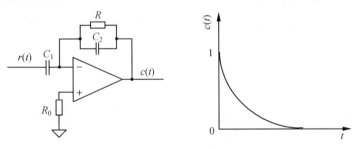

图 6-17　微分环节电路与特性

实际的微分环节不具备理想微分环节的特性,但是仍能够在输入跃变时于极短时间内形成一个较强的脉冲输出。微分时间常数 T 表征了输出脉冲的面积。

（6）比例微分环节（PD）

输出量不仅取决于输入量本身,而且还取决于输入量的一阶导数。

$$c(t) = \frac{-R_2}{R_1}\left(R_2 C_1 \frac{\mathrm{d}r(t)}{\mathrm{d}t} + r(t)\right)$$

$$G(s) = \frac{L[c(t)]}{L[r(t)]} = K(Ts+1), T = R_2 C_1, K = \frac{-R_2}{R_1}$$

比例微分环节电路与特性如图 6-18 所示。

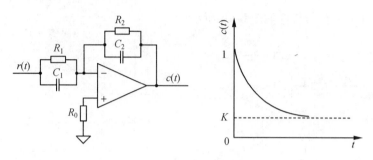

图 6-18　比例微分环节电路与特性

比例微分环节的输出是在微分作用的基础上,再叠加比例作用,其稳定输出与输入信号成比例关系。

（7）比例积分微分环节（PID）

比例积分微分环节电路与特性如图 6-19 所示。

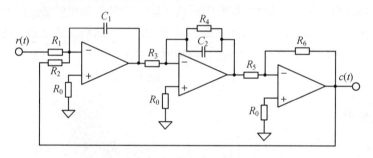

图 6-19　比例积分微分环节电路与特性

比例积分微分环节可以由典型环节构造模拟电路。图 6-19 中分别用积分环节、惯性环节和比例环节组成二阶振荡环节。其开环传递函数为

$$G(s) = \frac{-1}{R_1 C_1 s} \cdot \frac{\dfrac{-R_4}{R_3}}{R_4 C_2 s + 1} \cdot \frac{-R_6}{R_5}$$

一般说来,任何系统都可以看作是由这些典型环节串联组合而成。

🔩 6.7　系统模型的连接和简化

控制系统一般是由许多元件组成的,为了表明元件在系统中的功能,形象直观地描述系统中信号传递、变换的过程,经常要用到系统方框图求系统的传递函数,以便于进行系统分析和研究。系统方框图是系统数学模型的图解形式,需要对系统的方框图进行运算和变换,设法将方框图最终化为一个等效的方框,而方框中的数学表达式即为系统的总传递函数。方框图的变换应按等效原则进行,即对方框图的任一部分进行变换时,变换前、后输入输出之间总的数学关系应保持不变。显然,变换的实质相当于对所描述系统的方程组进行消元,

求出系统输入与输出的总关系式。

一般认为系统方框图由三种要素组成:传递函数方框、求和点和引出线。方框图的基本组成形式可分为三种:串联、并联和反馈连接 。

6.7.1 模型串联

方框与方框首尾相连,前一方框的输出就是后一方框的输入,前后方框之间无负载效应。方框串联后总的传递函数等于每个方框单元传递函数的乘积。两个线性模型串联及其等效模型如图 6-20 所示。

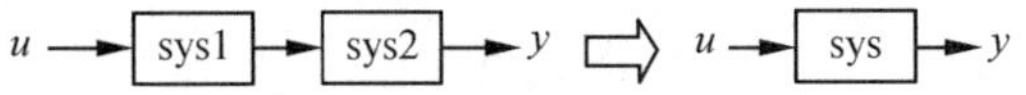

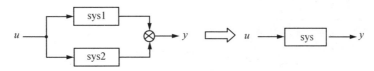

图 6-20 方框图串联连接

MATLAB 对串联模型的运算表示:sys = series(sys1,sys2),亦可等价写成 sys = sys1*sys2。

6.7.2 模型并联

多个方框具有同一个输入,而以各方框单元输出的代数和作为总输出,方框并联后总的传递函数等于所有并联方框单元传递函数之和。两个线性模型并联及其等效模型如图 6-21 所示。

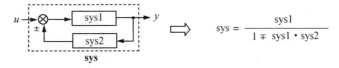

图 6-21 方框图并联连接

MATLAB 对并联模型的运算表示:sys = parallel(sys1,sys2),亦可等价写成 sys = sys1 + sys2。

6.7.3 模型反馈连接

一个方框的输出输入到另一个方框,得到的输出再返回作用于前一个方框的输入端,这种结构称为反馈连接。方框反馈连接后,其闭环传递函数等于前向通道的传递函数除以 1 加(或减)前向通道与反馈通道传递函数的乘积。两个线性模型反馈连接及其等效模型如图 6-22所示。

$$sys = \frac{sys1}{1 \mp sys1 \cdot sys2}$$

图 6-22 方框图反馈连接

MATLAB 对模型反馈连接的运算表示:sys = feedback(sys1,sys2,sign),sign 表示反馈连接符号:负反馈连接 sign = -1,正反馈连接 sign = 1。亦可等价写成:sys = minreal(sys1/(1 + sys2*sys1))(负反馈);sys = minreal(sys1/(1-sys2*sys1))(正反馈)

【说明】 minreal( )用来传递函数中相同的零极点。

当闭环连接是单位反馈连接,即前述 sys2 = 1 时,使用闭环连接函数 cloop( )。

[numc,denc] = cloop(num,den,sign)

其中,num,den 分别为系统 G(s) 的传递函数分子、分母的多项式;负反馈连接 sign = −1,正反馈连接 sign = 1;numc,denc 为闭环后系统的传递函数分子、分母的多项式。

【例 6-3】 已知 SISO 系统的混合结构如图 6-23 所示,其中 $G_1 = \dfrac{1}{s+1}$,$G_2 = \dfrac{1}{3s+1}$,$G_3 = \dfrac{1}{5s+4}$,$G_4 = \dfrac{1}{2s}$,要求化简传递函数。

G1 = tf(1,[1 1]);G2 = 1;G3 = tf(1,[5 4]);G4 = tf(1,[2 0]);G12 = feedback(G1, G2, −1)或 G12 = G1/(1 + G1)　　　 % G1,G2 反馈

G34 = G3 − G4　　　　　　 % G3,G4 并联

G = feedback(G12,G34, −1)　　% G3,G4 并联后再反馈

G =

$$\frac{10\ s^2 + 8s}{10\ s^3 + 28s^2 + 13s - 4}$$

G = minreal(G12/(1 + G12 ∗ G34))

G =

$$\frac{s^2 + 0.8s}{s^3 + 2.8\ s^2 + 1.3s - 0.4}$$

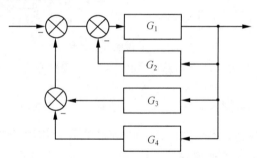

图 6-23　SISO 系统混合结构

6.7.4　连接变换

任何复杂系统的方框图,都是由串联、并联和反馈连接三种基本连接方式交织组成的,但要实现上述三种运算,则必须将复杂的交织状况变换为可运算的状态,这就要进行方框图的等效变换。方框图变换就是将求和点或引出点的位置在等效原则上作适当的移动,消除方框之间的交叉连接,然后一步步运算,求出系统总的传递函数。

(1) 求和点的移动

图 6-24 所示为求和点后移的等效结构。将 G(s) 方框前的求和点后移到 G(s) 的输出端,而且仍要保持信号 A,B,C 的关系不变,则在被移动的通路上必须串入 G(s) 方框,如图 6-24(b) 所示。

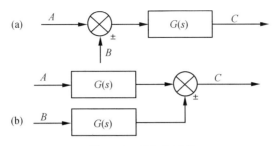

图 6-24　求和点后移

移动前图中信号关系为 $C = G(s)(A \pm B)$，因为移动后，信号关系为 $C = AG(s) \pm BG(s)$，所以它们是等效的。

图 6-25 所示为求和点前移的等效结构。移动前，有 $C = AG(s) \pm B$，移动后，有 $C = G(s)\left[A \pm \dfrac{B}{G(s)}\right] = AG(s) \pm B$，两者完全等效。

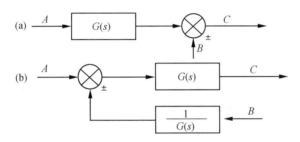

图 6-25　求和点前移

（2）引出点的移动

图 6-26 所示为引出点前移的等效结构。将 $G(s)$ 方框输出端的引出点移动到 $G(s)$ 的输入端，仍要保持总的信号不变，则在被移动的通路上应该串入 $G(s)$ 的方框，如图 6-26（b）所示。

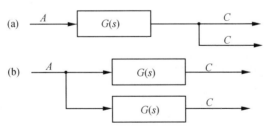

图 6-26　引出点前移

移动前，引出点引出的信号为 $C = AG(s)$，移动后，引出点引出的信号仍要保证 $C = AG(s)$。

图 6-27 所示为引出点后移的等效变换。显然，移动后的输出仍为 $A = AG(s)\dfrac{1}{G(s)} = A$。

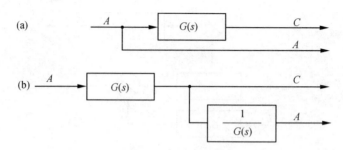

图 6-27 引出点后移

运用等效变换法则,逐步将一个比较复杂的多回路系统简化为一个方框,最后求得传递函数。简化的关键是移动求和点和引出点,消去交叉回路,变换成可以运算的反馈连接回路。

【例 6-4】 消去交叉点化简框图得到传递函数。

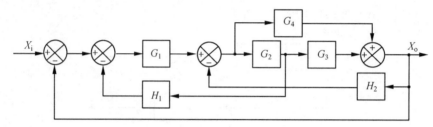

第一步 G_2 前引出点后移并消去并联回路

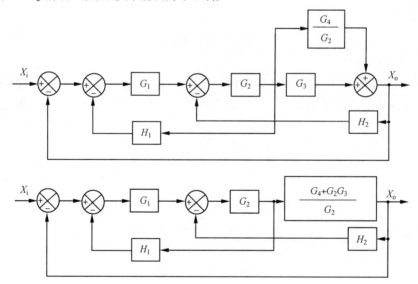

第二步 G_2 后引出点后移并化简 H_2 反馈回路

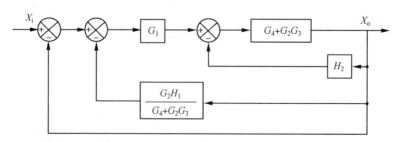

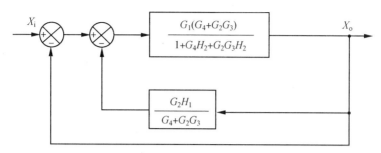

第三步　化简 2 个反馈回路

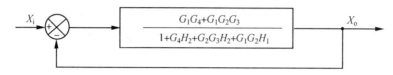

最后得到总的传递函数

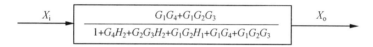

6.7.5　复杂结构 MATLAB 表示

当遇到上述复杂模型结构中有相互连接交叉的环节时,获取系统的模型可以通过以下步骤实现:

① 对框图中的每个通路进行编号并建立它们的对象模型;

② 建立无连接的数学模型,使用 append 函数创建各模块未连接的系统矩阵,命令格式如下:G = append(G1,G2,G3,⋯);

③ 指定连接关系,写出各通路的联接矩阵 Q,第一列是模块通路的编号,其后各列是与该通路连接的所有输入通路编号,如果是负连接则加负号;

④ 列出系统总的输入和输出端的编号,使用 inputs 列出输入通路编号,outputs 列出输出通路的编号;

⑤ 使用 connect 函数生成组合后整个系统的模型,connect 函数的命令格式为:sys = connect(G,Q,inputs,outputs)。

【例 6-5】　已知 SISO 系统复杂结构如图 6-28 所示,化简框图得到模型的总传递函数。

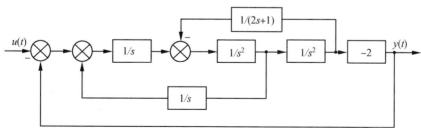

图 6-28　SISO 系统复杂结构

① 将各模块的通路按顺序编号,如图 6-29 所示,写出每个环节的传递函数模型。

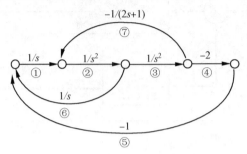

图 6-29　模块通路顺序编号

\>\> g1 = tf(1,[1 0]);g2 = tf(1,[1 0 0]);g3 = tf(1,[1 0 0]);g4 = -2;g5 = -1;g6 = tf(1,[1 0]);g7 = tf(-1,[2 1]);

② 使用 append 命令实现各模块未连接的系统矩阵:

\>\> g = append(g1,g2,g3,g4,g5,g6,g7);

③ 建立连接关系。

\>\> q = [1 5 6;　　　　　　　% 通路①的输入是通路⑤和⑥

2 1 7;　　　　　　　% 通路②的输入是通路①和⑦

3 2 0;　　　　　　　% 通路③的输入是通路②

4 3 0;　　　　　　　% 通路④的输入是通路③

5 4 0;　　　　　　　% 通路⑤的输入是通路④

6 2 0;　　　　　　　% 通路⑥的输入是通路②

7 3 0];　　　　　　　% 通路⑦的输入是通路③

④ 列出系统总的输入和输出端的编号。

\>\> inputs = 1;outputs = 4;　　% 系统由通路①作为总输入,通路④作为总输出

⑤ 使用 connect 函数构造整个系统的模型。

\>\> sys = connect(g,q,inputs,outputs);sys1 = tf(sys)

结果为

sys1 =

$$\frac{-2\ s^2 - s}{s^7 + 0.5\ s^6 + 1.443e - 15\ s^5 + 3.025e - 15\ s^4 - s^3 - 2\ s^2 - s}$$

6.8　Simulink 模型

还有一种数学模型就是 Simulink 模型窗口中的动态结构图。只要在 Simulink 模型窗口中按规则拖动模块画出动态结构图,就对系统建立了模型。还可以利用规则进行方框图的化简,再将结构图的参量用实际系统的数据进行设置,就可以直接进行仿真。

与传统仿真软件相比,结构图更直观、方便、灵活。可从上到下、从左到右创建模型,可以编辑子系统,随意性较强。单击 Simulink 基本模块库中的 Continuous,其中的具体模块如表 6-7 所示。

表 6-7　Continuous 库

图标	模块名	功能
du/dt	Derivative	输入信号微分
$\frac{1}{s}$	Integrator	输入信号积分
$x' = Ax+Bu$ $y = Cx+Du$	State-Space	状态空间系统模型
$\frac{1}{s+1}$	Transfer Fcn	传递函数模型
	Transport Delay	固定时间传输延迟
	Variable Transport Delay	可变时间传输延迟
$\frac{(s-1)}{s(s+1)}$	Zero-Pole	零、极点模型

【例 6-6】　对简单连续系统进行建模 :一阶微分方程 $3x'(t) = -2x(t) + u(t)$,其中 $u(t)$ 是幅度为 1、频率为 2 rad/s 的方波信号。

将 $x(t)$ 的微分信号通过积分模块积分来获得 $x(t)$。模型中需要 2 个 Gain 模块和 1 个 Sum 模块。可以使用 Signal Generator 模块产生方波信号,选择波形为方波(square)并改变频率为 2 rad/sec。用 Scope 模块得到最后的输出结果。如图 6-30 所示,Gain 模块的翻转可以通过【format】菜单下的【flip block】命令来进行。

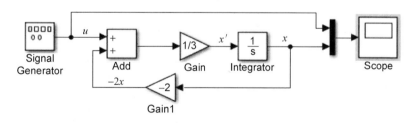

图 6-30　简单模块结构

这个模型的一个重要特点是包含了一个由 Sum 模块、Integrator 模块和 Gain 模块组成的环路。在这个方程里,x 既是 Integrator 模块的输出,又是计算 x' 的模块的输入。这个关系通过模型中的环路来实现,运行仿真后,Scope 模块显示的波形如图 6-31 所示。

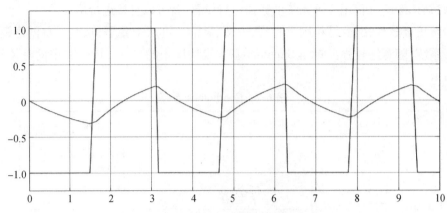

图 6-31　示波器波形显示

此例同样可以表示为传递函数的形式,对一阶微分方程两边取拉氏变换后得到传递函数。

$$3x'(t) = -2x(t) + u(t)\ \text{变为}\ 3sX(s) = -2X(s) + U(s) \Rightarrow \frac{X(s)}{U(s)} = \frac{1}{3s + 2}$$

这样可以用 Transfer Fcn 模块(Continuous 库)进行建模,并在模块参数对话框中设 numerator(分子)参数、denominator(分母)参数分别为[1]和[3 2]。这个模块是用传递函数的分式形式表示,且系数从左至右按 s 的降幂排列。

此例还可以表示为状态方程的形式:$\dot{x} = \frac{-2}{3}x - \frac{1}{3}u, y = x$,故状态空间模型参数分别为

$A = \frac{-2}{3}, B = \frac{-1}{3}, C = 1, D = 0$。

建立的模型结构如图 6-32 所示,参数设置如图 6-33 所示,显示的波形如图 6-34 所示,可以看出 3 种不同模块构成的模型仿真结果完全一致。

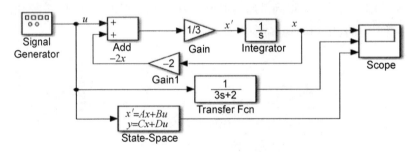

图 6-32　3 种不同模块模型结构

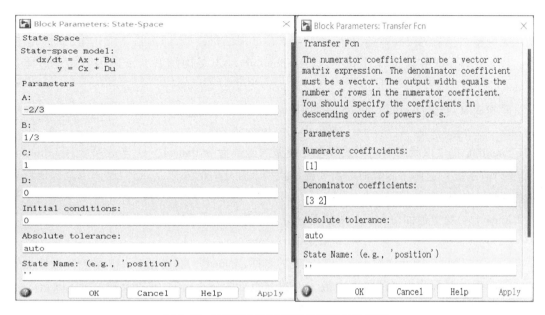

图 6-33　状态空间和传递函数模块参数设置

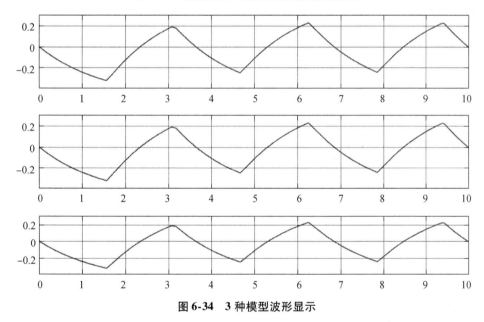

图 6-34　3 种模型波形显示

6.9　将 Simulink 模型结构转化为系统模型

　　在 Simulink 环境中可以方便地通过鼠标的拖动建立模型,通过函数命令将 Simulink 模型转化为数学模型是获得系统模型的捷径,MATLAB 提供了 linmod 和 linmod2 函数命令。

需要说明的是,虽然 linmod2 函数命令执行后的结果比 linmod 的准确,但是运行时间较长。

无论多么复杂的控制系统,只要绘制出 Simulink 结构模型,即可将系统化简进而求出传递函数。在科学研究与工程计算中,运用 Simulink 动态结构模型求传递函数简单方便且准确。

必须注意,转换时,在 Simulink 模型中,输入和输出模块必须分别使用"In1"和"Out1"。

$$[\text{num},\text{den}] = \text{linmod}('\text{sys}')$$

Simulink 提供以状态空间形式线性化模型的函数命令 linmod( )(连续系统)和 dlinmod( )(离散系统),这两个函数命令需要提供模型线性化时的操作点,它们返回围绕操作点处系统线性化的状态空间模型。

linmod( )命令返回由 Simulink 模型建立的常微分方程系统的线性模型。

$$[\text{A},\text{B},\text{C},\text{D}] = \text{linmod}('\text{sys}',\text{x},\text{u})$$

sys 是需要进行线性化的 Simulink 模型的名称,linmod( )命令返回 sys 系统在操作点处的线性模型,x 是操作点处的状态向量,u 是操作点处的输入向量,缺省设置为全零向量。

【**例 6-7**】 系统有如下状态空间模型:

状态方程 $\dot{x} = \begin{pmatrix} 0 & 1 \\ 1 & 0 \end{pmatrix} x + \begin{pmatrix} 0 \\ 1 \end{pmatrix} u$,输出方程 $y = (-1 \quad 1)x$。

试根据系统的状态空间模型,画出系统方框图并标出各个信号,根据框图得到系统传递函数 $\dfrac{Y(s)}{U(s)}$。设 $x_1 = y, x_2 = \dot{y}$,由状态方程 $\dot{x} = \begin{pmatrix} 0 & 1 \\ 1 & 0 \end{pmatrix} x + \begin{pmatrix} 0 \\ 1 \end{pmatrix} u$ 得 $\ddot{x} = x + u$。

由输出方程 $y = (-1 \quad 1)x$ 得到 $y = -x_1 + x_2 = -x + \dot{x}$,绘制框图如图 6-35(a)所示。

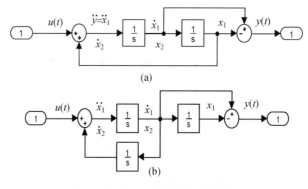

图 6-35 例 6-7 系统框图及变换

消去交叉点变换成图 6-35(b),化简反馈回路和并联回路,再串联得到总的传递函数。输入命令:

>> G1 = feedback(1/s,1/s,1),G2 = 1 − 1/s 或(G2 = parallel(1, − 1/s)),G = G1∗G2

结果为

$$\frac{Y(s)}{U(s)} = G = (1/s)/(1 - 1/s^2)(1 - 1/s) = \frac{1}{s+1}$$

根据状态方程在 Simulink 中建立模块结构框图,如图 6-36 所示,将 Simulink 模型保存为文件"conv. mdl"。

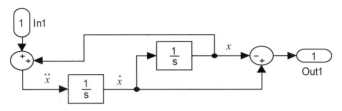

图 6-36　模型结构 Simulink 实现

在命令窗口中使用转换函数命令 linmod 将模型转换为数学模型。命令如下：

$\gg[\,\mathrm{num},\mathrm{den}\,] = \mathrm{linmod}(\,'\mathrm{conv}')\,,\mathrm{sys} = \mathrm{tf}(\,\mathrm{num},\mathrm{den})$

执行结果为

num =

　　　0　1　-1

den =

　　　1　0　-1

sys =

s-1

----

s^2-1

Continuous-time transfer function.

可以看出两种方法结果一致。

⚙ 6.10　机电系统建模举例

6.10.1　机械系统建模

【例 6-8】　如图 6-37 所示，当以 $y = x_2$ 为输出，以作用在 m_2 上的力 f 为输入，求系统的传递函数 $X_2(s)/F(s)$。图中 $k = 7$ N/m，$c_1 = 0.5$ N/(m·s^{-1})，$c_2 = 0.2$ N/(m·s^{-1})，$m_1 = 3.5$ kg，$m_2 = 5.6$ kg。

第一种方法：

① 建立系统动力学方程。

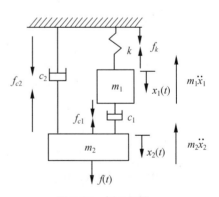

图 6-37　例 6-8 图

$$\begin{cases} m_2\,\ddot{x}_2 = f - f_{c1} - f_{c2} \\ m_1\,\ddot{x}_1 = f_{c1} - f_k \\ f_{c1} = c_1(\,\dot{x}_2 - \dot{x}_1\,) \\ f_{c2} = c_2\dot{x}_2\,,f_k = kx_1 \end{cases} \tag{1}$$

$z_1 = x_1, z_2 = x_2, z_3 = \dot{x}_1, z_4 = \dot{x}_2, y = x_2$,且 $Z = (z_1\ z_2\ z_3\ z_4)^{\mathrm{T}}$,则可得该系统的状态空间方程为

$$\dot{Z} = \begin{pmatrix} 0 & 0 & 1 & 0 \\ 0 & 0 & 0 & 1 \\ \dfrac{-k}{m_1} & 0 & \dfrac{-c_1}{m_1} & \dfrac{c_1}{m_1} \\ 0 & 0 & \dfrac{c_1}{m_2} & \dfrac{-(c_1+c_2)}{m_2} \end{pmatrix} \begin{pmatrix} x_1 \\ x_2 \\ \dot{x}_1 \\ \dot{x}_2 \end{pmatrix} + \begin{pmatrix} 0 \\ 0 \\ 0 \\ \dfrac{1}{m_2} \end{pmatrix} f$$

输出方程为

$$y = (0\quad 1\quad 0\quad 0) \begin{pmatrix} x_1 \\ x_2 \\ \dot{x}_1 \\ \dot{x}_2 \end{pmatrix}$$

② 求传递函数。

• 编写一个建立系统动力学模型的传递函数的 M 函数文件 mod. m,函数的调用参数向量 sysp 分别为系统的质量、阻尼、刚度值。

```
function [sysp] = mod(sysp)
m1 = sysp(1);
m2 = sysp(2);
k = sysp(3);
c1 = sysp(4);
c2 = sysp(5);
A = [0 0 1 0;0 0 0 1;-k/m1 0 -c1/m1 c1/m1;0 0 c1/m2 -(c2+c1)/m2];
B = [0 0 0 1/m2]';C = [0 1 0 0];D = 0;
sys1 = ss(A,B,C,D);
nsys = tf(sys1)        % 求 X₂(s)/F(s)
```

• 调用建模函数 mod(),产生具体的系统的传递函数模型。

设 $k = 7$ N/m,$c_1 = 0.5$ N/(m·s^{-1}),$c_2 = 0.2$ N/(m·s^{-1}),$m_1 = 3.5$ kg,$m_2 = 5.6$ kg,执行以下命令调用 mod():

```
>> sysp = [3.5,5.6,7,0.5,0.2];X2_F = mod(sysp)
```

命令窗运行后即可得到系统的传递函数 $X_2(s)/F(s)$。

执行结果如下：

nsys =

$$\frac{0.1786 \text{ s}^2 + 0.02551 \text{ s} + 0.3571}{\text{s}^4 + 0.2679 \text{ s}^3 + 2.005 \text{ s}^2 + 0.25 \text{ s}}$$

第二种方法：

按照系统动力学方程(1)在 Simulink 中构建模型结构框图，如图 6-38 所示，f 为 In1，x_2 为 Out1。将 Simulink 模型保存为文件"u1x. mdl"。

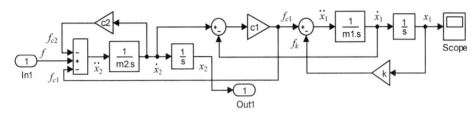

图 6-38　例 6-8 模型结构 Simulink 实现

在命令窗口中使用转换函数命令 linmod 将模型转换为传递函数模型。

$\gg [\text{num}, \text{den}] = \text{linmod}('\text{u1x}'), \text{sys1} = \text{tf}(\text{num}, \text{den})$

命令窗显示结果为

num =

    0   0   0.1786   0.0255   0.3571

den =

    1.0000   0.2679   2.0051   0.2500   0

sys1 =

$$\frac{0.1786 \text{ s}^2 + 0.02551 \text{ s} + 0.3571}{\text{s}^4 + 0.2679 \text{ s}^3 + 2.005 \text{ s}^2 + 0.25 \text{ s}}$$

Continuous-time transfer function.

【例 6-9】 如图 6-39 所示，以系统质量 m_1，m_2 的位移 x_1，x_2 为输出，以作用在 m_2 上的力 f 为输入，用多种方法表示系统传递函数 $X_2(s)/F(s)$ 和 $X_1(s)/F(s)$。

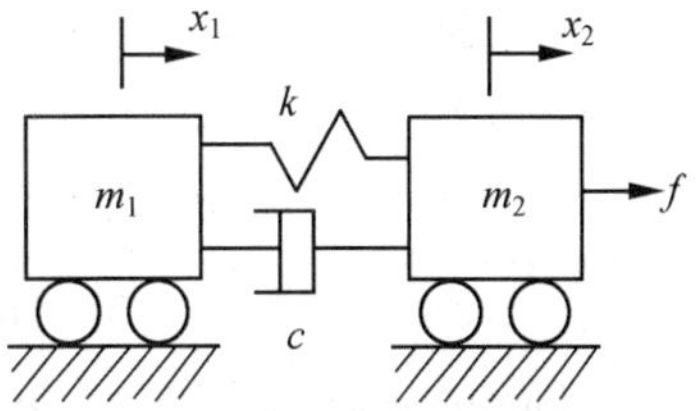

第一种方法：

① 建立系统动力学方程。

$$\begin{cases} m_2 \ddot{x}_2 = f - f_c - f_k \\ m_1 \ddot{x}_1 = f_c + f_k \\ f_c = c(\dot{x}_2 - \dot{x}_1) \\ f_k = k(x_2 - x_1) \end{cases} \quad (1)$$

图 6-39　例 6-9 图

令 $z_1 = x_1, z_2 = x_2, z_3 = \dot{x}_1, z_4 = \dot{x}_2, y = x_2, y = x_1$，且 $Z = (z_1 \ z_2 \ z_3 \ z_4)^{\text{T}}$，则可得该系统的状态空间方程为

$$\dot{Z} = \begin{pmatrix} 0 & 0 & 1 & 0 \\ 0 & 0 & 0 & 1 \\ \dfrac{-k}{m_1} & \dfrac{k}{m_1} & \dfrac{-c}{m_1} & \dfrac{c}{m_1} \\ \dfrac{k}{m_2} & \dfrac{-k}{m_2} & \dfrac{c}{m_2} & \dfrac{-c}{m_2} \end{pmatrix} \begin{pmatrix} x_1 \\ x_2 \\ \dot{x}_1 \\ \dot{x}_2 \end{pmatrix} + \begin{pmatrix} 0 \\ 0 \\ 0 \\ \dfrac{1}{m_2} \end{pmatrix} f$$

$$y_1 = (0 \quad 1 \quad 0 \quad 0)Z, y_2 = (1 \quad 0 \quad 0 \quad 0)Z$$

② 求传递函数。

• 编写一个建立系统动力学模型的传递函数的 M 函数文件 mod. m,函数的调用参数向量 sysp 分别为系统的质量、阻尼、刚度值。

```
function [ sysm1 sysm2 ] = mod( sysp)
m1 = sysp( 1 );
m2 = sysp( 2 );
k = sysp( 3 );
c = sysp( 4 );
A = [ 0 0 1 0;0 0 0 1;-k/m1 k/m1 -c/m1 c/m1;k/m2 -k/m2 c/m2 -c/m2 ];
B = [ 0 0 0 1/m2 ]';
C1 = [ 0 1 0 0 ];      % 求 X2( s )/F( s )
C2 = [ 1 0 0 0 ];      % 求 X1( s )/F( s )
D = 0;
sys1 = ss( A,B,C1,D );G1 = tf( sys1 )
sys2 = ss( A,B,C2,D ), G2 = tf( sys2 );
sysm1 = zpk( sys1 );sysm2 = zpk( sys2 );
```

• 调用建模函数 mod( ),产生具体的系统的传递函数模型。

设 $m_1 = 12$ kg, $m_2 = 38$ kg, $k = 1\,000$ N/m, $c = 0.1$ N/(m·s^{-1}),执行以下命令调用 mod( ):

```
>> sysp = [ 12,38,1000,0.1 ];[ sysm1 sysm2 ] = mod( sysp)
```

命令窗运行后即可得到系统的传递函数。

G1 = X2(s)/F(s)

$$\frac{0.02632\ s^2 + 0.0002193\ s + 2.193}{s^4 + 0.01096\ s^3 + 109.6\ s^2 - 1.827e\text{-}14\ s + 5.642e\text{-}13}$$

Continuous-time transfer function.

G2 = X1(s)/F(s)

$$\frac{0.0002193\ s + 2.193}{s^4 + 0.01096\ s^3 + 109.6\ s^2 - 1.827e\text{-}14\ s + 5.642e\text{-}13}$$

Continuous-time transfer function.

第二种方法：

按照系统动力学方程(1)在 Simulink 中构建模型结构框图,如图 6-40 所示,f 为 In1,x_1 为 Out1,x_2 为 Out2。将 Simulink 模型保存为文件"u2x. mdl"。

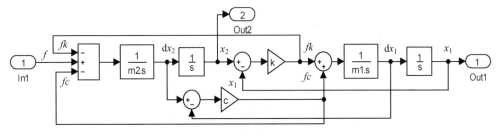

图 6-40　例 6-9 x1,x2 分别作为输出的 Simulink 模型结构

在命令窗口中使用转换函数命令 linmod 将模型转换为传递函数模型。命令如下：

m1 = 12;m2 = 38;k = 1000;c = 0.1;[num,den] = linmod('u2x')

sys = tf(num(1,:),den),sys1 = tf(num(2,:),den)

命令窗显示执行结果为

num =

| 0 | 0 | 0 | 0.0002 | 2.1930 |
| 0 | 0 | 0.0263 | 0.0002 | 2.1930 |

den =

| 1.0000 | 0.0110 | 109.6491 | -0.0000 | -0.0000 |

sys = X1(s)/F(s)

$$\frac{0.0002193\ s + 2.193}{s^4 + 0.01096\ s^3 + 109.6\ s^2 - 2.105e\text{-}14\ s - 1.214e\text{-}29}$$

Continuous-time transfer function.

sys1 = X2(s)/F(s)

$$\frac{0.02632\ s^2 + 0.0002193\ s + 2.193}{s^4 + 0.01096\ s^3 + 109.6\ s^2 - 2.105e\text{-}14\ s - 1.214e\text{-}29}$$

Continuous-time transfer function.

第三种方法：

按照系统动力学方程在 Simulink 中构建模型结构框图再化简。Simulink 中建立模块结构框图如图 6-41 所示,图中将各个通路环节排序编号。

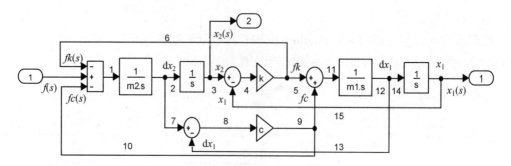

图 6-41　标注环节的模型结构

根据图 6-41 所示的模型结构框图计算模型的总传递函数。

- 有 15 条通路即 15 个环节,写出每个环节的传递函数模型。

$>>$ m1 = 12;m2 = 38;k = 1000;c = 0.1;

$>>$ g1 = tf(1,[m2 0]);g2 = tf(1,[1 0]);g3 = 1;g4 = c;g5 = 1;g6 = -1;g7 = 1;g8 = 0.1;

$>>$ g9 = 1;g10 = -1;g11 = tf(1,[m1 0]);g12 = 1;g13 = -1;g14 = tf(1,[1 0]);g15 = -1;

- 建立无连接的模型。

$>>$ g = append(g1,g2,g3,g4,g5,g6,g7,g8,g9,g10,g11,g12,g13,g14,g15);

- 建立连接关系。

$>>$ q = [1 10 6　　　% 通路 1 的输入是通路 10 和 6

2 1 0　　　　　% 通路 2 的输入是通路 1

3 2 0　　　　　% 通路 3 的输入是通路 2

4 3 15　　　　　% 通路 4 的输入是通路 3 和 15

5 4 0;6 4 0;7 1 0;8 7 13;9 8 0;10 9 0;11 5 9;12 11 0;13 12 0;14 12 0;15 14 0];

- 列出系统总的输入和输出端的编号。

$>>$ inputs = 1;outputs1 = 14;　　　% x_1 作为输出

$>>$ outputs2 = 3;　　　　　　　% x_2 作为输出

- 使用 connect 函数生成组合后的系统模型。

$>>$ sys = connect(g,q,inputs,outputs1);

sys1 = connect(g,q,inputs,outputs2);

G = tf(sys)　　　　　　　% 求 $X_1(s)/F(s)$

G1 = tf(sys1)　　　　　　% 求 $X_2(s)/F(s)$

执行以上程序得到结果为

G =

$$\frac{0.0002193\ s + 2.193}{s^4 + 0.01096\ s^3 + 109.6\ s^2 - 1.771e\text{-}15\ s + 6.436e\text{-}13}$$

Continuous-time transfer function.

G1 =

$$\frac{0.02632\ s\hat{}2 + 0.0002193\ s + 2.193}{s\hat{}4 + 0.01096\ s\hat{}3 + 109.6\ s\hat{}2 - 1.771e\text{-}15\ s + 6.436e\text{-}13}$$

6.10.2 电路系统建模

【**例 6-10**】 图 6-42 所示并联谐振回路,电压源具有内阻 R_i 和开路电压 U_q。在时间 $t=0$ 时,开关断开电感,电阻和电容组成的并联谐振电路的电源。列出回路微分方程,并用 Simulink 建模。

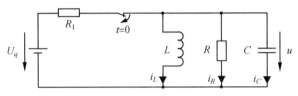

图 6-42 并联谐振回路

节点电流定律: $i_R + i_L + i_C = 0$

电感支路: $u = L\dfrac{\mathrm{d}i_L}{\mathrm{d}t},\ i_L(0) = \dfrac{U_q}{R_i} \Rightarrow U = L\left(s \cdot I_L - \dfrac{U_q}{R_i}\right)$

电容支路电流: $i_C = C\dfrac{\mathrm{d}U}{\mathrm{d}t},\ U(0) = 0 \Rightarrow I_C = Cs \cdot U$

电阻支路: $u = R \cdot i_R \Rightarrow U = R \cdot i_R$

得到传递函数: $G(s) = \dfrac{-U}{U_q} = \dfrac{L/R_i}{LC \cdot s^2 + L/R \cdot s + 1}$

绘制出如图 6-43 所示的 Simulink 模型结构。系统需要激励,故输入单位阶跃信号,系统的激励应在 $t>0$ 时发生,即仿真时间开始。如果选择在 $t=1$ s 时 U_q 发生从 1 V 到 0 V 的跳变,则会产生如图 6-44 所示的电压过程。选择元件 $R = 10$ kΩ, $C = 1$ μF, $L = 1$ H, $R_i = 1$ Ω, $U_q = 1$ V,根据所选 L、C 频率参数,宜将仿真时间设置为 0.1 s。图 6-44 所示为仿真运行波形。

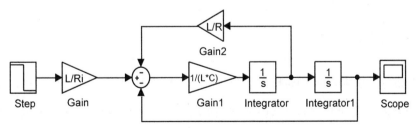

图 6-43 模块结构 Simulink 实现

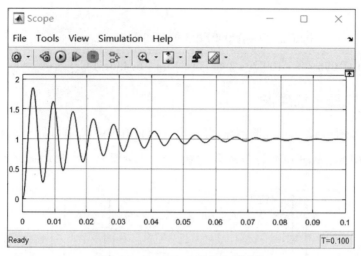

图 6-44 $R = 10\ \text{k}\Omega$ 时的电压过程

此传递函数是二阶系统,有 $\dfrac{1}{\omega_0^2} = LC$, $\dfrac{2\zeta}{\omega_0} = \dfrac{L}{R}$。周期持续时间取决于 $T = \dfrac{2\pi}{\omega_0} = 2\pi\sqrt{LC}$。计

算周期 $T = 2\pi\sqrt{LC} \approx 6.28\ \text{ms}$,阻尼 $\zeta = \dfrac{1}{2R}\sqrt{\dfrac{L}{C}} = 0.05$,可以通过减小电阻 R 来增加阻尼。在 $R = 500\ \Omega$ 时,达到了周期极限,产生如图 6-45 所示的电压过程。

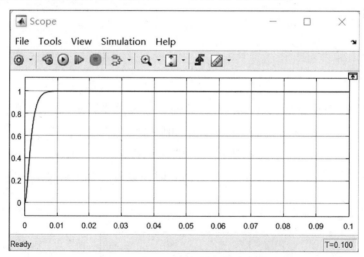

图 6-45 $R = 500\ \Omega$ 时的电压过程

对于电路可以用 RLC 复阻抗的分压系数输出与输入复阻抗之比求传递函数模型。R 的复阻抗 $Z_R = R$,C 的复阻抗 $Z_C = \dfrac{1}{Cs}$,L 的复阻抗 $Z_L = Ls$,再用符号运算求传递函数模型。

【例 6-11】 一 RC 两级滤波网络如图 6-46 所示,其输入信号为 U_i,输出信号为 U_o,试求两级串联后的传递函数。

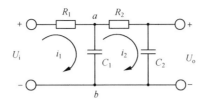

图 6-46　*RC* 两级滤波网络

（1）不计负载效应

第一级滤波器的输入信号是 U_i，输出信号是 U_{ab}，其传递函数为

$$G_1(s) = \frac{U_{ab}(s)}{U_i(s)} = \frac{\dfrac{1}{C_1 s}}{R_1 + \dfrac{1}{C_1 s}} = \frac{1}{R_1 C_1 s + 1}$$

第二级滤波器的输入信号是 U_{ab}，输出信号为 U_o，其传递函数为

$$G_2(s) = \frac{U_o(s)}{U_{ab}(s)} = \frac{\dfrac{1}{C_2 s}}{R_2 + \dfrac{1}{C_1 s}} = \frac{1}{R_2 C_2 s + 1}$$

根据传递函数串联的相乘性，得到

$$\begin{aligned}
G(s) = \frac{U_o(s)}{U_i(s)} = G_1(s) G_2(s) &= \frac{1}{R_1 C_1 s + 1} \cdot \frac{1}{R_2 C_2 s + 1} \\
&= \frac{1}{R_1 C_1 R_2 C_2 s + (R_1 C_1 + R_2 C_2) s + 1}
\end{aligned} \tag{1}$$

设 $R_1 C_1 = T_1$，$R_2 C_2 = T_2$，当输入为单位阶跃信号时，绘制出如图 6-47 所示的两种等效的 Simulink 模型。示波器波形显示完全一致。

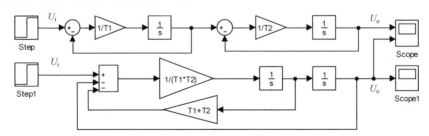

图 6-47　*RC* 两级滤波网络 Simulink 实现

（2）考虑负载效应

第一级的传递函数为

$$\begin{aligned}
G_1(s) = \frac{U_{ab}(s)}{U_i(s)} &= \frac{\dfrac{1}{C_1 s} \parallel \left(R_2 + \dfrac{1}{C_1 s}\right)}{R_1 + \dfrac{1}{C_1 s} \parallel \left(R_2 + \dfrac{1}{C_1 s}\right)} \\
&= \frac{R_2 C_2 s + 1}{R_1 C_1 R_2 C_2 s + (R_1 C_1 + R_2 C_2 + R_1 C_2) s + 1}
\end{aligned}$$

第二级的传递函数没有变化,因此总的传递函数为

$$
\begin{aligned}
G(s) = G_1(s)G_2(s) &= \frac{R_2C_2s+1}{R_1C_1R_2C_2s+(R_1C_1+R_2C_2+R_1C_2)s+1}\frac{1}{R_2C_2s+1}\\
&= \frac{1}{R_1C_1R_2C_2s+(R_1C_1+R_2C_2+R_1C_2)s+1}
\end{aligned}
\quad(2)
$$

比较(1)、(2)两式可知,考虑负载效应时,传递函数的分母中多了一项 R_1C_2s,它表示两个简单 RC 电路的相互影响。因此,在求串联环节的等效传递函数时应考虑环节间的负载效应,否则容易得出错误的结果。需要注意:

① 多个环节相串联,在求其总传递函数时要考虑负载效应;

② 后一级的输入阻抗为无限大(或很大)时,可以不考虑它对上一级的影响。

【例6-12】　一运放电路如图6-48所示,其输入信号为 U_i,输出信号为 U_o,试求传递函数。

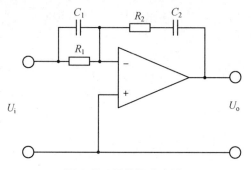

图6-48　运放阻容电路

由理想运算放大器输入、输出电压的特性,可以利用输入与输出复阻抗之比求传递函数,先确定复阻抗,输入有一个电阻和一个电容并联,总的阻抗为 $\dfrac{1}{Z_i}=\dfrac{1}{R_1}+C_1s$,输出有一个电阻和一个电容串联,总的阻抗为 $Z_o=R_2+\dfrac{1}{C_2s}$,所以传递函数为

$$
\begin{aligned}
G(s) &= -\frac{U_o(s)}{U_i(s)} = -\frac{Z_o}{Z_i} = -\frac{R_1R_2C_1C_2\cdot s^2+(R_1C_1+R_2C_2)\cdot s+1}{R_1C_2\cdot s}\\
&= -\left(\frac{R_2}{R_1}+\frac{C_1}{C_2}+\frac{1}{R_1C_2\cdot s}+R_2C_1\cdot s\right)
\end{aligned}
$$

忽略符号反转,这是一个PID环节。PID控制器传递函数为 $G_c(s)=K_p\left(1+\dfrac{1}{T_is}+T_ds\right)$。

比例系数:$K_P=-\left(\dfrac{R_2}{R_1}+\dfrac{C_1}{C_2}\right)$

积分系数:$K_I=\dfrac{-1}{R_1C_2}$

微分系数:$K_D=-R_2C_1$

建立控制系统状态空间表达式的方法有三种:一是直接根据控制系统工作原理建立相应的微分方程或差分方程,再将其整理并规范化;二是由控制系统结构框图建立系统状态空

间表达式;三是由已知系统的某种数学模型转化而得。

【例 6-13】　已知图 6-49 所示的系统元件,输入为 $u_1(t)$ 和 $u_2(t)$,输出为 $y(t)$,试列写图示网络电路的状态空间表达式。

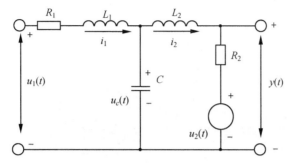

图 6-49　网络电路

选择电感电流与电容电压作为状态变量,即 $x_1 = i_1$,$x_2 = i_2$,$x_3 = u_c$。根据基尔霍夫电压定律,有

$$R_1 i_1 + L_1 \frac{\mathrm{d}i_1}{\mathrm{d}t} + u_c = u_1, \quad u_c = L_2 \frac{\mathrm{d}i_2}{\mathrm{d}t} + R_2 i_2 + u_2, \quad y = R_2 i_2 + u_2$$

根据基尔霍夫电流定律,有

$$i_1 = i_2 + c \frac{\mathrm{d}u_c}{\mathrm{d}t}$$

将状态变量代入方程并整理得到状态空间表达式:

$$\begin{cases} \dot{x}_1 = \dfrac{-R_1}{L_1} x_1 - \dfrac{1}{L_1} x_3 + \dfrac{1}{L_1} u_1 \\[2mm] \dot{x}_2 = \dfrac{-R_2}{L_2} x_2 + \dfrac{1}{L_2} x_3 - \dfrac{1}{L_2} u_2 \Rightarrow \dot{x} = Ax + Bu \\[2mm] \dot{x}_3 = \dfrac{1}{C} x_1 - \dfrac{1}{C} x_2 \\[2mm] y = R_2 x_2 + u_2 \Rightarrow y = Cx + Du \end{cases}$$

写成状态空间方程形式:

$$\begin{pmatrix} \dot{x}_1 \\ \dot{x}_2 \\ \dot{x}_3 \end{pmatrix} = \begin{pmatrix} \dfrac{-R_1}{L_1} & 0 & \dfrac{-1}{L_1} \\[2mm] 0 & \dfrac{-R_2}{L_2} & \dfrac{1}{L_2} \\[2mm] \dfrac{1}{C} & \dfrac{-1}{C} & 0 \end{pmatrix} \begin{pmatrix} x_1 \\ x_2 \\ x_3 \end{pmatrix} + \begin{pmatrix} \dfrac{1}{L_1} & 0 \\[2mm] 0 & \dfrac{-1}{L_2} \\[2mm] 0 & 0 \end{pmatrix} \begin{pmatrix} u_1 \\ u_2 \end{pmatrix}$$

$$y = \begin{pmatrix} 0 & R_2 & 0 \end{pmatrix} \begin{pmatrix} x_1 \\ x_2 \\ x_3 \end{pmatrix} + \begin{pmatrix} 0 & 1 \end{pmatrix} \begin{pmatrix} u_1 \\ u_2 \end{pmatrix}$$

得到状态方程参数 A,B,C,D,Simulink 状态空间模块参数设置如图 6-50 所示。

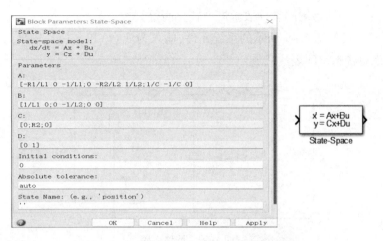

图 6-50　Simulink 状态空间模块参数设置

6.10.3　液压动力元件建模

液压动力元件可以分为四种基本形式:阀控液压缸、阀控液压马达、泵控液压缸和泵控液压马达。四种液压动力元件虽然结构不同,但其特性是类似的。阀控液压缸系统是工程上应用较广泛的传动和动力系统。由于阀控对称液压缸系统比阀控非对称液压缸系统具有更好的控制特性,因而在实际生产中得到了广泛的应用,但是对称液压缸加工难度大,滑动摩擦阻力较大,需要的运行空间也大,而非对称液压缸构造简单,制造容易。

四通阀控制对称液压缸是液压系统中常用的液压动力元件,工作原理如图 6-51所示。四通阀控制液压缸拖动带有弹性和黏性阻尼的负载做往复运动。其中,假定供油压力 p_s 恒定,回油压力 p_0 近似为零,x_v和 x_p 分别为阀芯和负载位移,p_1 和 p_2 分别为液压缸两腔的压力,q_1 和 q_2 分别为进出液压缸的流量,F_L 为任意外负载力。

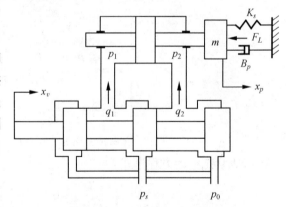

图 6-51　四通阀控制对称液压缸原理图

1. 建立系统动力学方程

假定该四通阀为零开口四边滑阀,且 4个节流口是匹配和对称的,令 $p_L = p_1 - p_2$ 为负载压力,$q_L = (q_1 + q_2)/2$ 为负载流量,则可得

滑阀线性化流量方程为

$$q_L = K_q x_v - K_C p_L \tag{1}$$

液压缸流量连续方程为

$$q_L = A \frac{\mathrm{d}x_p}{\mathrm{d}t} + C p_L + \frac{V}{4\beta} \frac{\mathrm{d}p_L}{\mathrm{d}t} \tag{2}$$

负载力平衡方程为

$$m \frac{\mathrm{d}^2 x_p}{\mathrm{d}t^2} + B_p \frac{\mathrm{d}x_p}{\mathrm{d}t} + K_s x_p = A p_L - F_L \tag{3}$$

式中,K_q、K_C 分别为阀的流量增益和流量-压力系数,A 为液压缸工作面积,C 为液压缸总泄漏系数,V 为液压缸(含油管)总压缩容积,β 为封闭在阀、缸之间的油液等效体积弹性模量。

2. 拉氏变换求传递函数

对以上 3 个方程分别进行拉普拉斯变换,(1) - (2)式消去 q_L,得

$$K_q x_v(s) - A s x_p(s) = C p_L(s) + K_C p_L(s) + \frac{V}{4\beta} s p_L(s) = p_L(s)\left(C + K_C + \frac{V}{4\beta} s \right) \tag{4}$$

$$A p_L(s) - F_L(s) = (m s^2 + B_p s + K_s) x_p(s) \tag{5}$$

$x_v(s)$是输入,$p_L(s)$是中间变量,根据(4)、(5)式在 Simulink 中绘制出图 6-52 所示的阀控液压缸系统的传递函数框图,将 Simulink 模型保存为文件"hydrau. mdl"。模块调用初始化参数设置如图 6-53 所示。

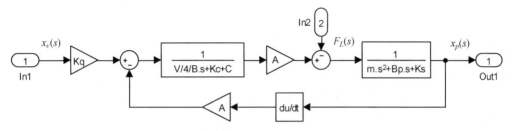

图 6-52 x_v 作输入阀控液压缸系统传递函数框图

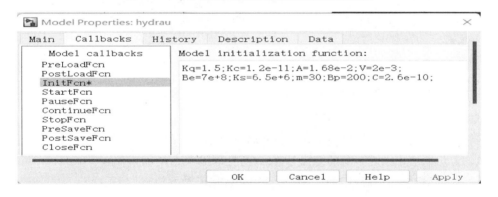

图 6-53 模块调用初始化参数设置

在命令行输入:$[\mathrm{num},\mathrm{den}] = \mathrm{linmod}(\text{'hydrau'})$,$\mathrm{sys} = \mathrm{tf}(\mathrm{num},\mathrm{den})$

执行结果得到 $x_p(s)/x_v(s)$ 为

num =

    1.0e +09*

    0   0   0   1.1760

den =

    1.0e +07*

    0.0000   0.0000   0.0219   8.2507

sys =

1. 176e09

----

s^3 + 387. 5 s^2 + 2. 192e05 s + 8. 251e07

Continuous-time transfer function.

当 $F_L(s)$ 是输入,在 Simulink 中绘制出如图 6-54 所示的阀控液压缸系统的传递函数框图,此时 $x_v(s) = 0$,将 Simulink 模型保存为文件"hydrau1. mdl"。

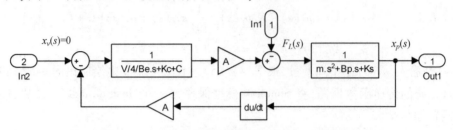

图 6-54 F_L 作输入阀控液压缸系统传递函数框图

在命令行输入:[num, den] = linmod('hydrau1'), sys = tf(num, den)

执行结果得到 $x_p(s)/F_L(s)$ 为

num =

        0   0   -0. 0333   -12. 6933

den =

    1. 0e +07∗

    0. 0000   0. 0000   0. 0219   8. 2507

sys =

          -0. 03333 s - 12. 69

----

s^3 + 387. 5 s^2 + 2. 192e05 s + 8. 251e07

Continuous-time transfer function.

显然这两个传递函数的分母是完全相同的,这验证了控制理论中所给出的"线性系统传递函数的分母取决于系统本身的结构参数,而与外部输入无关"的结论。

另外,可以根据框图通过 MATLAB 编程得到传递函数并执行如下:

kq = 1. 5;kc = 1. 2e-11;Ap = 1. 68e-2;Vt = 2e-3;Be = 7e + 8;Ks = 6. 5e + 6;m = 30;Bp = 200;c = 2. 6e-10;

num1 = Ap;

den1 = [Vt/4/Be,kc + c];

num2 = 1;

den2 = [m,Bp,Ks];

G1 = tf(num1,den1);

G2 = tf(num2,den2);

Fb = tf([Ap,0],1);

% 液压缸活塞位移对输入阀芯位移的传递函数

spx = kq∗minreal(G1∗G2/(1 + Fb∗G1∗G2))

spf = -minreal(G2/(1 + Fb∗G1∗G2)) % 液压缸活塞位移对输入扰动力的传递函数

显示结果为

spx = $x_p(s)/x_v(s)$

$$\frac{1.176e09}{s^3 + 387.5 \ s^2 + 1.339e07 \ s + 8.251e07}$$

Continuous-time transfer function.

spf = $x_p(s)/F_L(s)$

$$\frac{-0.03333 \ s\text{-}12.69}{s^3 + 387.5 \ s^2 + 1.339e07 \ s + 8.251e07}$$

设输入 $x_v = 0.001$ m 为阶跃信号,且阶跃扰动力输入 $F_L = 5000$ N,此时系统输出的拉氏变换式 $x_p(s)$ 为 2 个输入分别为零时得到的相应输出的线性叠加,所以编程并执行如下:

Xp = minreal(spx∗tf(0.001, [1,0]) + spf∗tf(5000, [1,0]))

Xp =

$$\frac{-166.7 \ s^2 + 1.112e06 \ s + 6.856e06}{s^5 + 393.6 \ s^4 + 1.339e07 \ s^3 + 1.65e08 \ s^2 + 5.085e08 \ s}$$

可以得到系统在阶跃输入阀芯位移(幅值为 1 mm)和干扰(5 000 N)下的液压动力元件的输出位移时间响应曲线如图 6-55 所示。

Xp1 = Xp∗tf([1,0], 1) ;　　% $X_p(s)$∗s 以去掉 $X_p(s)$ 中的积分环节

step(Xp1)　　　　　　　% 输出位移的单位阶跃响应

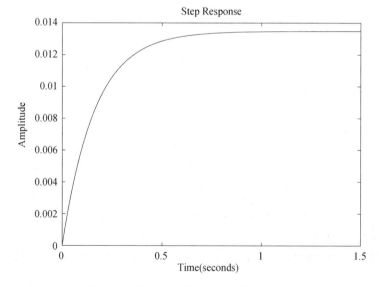

图 6-55　液压动力元件的输出位移阶跃响应

若不用 step 函数求阶跃响应,也可先分别求出 $x_p(s)$ 对 $x_v(s)$ 和 $x_p(s)$ 对 $F_L(s)$ 的输出,然后对两者求和,得到系统的完整时间响应。利用线性系统的叠加原理,绘制在同样指令输入和干扰输入作用下的系统输出位移的时间响应曲线,比如使用 lsim 函数。

6.10.4 磁悬浮系统建模

电磁轴承是目前唯一投入使用的可以实施主动控制的支撑。通过反馈控制方法调节磁场的磁性,可使轴总保持在中央而不接触磁铁,因而没有摩擦,可实现悬浮和导向。

图 6-56 所示为基本的磁悬浮系统模型。图中电磁力大小 f 可由电流 i 控制;浮球的位置由光探测器检测,$e = k_e x$ 为探测器的输出;V_0 为电磁力的预设值以平衡浮球重力 mg;u 为反馈控制信号;δ 为作用在浮球上的外部扰动力。

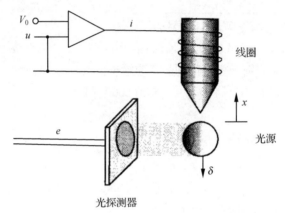

图 6-56 基本的磁悬浮系统模型

作用在球上向上的电磁力可近似用 $f = k_i i + kx$ 表示,即电磁力是线圈电流和浮球位置的线性函数。

功率放大器即电压/电流转换装置使线圈电流

$$i = u + V_0$$

选择 V_0 以抵消重力保持浮球处于平衡状态时位移 $x = 0$,使 $V_0 = mg/k_i$

控制电压 u 采用比例 + 微分控制:

$$u = -k_p e - k_d \dot{e} = -k_p k_e x - k_d k_e \dot{x}$$

浮球的力平衡方程为

$$m\ddot{x} = f - mg - \delta = k_i i + k_x x - mg - \delta = k_i u + k_x x - \delta$$

则可得在外部扰动力作用下的系统动力学方程为

$$m\ddot{x} + k_d k_i k_e \dot{x} + (k_p k_i k_e - k_x)x = -\delta$$

设 $m = 20 \text{ kg}, k_i = 0.5 \text{ N/A}, k = 20 \text{ N/m}, k_e = 100 \text{ V/m}, k_d = 8, k_p = 100$,按照系统动力学方程在 Simulink 中构建模型结构框图,如图 6-57 所示,将 Simulink 模型保存为文件"cxf. mdl"。

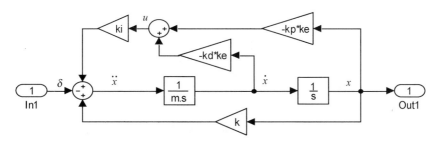

图 6-57　基本磁悬浮系统 Simulink 模型

$$[\,\text{num},\text{den}\,]=\text{linmod}(\,'\text{cxf}'\,)\,,\text{sys}=\text{tf}(\,\text{num},\text{den}\,)$$

num =

　　　　　0　　　　0　　　　-0.0500

den =

　　　1.0000　　　20.0000　　　249.0000

sys =

　　　-0.05
----
　s^2 + 20 s + 249

Continuous-time transfer function.

通过设置 Pulse Generator 输入模块参数设置单位脉冲信号,示波器得到如图 6-58 所示的波形。

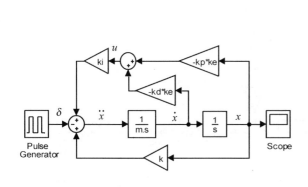

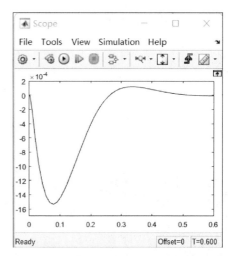

图 6-58　单位脉冲响应

亦可以用 MATLAB 编程求得浮球位移对扰动的传递函数 $X(s)/\delta(s)$,并得到浮球系统对单位脉冲扰动的响应过程,如图 6-59 所示。

$$k=20\,;kp=100\,;kd=8\,;ke=100\,;m=20\,;ki=0.5\,;$$

$$\text{den}=[\,m,kd*ki*ke,kp*ki*ke-k\,]\,;$$

$$\text{sys}=\text{-tf}(\,1,\text{den}\,)$$

impulse(sys)

sys =

$$\frac{-1}{20\ s^2 + 400\ s + 4980}$$

Continuous-time transfer function.

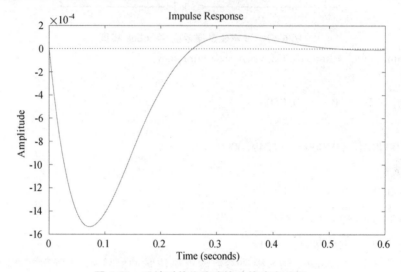

图 6-59　系统对单位脉冲扰动的响应过程

习 题 6

1. 求如下框图的传递函数,并说明系统的阶次。

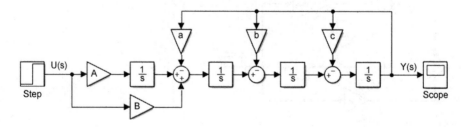

题 1 图

2. 化简框图得到传递函数,并说明系统的阶次。

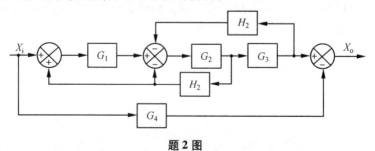

题 2 图

3. 分析分别以 m_2 的位移 x_2 为输出，m_1 的位移 x_1 为输出，m_0 的位移 x_0 为输出，以作用在 m_2 上的力 f 为输入的系统传递函数。

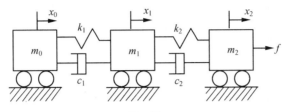

题 3 图

4. 已知二阶系统标准传递函数 $G(s) = \dfrac{\omega_n^2}{s^2 + 2\zeta w_n s + \omega_n^2}$。

(1) 令 $w_n = 1$，改变阻尼比为 $0.5, 1, 1.5, 2.0$，研究对二阶系统阶跃响应的影响。

(2) 令 $\zeta = 0.5$，改变自由振荡频率为 $1, 2, 3, 4$，研究对二阶系统阶跃响应的影响。

5. 已知系统框图如下：

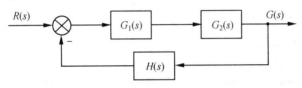

题 5 图

其中，$G_1(s) = \dfrac{3}{(4s+1)(s+2)}$，$G_2(s) = \dfrac{5s+2}{s^2+6s+2}$，$H(s) = \dfrac{2}{3s+1}$。

求系统的总传递函数。

6. 已知系统状态空间方程：$\dot{x}(t) = x(t) + u(t)$，$y(t) = x(t) + u(t)$，用框图结构求传递函数。

7. 求如图所示的机械系统的传递函数，其中位移 x_1 为系统的输入，位移 x_2 为系统的输出，B 为黏性阻尼系数（$2\ \text{N·s/m}$），K 为弹簧刚度（$8\ \text{N/m}$），当输入为单位阶跃信号时，图解系统的输出响应。用 MATLAB 编程与 Simulink 模型仿真实现并进行对比分析。

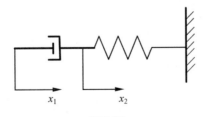

题 7 图

8. 对图示电路用 Simulink 建模对输出进行仿真分析。

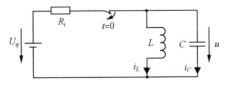

题 8 图

9. 对图示电路用 Simulink 建模图解系统的输出响应。

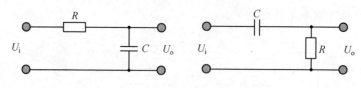

题 9 图

10. 对图示电路写出微分方程和传递函数(零初始条件)。

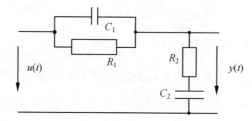

题 10 图

11. 对图示串级控制系统用 Simulink 建立模型,对主回路、副回路的输出进行仿真分析。回路参数为 $K_1 = 10, K_2 = 3, K_S = 2, T_S = 1, K_I = 0.5$。对比当 $K_2 = 0.3$ 时的输出结果。

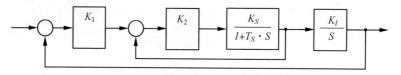

题 11 图

第 7 章　控制系统仿真分析

MATLAB 可以实现线性系统的时域、频域和根轨迹分析,以及系统的建模与设计。它不仅可以处理连续系统,而且可以处理离散系统。根据系统数学模型表示方法的不同,如使用传递函数表达或使用状态方程表达,可以选择经典的或现代的控制分析方法来处理。不仅如此,还可以利用 MATLAB 提供的函数进行模型之间的转换。对于在经典控制系统分析中常用的方法,如时间响应分析、频率特性分析、根轨迹分析等,MATLAB 都能够很方便地进行计算并能以图形形式表达出来。

本章主要讲述 MATLAB 在经典控制理论中的应用,包括 MATLAB/Simulink 建模及相关模型命令、系统的时域分析、根轨迹分析、系统的稳定性判别等,最后介绍常用的 MATLAB 系统分析工具 LTI Viewer 和 SISO 系统设计工具的特点与使用方法。

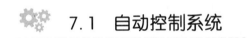

7.1　自动控制系统

7.1.1　自动控制系统的基本形式及特点

自动控制系统是指由被控对象和控制器按一定方式连接起来以完成某种自动控制任务的有机整体。控制系统中起控制作用的装置称为控制器。在控制系统中,给定量又称系统的输入量,被控制量也称系统的输出量。输出量的返回过程称为反馈,它表示输出量通过测量装置将信号的全部或一部分返回输入端,使之与输入量进行比较。比较产生的结果称为偏差。在人工控制中,这一偏差是通过人眼观测后,由人脑判断、决策得出的;而在自动控制中,偏差则是通过反馈,由控制器进行比较、计算产生的。

控制系统的工作原理如下:① 检测输出量的实际值;② 将实际值与给定值(输入量)进行比较得出偏差值;③ 控制器用偏差值产生控制调节作用以消除偏差。

这种基于反馈原理、通过检测偏差再纠正偏差的系统称为反馈控制系统。可见,作为反馈控制系统至少应具备测量、比较(或计算)和执行三个基本功能。

系统只是根据输入量和干扰量进行控制,不存在由输出端到输入端的反馈通路,输出量在整个控制过程中对系统的控制不产生任何影响,这样的系统称为开环控制系统。因此,开环控制系统又称为无反馈控制系统。开环控制系统由控制器与被控对象组成。控制器通常具有功率放大的功能。如图 7-1 所示,控制器与被控对象之间只有顺序向前的通路而无反向联系。

图 7-1　开环控制系统结构图

如果系统的输出端和输入端之间存在反馈回路,输出量对控制过程产生直接影响,这种系统称为闭环控制系统。反馈控制系统必是闭环控制系统。闭环控制系统结构图如图 7-2 所示,其中 r 为输入信号,y 为输出信号,e 为偏差信号,b 为反馈信号,G 和 H 分别是前向通路和反馈通路的增益,即放大系数。$e = r - b$,$b = Hy$,$y = Ge$,得到关系式:$\dfrac{y}{r} = \dfrac{G}{1 + GH}$。

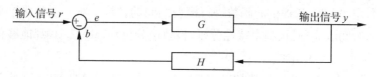

图 7-2　闭环控制系统结构图

利用负反馈的作用来减小系统的误差,能有效抑制被反馈通道包围的前向通道中各种扰动对系统输出量的影响,可减小被控对象的参数变化对输出量的影响。

闭环控制系统的突出优点是控制精度高,不管遇到什么干扰,只要被控制量的实际值偏离给定值,闭环控制就会产生控制作用来减小这一偏差。

闭环控制系统也有其缺点,这类系统是靠偏差进行控制的,因此,在整个控制过程中始终存在着偏差,由于元件的惯性(如负载的惯性),若参数配置不当,很容易引起振荡,使系统不稳定而无法工作。

7.1.2　控制系统的基本类型

按输入量的特征分类,控制系统分为恒值控制系统、程序控制系统和随动控制系统。恒值控制系统的输入量是一个恒定值,一经给定,在运行过程中就不再改变(但可定期校准或更改输入量)。恒值控制系统的任务是保证在任何扰动下系统的输出量为恒值。工业生产中的温度、压力、流量、液面等参数的控制,有些原动机的速度控制,机床的位置控制,电力系统的电网电压、频率控制等,均属此类。程序控制系统的输入量不是常值,但其变化规律是预先知道和确定的。可以预先将输入量的变化规律编成程序,由程序发出控制指令,在输入装置中再将控制指令转换为控制信号,经过全系统的作用,使控制对象按指令的要求而运动,如完成各种加工工序的数控机床。随动控制系统在工业部门又称伺服系统。这种系统的输入量的变化规律是不能预先确定的。当输入量发生变化时,则要求输出量迅速而平稳地随之变化,且能排除各种干扰因素的影响,准确地复现控制信号的变化规律(此即伺服的含义),如跟随卫星的雷达天线系统。

按系统中传递信号的性质分类,控制系统分为连续控制系统和离散控制系统。连续控制系统中各部分传递的信号都是连续时间变量的系统。连续控制系统又有线性系统和非线性系统之分。用线性微分方程描述的系统称为线性系统,不能用线性微分方程描述、存在着非线性部件的系统称为非线性系统。系统中某一处或数处信号是脉冲序列或数字量传递的系统称为离散控制系统(也称数字控制系统)。在离散控制系统中,数字测量、放大、比较、给定等部件一般均由微处理机实现,计算机的输出经 D/A 转换送给伺服放大器,然后再去驱动执行元件;或由计算机直接输出数字信号,经数字放大器后驱动数字式执行元件。连续控制系统以微分方程来描述系统的运动状态,并用拉氏变换法求解微分方程;而离散系统则用差分方程来描述系统的运动状态,用 Z 变换法引出脉冲传递函数来研究系统的动态特性。

7.1.3　对控制系统的基本要求

1. 稳定性

控制系统都包含储能元件,若系统参数匹配不当,便可能引起振荡。稳定性是指系统动态过程的振荡倾向及其恢复平衡状态的能力。对于稳定的系统,当输出量偏离平衡状态时,应能随着时间收敛并且最终回到平衡状态。稳定性是保证控制系统正常工作的首要条件。

2. 精确性

控制系统的精确性即控制精度,一般以稳态误差来衡量。稳态误差是指以一定变化规律的输入信号作用于系统后,当调整过程结束而趋于稳定时,输出量的实际值与期望值之间的误差值,它反映了动态过程后的性能。这种误差一般很小,如数控机床的加工误差小于0.02 mm,一般恒速、恒温控制系统的稳态误差都在给定值的1%以内。

3. 快速性

快速性是指当系统的输出量与输入量之间产生偏差时,消除偏差的快慢程度。快速性好的系统,消除偏差的过渡时间短,能复现快速变化的输入信号,因而具有较好的动态性能。

由于控制对象的具体情况不同,各种系统对稳定、精确、快速这三方面的要求各有侧重。例如,调速系统对稳定性要求较严格,而随动系统则对快速性要求较高。

7.2　系统模型 MATLAB 表示

线性时不变系统(linear and time-invariant system,LTI)函数有三种:tf(传递函数模型)、zpk(零极点增益模型)和 ss(状态空间模型)。在 MATLAB 中,可以用四种数学模型来表示控制系统。其中一种数学模型是基于传递函数的系统方框图的 MATLAB 表示,即 MATLAB 中的 Simulink 动态结构图。每一种数学模型都有连续系统和离散系统两种表示方法。

7.2.1　系统传递函数模型

传统函数模型可表示为 $G(s) = \dfrac{\text{num}(s)}{\text{den}(s)}$,其中 num,den 分别为分子、分母系数。

MATLAB 建模:sys = tf(num,den),利用 tf 函数表示传递函数。tf 相关函数的具体用法和说明如表 7-1 所示。

表7-1   tf 相关函数的具体用法和说明

函数用法	说明
sys = tf(num,den)	返回变量 sys 为连续系统传递函数模型
sys = tf(num,den,Ts)	返回变量 sys 为离散系统传递函数模型,Ts 为采样周期
S = tf('s')	定义拉普拉斯变换算子,以原型式输入传递函数
Z = tf('z',Ts)	定义 Z 变换算子及采样时间 Ts,以原型式输入传递函数
get(sys)	可获得传递函数模型 sys 的所有信息
C = conv(A,B)	多项式 A,B 以系数行向量表示,且相乘,结果 C 仍以系数行向量表示
[num,den] = tfdata(sys,'v')	以行向量的形式返回传递函数分子、分母多项式

【例7-1】   用 MATLAB 建立 $G(s) = \dfrac{2s+5}{(s^2+6s+1)(2s+1)}$ 的系统模型。

```
num = [2,5];
den = conv([1 6 1],[2 1]);
sys = tf( num,den)
```

⟶

```
sys =

        2 s + 5
    ---------------------------
    2 s^3 + 13 s^2 + 8 s + 1

Continuous-time transfer function.
```

直接输入 sys = tf(num,den),也可得到同样的结果。

对于 SISO 离散系统,需要预先给 Ts 赋值,如输入 sys = tf([1 3],[2 3 5],0.01),执行命令得到离散系统传递函数为

```
sys =
           z + 3
    ---------------------
    2 z^2 + 3z + 5
```

Sample time: 0.01 seconds. Discrete-time transfer function.

7.2.2   系统零点、极点增益模型

1. 连续系统

将传递函数中的分子、分母分解为因式连乘形式,模型参数可表示为

$$G(s) = K \frac{\prod\limits_{i=1}^{m}(s-z_i)}{\prod\limits_{j=1}^{n}(s-p_j)} = K \frac{(s-z_1)(s-z_2)\cdots(s-z_m)}{(s-p_1)(s-p_2)\cdots(s-p_n)} \tag{7-1}$$

系统零点向量:$z = [z_1,\cdots,z_m]$,系统极点向量:$p = [p_1,\cdots,p_n]$,增益 $k = [k]$,简记为(z, p, k)形式,称为零极点增益三对组模型参数。MATLAB 建模:sys = zpk(z,p,k),其中,z,p,k 分别为系统的零点向量、极点向量和增益。

【例 7-2】　用 MATLAB 建立系统 $G(s) = \dfrac{8(2s+3)}{(s+4)(s-1)(s+5)}$ 的零极点增益模型。

$z = -3/2;$
$p = \begin{bmatrix} -4 & 1 & -5 \end{bmatrix};$
$k = 8;$
$sys = zpk(z, p, k)$

```
sys =

     8 (s+1.5)
  -----------------
  (s+4) (s+5) (s-1)

Continuous-time zero/pole/gain model.
```

2. 离散系统

对于 SISO 离散系统,也用函数 zpk( )建立零极点增益模型,其使用格式为

$$sys = zpk(z, p, k, Ts)$$

其中,z,p,k 分别为系统的零点向量、极点向量和增益,Ts 为采样周期。

3. 提取模型中零点向量、极点向量和增量的函数 zpkdata( )

对于已经建立的零极点增益模型,MATLAB 提供了函数 zpkdata( ),可提取出模型的零点向量、极点向量和增益。调用格式如下:

$$[z, p, k] = zpkdata(sys, 'v')$$

其中,v 为返回列向量形式的零点、极点和增益的向量空间。

4. 传递函数模型部分分式展开的函数 residue( )

传递函数多项式可以展开为部分分式或留数的形式,且该部分分式展开式和多项式系数之间可以相互转换,具体为

$$\frac{Y(s)}{U(s)} = \frac{b_0 s^m + b_1 s^{m-1} + \cdots + b_{m-1} s + b_m}{s^n + a_1 s^{n-1} + \cdots + a_{n-1} s + a_n} = \frac{r_n}{s - p_n} + \cdots + \frac{r_2}{s - p_2} + \frac{r_1}{s - p_1} + k(s) \qquad (7\text{-}2)$$

其功能是对两个多项式的比进行部分分式展开,即把传递函数分解为部分分式单元的形式。调用格式为

$$[r, p, k] = residue(b, a)$$

其中,输入多项式向量 b(num)和 a(den)是按照 s 的降幂排列的多项式系数,部分分式展开后,输出留数(残差)返回到向量 r,极点返回到列向量 p,常数项或者 0 返回到 k。

【例 7-3】　已知 $G(s) = \dfrac{2(s+1)(s+3)}{(s+4)(s+2)(s+7)}$,建立零极点模型,使用留数转换成部分分式的形式。

```
>> z = [ -1  -3 ]; p = [ -2  -4  -7 ]; k = 2; sys = zpk(z, p, k),
[ num, den ] = tfdata(sys, 'v'), [ r, p, k ] = residue(num, den)
sys =

      2 (s+1) (s+3)
  ----------------------------
  (s+2) (s+4) (s+7)

Continuous-time zero/pole/gain model.

num =
```

```
       0     2     8     6
den =
       1    13    50    56
r =
     3.2000
    -1.0000
    -0.2000
p =
    -7.0000
    -4.0000
    -2.0000
k =
    []
```

相当于传递函数为

$$\frac{3.2}{s+7} + \frac{-1}{s+4} + \frac{-0.2}{s+2}$$

7.2.3　状态空间模型

连续系统模型参数形式为

$$\begin{cases} \dot{X} = AX + BU \\ Y = CX + DU \end{cases} \tag{7-3}$$

式中，X 为状态向量，U 为输入向量，Y 为输出向量，A 为系统矩阵，B 为输入矩阵，C 为输出矩阵，D 为直接传递矩阵。在 MATLAB 中用命令 ss( ) 可对(7-3)式建立一个状态空间模型，使用格式为

$$sys = ss\,(A,B,C,D)$$

对于 SISO 离散系统，表示方法与连续系统类似，使用格式为

$$sys = ss\,(A,B,C,D,Ts)$$

ss 相关函数具体用法和说明如表 7-2 所示。

表 7-2　ss 相关函数具体用法和说明

函数用法	说明
sys = ss(A,B,C,D)	由 A,B,C,D 矩阵直接得到连续系统状态空间模型
sys = ss(A,B,C,D,Ts)	由 A,B,C,D 矩阵和采样周期 Ts 得到离散系统状态空间模型
[A,B,C,D] = ssdata(sys)	提取出模型的状态空间矩阵，得到连续系统参数
[A,B,C,D,Ts] = ssdata(sys)	提取出模型的状态空间矩阵，得到离散系统参数

【例 7-4】　机械加速度计用于检测机械运动物体的加速度,加速度计的物理模型如图 7-3 所示,其检测质量 m 的位移 y 近似与被测运动物体 m_s 的加速度 $\mathrm{d}^2x/\mathrm{d}t^2$ 成正比,现求加速度计输出 y 与运动物体的推力 f 之间的动力学关系。(假设 $m_s \gg m$)

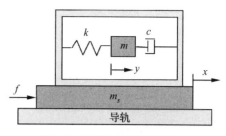

图 7-3　机械加速度计模型

注意到 y 为 m 相对于加速度计壳体的位移,可得 m 的力平衡方程为

$$m\frac{\mathrm{d}^2}{\mathrm{d}t^2}(y+x) = -c\frac{\mathrm{d}y}{\mathrm{d}t} - ky$$

整理后得

$$m\ddot{y} + c\dot{y} + ky = -m\ddot{x}$$

不考虑 m_s 与导轨之间的摩擦力,且加速度计的质量远小于被测运动物体的质量,则对质量 m_s 有

$$m_s\ddot{x} = f$$

则加速度计的动力学方程为

$$m\ddot{y} + c\dot{y} + ky = -\frac{m}{m_s}f \tag{1}$$

由(1)式可直接求出传递函数 $Y(s)/F(s)$,即

$$\frac{Y(s)}{F(s)} = \frac{-\dfrac{1}{m_s}}{s^2 + \dfrac{c}{m}s + \dfrac{k}{m}}$$

设

$$x_1 = y$$
$$x_2 = \dot{x}_1$$
$$\boldsymbol{X} = [x_1, x_2]^{\mathrm{T}}$$
$$-\frac{c}{m}x_2 - \frac{k}{m}x_1 - \frac{1}{m_s}f = \dot{x}_2$$

可得该系统的状态空间模型为

$$\begin{bmatrix} \dot{x}_1 \\ \dot{x}_2 \end{bmatrix} = \begin{bmatrix} 0 & 1 \\ -\dfrac{k}{m} & -\dfrac{c}{m} \end{bmatrix} \begin{bmatrix} x_1 \\ x_2 \end{bmatrix} + \begin{bmatrix} 0 \\ -\dfrac{1}{m_s} \end{bmatrix} f$$

$$y = \begin{bmatrix} 1 & 0 \end{bmatrix} \begin{bmatrix} x_1 \\ x_2 \end{bmatrix}$$

显然该系统中直接传递矩阵 $\boldsymbol{D} = \boldsymbol{0}$(对大多数工程系统都是如此)。该系统的 MATLAB 编程如下:

```
k = 0.002;m = 0.001;ms = 1/3;c = 0.003;
A = [0,1;-k/m,-c/m];
```

$B = [0, -1/ms]'; C = [1, 0]; D = 0;$

$sys = ss(A, B, C, D)$

执行以上命令,在命令窗口中显示的结果为

sys =

  A =

        x1   x2

        x1   0   1

        x2 -2   -3

  B =

        u1

        x1   0

        x2   -3

  C =

        x1   x2

        y1   1   0

  D =

        u1

        y1   0

Continuous-time state-space model.

【说明】 x1、x2 为 MATLAB 默认的状态变量,y1、u1 分别为默认的系统输出和输入变量。

7.2.4 时间延迟系统模型

有时间延迟环节的系统传递函数模型为

$$G(s) = G_1(s)e^{-s\tau} \tag{7-4}$$

其中,$G_1(s)$ 为系统无延时部分的模型传递函数,τ 为延迟时间。MATLAB 建模如下:

$$sys = tf(num, den, 'InputDelay', tao)$$

$$sys = zpk(z, p, k, 'InputDelay', tao)$$

【说明】 'InputDelay'为关键词,也可写成'OuputDelay',对于线性 SISO 系统,二者是等价的。tao 为系统延迟时间 τ 的数值。

【例 7-5】 用 MATLAB 建立系统 $G(s) = e^{-2.5s}\dfrac{5(s+6)}{(s+3)(s-1)(2s+3)}$。

$z = -6; p = [-3\ 1\ -3/2]; k = 5; sys = zpk(z, p, k, 'inputdelay', 2.5)$

sys =

$$\exp(-2.5*s)*\frac{5(s+6)}{(s+3)(s+1.5)(s-1)}$$

Continuous-time zero/pole/gain model.

将'InputDelay'换为'OuputDelay',结果不变。

7.2.5 系统模型的转换

LTI 模型有传递函数(tf)模型、零极点增益(zpk)模型和状态空间(ss)模型,它们之间可以相互转换。转换函数的用法和说明如表 7-3 所示。

表 7-3 转换函数的用法和说明

函数用法	说明
tfsys = tf(sys)	将其他类型的模型转换为多项式传递函数模型
ssys = zpk(sys)	将其他类型的模型转换为 zpk 模型
sys_ss = ss(sys)	将其他类型的模型转换为 ss 模型
$[A, B, C, D]$ = tf2ss(num, den)	tf 模型参数转化为 ss 模型参数
$[num, den]$ = ss2tf(A, B, C, D, i)	ss 模型参数转化为 tf 模型参数,i 为对应第 i 路传递函数
$[z, p, k]$ = tf2zp(num, den)	tf 模型参数转化为 zpk 模型参数
$[num, den]$ = zp2tf(z, p, k)	zpk 模型参数转化为 tf 模型参数
$[A, B, C, D]$ = zp2ss(z, p, k)	zpk 模型参数转化为 ss 模型参数
$[z, p, k]$ = ss2zp(A, B, C, D, i)	ss 模型参数转化为 zpk 模型参数,i 为对应第 i 路传递函数

【例7-6】 模型转换演示:将例7-4 中的状态空间模型转换成零极点增益模型和传递函数模型。

systf = tf(sys) , syszpk = zpk(ss)

执行以上命令,命令窗口中显示的结果为

systf =

$$\frac{-3}{s\char`^2 + 3s + 2}$$

Continuous-time transfer function.

syszpk =

$$\frac{-3}{(s+1)(s+2)}$$

Continuous-time zero/pole/gain model.

当 f 为单位阶跃输入时,加速度计的输出如图 7-4 所示。由图可知,输入 6 s 后,加速度计的输出位移基本与输入作用力成比例,即与物体运动的加速度成比例。

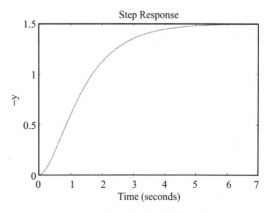

图 7-4 加速度计曲线的输出

7.2.6 系统模型参数的获取

利用 MATLAB 可方便地获取系统模型的参数,例如:

% 求模型 sys 的分子系数向量和分母系数向量,'v'为返回的数据向量

$[\,num,den\,]=tfdata\,(\,sys,'v')$

% 求模型 sys 的零点向量、极点向量和增益,'v'为返回的数据向量

$[\,z,p,k\,]=zpkdata\,(\,sys,'v')$

% 求模型的状态空间矩阵,得到连续系统参数

$[\,A,B,C,D\,]=ssdata(\,sys)$

【例7-7】 获取模型参数,系统模型为 $G(s)=\dfrac{2(s+3)}{(s+1)(s-2)(s+4)}$。

$sys=zpk(\,-3,[\,-1\ 2\ -4\,],2)$,$[\,num,den\,]=tfdata(sys,'v')$

执行以上命令,命令窗口中显示的结果为

sys =

$$\frac{2(s+3)}{(s+1)(s-2)(s+4)}$$

Continuous-time zero/pole/gain model.

num =

　　0　　　0　　　2　　　6

den =

　　1　　　3　　　-6　　　-8

【说明】 若省略'v',则结果为

num =

　　$[\,1\times4\ double\,]$

den =

　　$[\,1\times4\ double\,]$

输入命令$[\,A,B,C,D\,]=ssdata(\,sys)$

A =

　　-1.0000　　　1.4142　　　　　　0

　　　　0　　　2.0000　　　1.0000

　　　　0　　　　　0　　　-4.0000

B =

　　0

　　0

　　2

C =

　　1.4142　　　1.0000　　　　　　0

D =

    0

7.2.7　模型属性设置和获取

在 MATLAB 中,用命令 tf( )和 zpk( )生成的系统称为对象。每个对象都有属性。对象的属性可通过 MATLAB 函数 set( )设置,也可由函数 get( )获取。

set(sys , 'Propertyl' , Valuel , 'Property2' , Value2 , …)　　%设置模型对象属性

value = get(sys , 'PropertyName')或 get(sys)　　　　%获取模型对象属性

LTI 系统模型的有关通用属性如表 7-4 所示,有关专用属性如表 7-5 所示。

表 7-4　LTI 系统模型的有关通用属性

属性	描述	属性值
InputDelay	输入延迟	向量
InputName	输入通道名	字符串单元向量
Note	模型记录中注释	文本
OutputDelay	输出延迟	向量
OutputName	输出通道名	字符串单元向量

表 7-5　LTI 系统模型的有关专用属性

模型形式	属性	描述	属性值
TF 模型	Num	分子系数	行向量实型单元数组
	Den	分母系数	行向量实型单元数组
	Variable	传递函数变量	字符串's"p"z"q'
ZPK 模型	k	增益	实型矩阵
	p	极点向量	列向量实型单元数组
	z	零点向量	列向量实型单元数组
	Variable	传递函数变量	字符串's"p"z"q'

【例 7-8】　设置获取模型属性演示,系统模型为 $G(s) = \mathrm{e}^{-2s} \dfrac{2(s+1)}{(s+5)(s-3)(2s+7)}$。

z = -1 ; p = [-5 3 -7/2] ; k = 2 ; sys = zpk(z , p , k , 'inputdelay' , 2)

set(sys , 'inputname' , 'impulse' , 'outputname' , 'acceleration')

sys

get(sys)

执行以上命令,命令窗中显示的结果为

sys = From input "impulse" to output "acceleration":

$$\exp(-2*s)* \frac{2(s+1)}{(s+5)(s+3.5)(s-3)}$$

Continuous-time zero/pole/gain model.

Z: $\{[\,\text{-}1\,]\}$

P: $\{[\,3\times1\ \text{double}\,]\}$

K: 2

DisplayFormat: 'roots'

Variable: 's'

IODelay: 0

InputDelay: 2

OutputDelay: 0

Ts: 0

TimeUnit: 'seconds'

InputName: $\{\text{'impulse'}\}$

InputUnit: $\{''\}$

InputGroup: $[\,1\times1\ \text{struct}\,]$

OutputName: $\{\text{'acceleration'}\}$

OutputUnit: $\{''\}$

OutputGroup: $[\,1\times1\ \text{struct}\,]$

Name: ''

Notes: $\{\}$

UserData: $[\,]$

SamplingGrid: $[\,1\times1\ \text{struct}\,]$

7.3　系统仿真的 MATLAB 函数

7.3.1　数值积分方法的 MATLAB 函数

数值积分方法(数值解法),就是对一阶常微分方程(组)建立离散形式的数学模型——差分方程,并求出其数值解。根据已知的初值,可逐步递推算出后面各时刻的数值。采用不同的递推算法,就有不同的数值积分法。数值积分方法的选择与仿真的精度、速度、计算稳定性、自启动能力等密切相关,涉及因素较多,尚无确定的方法选择最好的积分形式。

对于用数值积分方法求解常系数微分方程(ordinary differential equation,简写为 ODE)或微分方程组,MATLAB 提供了七种解函数,其调用格式为

$[\,T,Y\,]=\text{ode45}(\,\text{'f'},\text{tspan},\text{y0},\text{options}\,)$

$[\,T,Y\,]=\text{ode23}(\,\text{'f'},\text{tspan},\text{y0},\text{options}\,)$

$$[T,Y] = ode113('f',tspan,y0,options)$$

$$[T,Y] = ode15s('f',tspan,y0,options)$$

$$[T,Y] = ode23s('f',tspan,y0,options)$$

$$[T,Y] = ode23t('f',tspan,y0,options)$$

$$[T,Y] = ode23tb('f',tspan,y0,options)$$

【说明】　'f'为常微分方程(组)或系统模型的文件名;tspan = [t0,tfinal]即积分时间初值和终值;y0 是积分初值;T 为计算时间点的时间向量;Y 为相应的微分方程解数据向量或矩阵;options 为可默认的选择项,由 odeset 函数设定。解函数的用法见例 7-12 和例 7-13。对于刚性微分方程(特征值相差较大),可用 ode15s,其调用格式与 ode45 相同。ode 函数只能用于求解一阶微分方程或一阶微分方程组。若系统的数学模型为高阶微分方程,则应将高阶微分方程转化成一阶微分方程组。因此,在用 MATLAB 的 ode 函数求解微分方程时,应首先建立描述系统模型的一阶微分方程(组)函数'f'。

最常用的解函数是 ode45(四阶 RK 算法,单步、变步长,用五阶 RK 算法估算局部截断误差),用于求解非刚性微分方程,对于大多数问题都能获得满意解。ode23,ode113 也为非刚性求解方法,ode15s,ode23s,ode23t 和 ode23tb 为刚性求解方法,具体说明见第 5 章。

【例 7-9】　已知系统运动微分方程及初始条件分别为

$$\begin{cases} \dot{y}_1 = y_2 y_3 \\ \dot{y}_2 = -y_1 y_3 \\ \dot{y}_3 = -2y_1 y_2 \end{cases} \quad \begin{cases} y_1(0) = 0 \\ y_2(0) = 0.5 \\ y_3(0) = -0.5 \end{cases}$$

求解时间区间 $t = [0,20]$ 上的微分方程的解。

(1) 建立描述系统微分方程的 M 函数文件 wf. m

```
function dy = wf(t,y)
dy = zeros(3,1);      %生成 3 行 1 列的零阵,先确定存储空间
dy(1) = y(2)*y(3);
dy(2) = -y(1)*y(3);
dy(3) = -2*y(1)*y(2);
```

(2) 编写调用函数 wf( )的 MATLAB 主程序并执行(图 7-5)

```
[T,y] = ode45('wf',[0,20],[0,0.5,-0.5]);      %调用 ode45 产生离散点时间向量和
```
解向量

```
plot(T,y(:,1),'r',T,y(:,2),'b*',T,y(:,3),'k-.')
legend('y1','y2','y3')
```

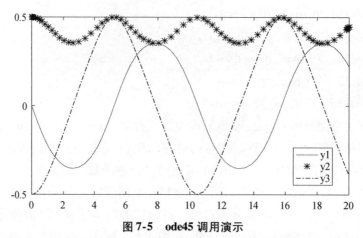

图 7-5　ode45 调用演示

【说明】　这种描述系统微分方程的函数与 ODE 函数配套使用,其格式固定。dy 为 3*1
数组,其维数等于微分方程的阶数。当求解高阶微分方程时,需先转化成一阶微分方程组再
使用 ODE 函数。

【例 7-10】　已知二阶微分方程:

$$\ddot{y} - (1 - y^2)\dot{y} + y = 0$$
$$y(0) = 0, \dot{y}(0) = 1$$

求解时间区间 $t = [0, 20]$ 上的微分方程的解。

(1) 将微分方程表示为一阶微分方程组(状态方程形式)

$$\begin{cases} y_1 = y \\ \dot{y}_1 = y_2 \\ \dot{y}_2 = (1 - y_1^2)y_2 - y_1 \end{cases} \tag{1}$$

(2) 建立描述系统微分方程的 M 函数文件 vdp. m

```
function dy = vdp(t,y)
dy = zeros(2,1);                    %生成 2 行 1 列的零阵
dy(1) = y(2);                       % ẏ₁ = y₂
dy(2) = (1-y(1)^2)*y(2)-y(1);       % ẏ₂ = (1-y₁²)y₂-y₁
```

(3) 编写 MATLAB 主程序

```
[T,Y] = ode45('vdp',[0 20],[0,1]);   % 调用 ode45 产生离散点时间向量和解向量
plot(T,Y(:,1),'r-',T,Y(:,2),'b:')
title('Solution')
xlabel('time s'),ylabel('Position Y')
legend('y1','y2')
```

运行结果如图 7-6 所示,其中 y1(实线)为微分方程的解。

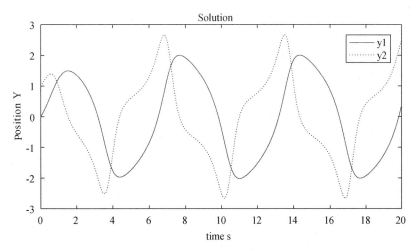

图 7-6　高阶微分方程调用 ode45

7.3.2　时间响应仿真的 MATLAB 函数

1. 阶跃响应

step(G,T)　　　　　　　%绘制系统 G 的阶跃响应曲线

[y,t,x] = step(G,T)　　　%得出系统 G 的阶跃响应数据

2. 脉冲响应

脉冲响应使用 impulse 函数命令绘制,命令格式与 step 函数相同。

3. 斜坡响应和加速度响应

斜坡响应 = 阶跃响应*1/s

加速度响应 = 阶跃响应*1/s^2

4. 任意输入响应

lsim(G,U,T)　　　　　　%绘制系统 G 的任意响应曲线

[y,t,x] = lsim(G,U,T)　　%得出系统 G 的任意响应数据

5. 零输入响应

initial(G,x0,T)　　　　　%绘制系统 G 的零输入响应曲线,G 必须是状态空间模型

[y,t,x] = initial(G,x0,T)　%得出系统 G 的零输入响应数据,x0 是初始条件

6. 离散系统响应

绘制离散系统响应的命令是与连续系统相应的函数命令,函数名前加"d"表示离散。

dstep(num,den)　　　　　%离散系统阶跃响应

dimpulse(num,den)　　　　%离散系统脉冲响应

dlsim(num,den,U)　　　　%离散系统的任意输入响应

dinitial(num,den,x0)　　　%离散系统的零输入响应

7.3.3　Simulink 仿真分析

只要绘制出系统 Simulink 结构模型,即可对系统进行仿真分析。例 7-10 的二阶微分方

程常用来说明非线性振荡,称之为范德蒙德方程。其特点为系统的阻尼比是振荡位置的函数,可以是正、负或0。

【例7-11】 将例7-10中一阶微分方程组(1)表示成图7-7所示的Simulink框图结构,即Simulink仿真模型。

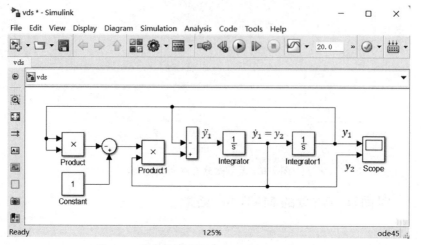

图7-7 范德蒙德方程的 Simulink 框图模型

设置仿真参数对话框中【Data Import/Export】选项的【Initial state】子项为[0 1],运行得到图7-8所示的波形,与图7-6完全一致。

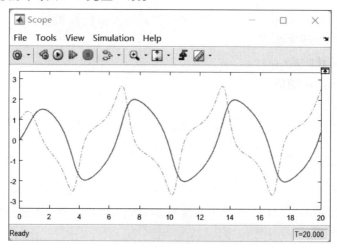

图7-8 范德蒙德方程 Simulink 仿真演示

将上述 Simulink 模型框图以文件名 vds. mdl 保存后,Simulink 就会利用该框图中的信息生成一个 S-函数(. mdl 文件),相应的 S-函数被记录到磁盘上,每个框图都有一个与之同名的 S-函数。当在模型窗中运行仿真时,MATLAB 并非去解释运行该 mdl 文件,而是运行保存于 Simulink 内存中的 S-函数映像文件。在 MATLAB 命令窗口中执行以下命令:

>>[sys,x0] = vds([ ],[ ],[ ],0) % flag =0,调用 S-函数,返回系统阶次信息和初始状态结果显示:

sys =

    2

    0

    0

    0

    0

    0

    1

x0 =

    0

    1

    sys 各分量说明,该系统有 2 个连续状态,没有离散状态以及输入和输出变量,没有不连续的根(状态是连续变化的),也没有代数环;变量 x0 为 2 个状态的初始值。

【例 7-12】 一由伺服阀控制的对称液压缸的电液位置伺服系统如图 7-9 所示,试对其用多种方法进行仿真分析。图中 x_p 为负载 m 的位移输出;液压缸工作面积 $A_p = 6 \times 10^{-3}$ m^2;p_1,p_2 分别为液压缸两腔的压力;p_s 为系统供油压力;r 为指令信号;k_f 为位移传感器增益;控制器参数 $k_v = 3.4 \times 10^{-8}$ $\mathrm{m}^4\mathrm{N}^{-1/2}\mathrm{V}^{-1}\mathrm{s}^{-1}$;$u_p$ 为伺服阀输入控制单元。

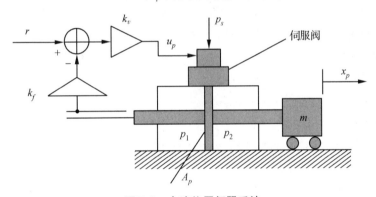

图 7-9 电液位置伺服系统

其动力学方程如下:

伺服阀流量方程为

$$Q_l = k_v u_p \sqrt{p_s - \mathrm{sgn}(u_p)p_l} = \begin{cases} k_v u_p \sqrt{p_s - p_l}, & u_p > 0 \\ k_v u_p \sqrt{p_s + p_l}, & u_p < 0 \end{cases} \tag{1}$$

对称液压缸流量连续方程为

$$Q_l = A_p \dot{x}_p + c_l p_l + b_v \dot{p}_l \tag{2}$$

负载力平衡方程为

$$F = m\ddot{x}_p = A_p p_l \tag{3}$$

控制信号为

$$u_p = 200(r - k_f x_p) \tag{4}$$

式中,sgn 为符号函数,$p_l = p_1 - p_2$ 为负载压力,液压缸总泄漏系数 $c_l = 7 \times 10^{-12}$ m^{5}N^{-1}s^{-1},油液压缩系数 $b_v = 7 \times 10^{-12}$ mN^{-1},$m = 15$ kg,$k_f = 10$ V/m。求当 p_s 分别为 2×10^6 N/m^2,5×10^6 N/m^{2}时,系统对正弦信号 $r(t) = 2\sin(6\pi t)$ 的响应。

第一种方法:

① 建立一阶微分方程组。

设 $x_1 = x_p, x_2 = \dot{x}_p, x_3 = p_l$,可以列出 3 个一阶微分方程,

$$\begin{cases} \dot{x}_1 = x_2 \\ \dot{x}_2 = \dfrac{A_p}{m}x_3 \; [\text{由}(3)\text{式得到}] \\ \dot{x}_3 = -\dfrac{A_p}{b_v}x_2 - \dfrac{c_l}{b_v}x_3 + \dfrac{k_v}{b_v}\sqrt{p_s - \mathrm{sgn}(u_p)x_3}\; u_p \; [\text{由}(1)-(2)\text{式得到}] \end{cases} \quad (5)$$

将(4)式代入已知量得 $u_p = 200(2\sin(6\pi t) - 10x_p)$。

由题意得到 3 个变量的初始值:$x_1(0) = 0, x_2(0) = 0, x_3(0) = 0$。

② 建立描述系统微分方程的 M 函数文件 dywz.m。由于 p_s 可能取不同的值,为避免对每一个 p_s 都建立一个 M 函数文件,可采用带参数的 ODE 函数的调用。

```
function dx = dywz(t,x,flag,ps)          % 带 ps 参数的 ODE 函数的调用
kv = 3.4e-8;Ap = 0.006;ct = 7e-12;bv = 7e-12;m = 25
dx = zeros(3,1);                         % 生成 3 行 1 列的零阵
up = 200*(2*sin(6*pi*t)-10*x(1));
dx(1) = x(2);                            % ẋ1 = x2
dx(2) = Ap/m*x(3);                       % ẍp 的表达
dx(3) = -Ap/bv*x(2)-cl/bv*x(3)+up*kv/bv*sqrt(ps-sign(up)*x(3));  % ṗ1 的表达
```

【说明】 程序第一行中的 flag 是一个占位项,用于在主程序中对其进行调用时填入初值"tspan,y0";ps 是附加变量,由 ODE 函数传入。

③ 编写 MATLAB 主程序并执行,结果如图 7-10 所示。

```
tspan = [0,0.7];x0 = [0,0,0];
ps = 2e6;[T1,X1] = ode45('dywz',tspan,x0,odeset,ps);   % 由 odeset 函数设定 ps = 2MPa
ps = 5e6;[T2,X2] = ode45('dywz',tspan,x0,odeset,ps);   % 由 odeset 函数设定 ps = 5MPa
% 不同供油压力下系统位移输出比较
plot(T1,X1(:,1),'r',T2,X2(:,1),'b-.')
legend('Ps = 2MPa','Ps = 5MPa')
xlabel('t(s)'),ylabel('x(m)')
```

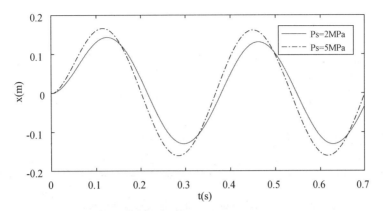

图 7-10　电液位置伺服系统在不同供油压力下的响应曲线

由图 7-10 可知,增加供油压力 p_s 可提高系统的响应速度和控制精度。此外,调用 ode45 不仅可求出系统的输出位移,还可求出活塞的运动速度和负载压力。执行以下命令:

plotyy(T1,X1(:,2),T1,X1(:,3))

text(0.4,2.5,'\leftarrow 负载速度')

text(0.3,-1.8,'负载压力\rightarrow')

xlabel('t(s)')

即可绘出系统在 2 MPa 供油压力下的负载速度与负载压力曲线,如图 7-11 所示。

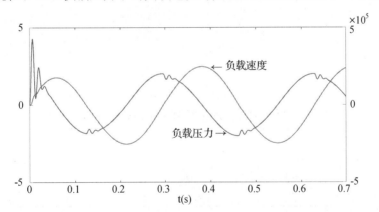

图 7-11　电液位置伺服系统在 2 MPa 供油压力下的负载速度与负载压力曲线

由图 7-11 可看出,当负载速度过零时,负载压力会发生抖动,这是由于伺服阀在此时发生切换(伺服阀的阀芯过零位)的缘故。

第二种方法:

在 Simulink 环境下,根据动力学方程绘制结构图模型,如图 7-12 所示。图中 Scope 显示负载位移,Scope1 显示负载压力,Scope2 同时显示负载压力和负载速度。

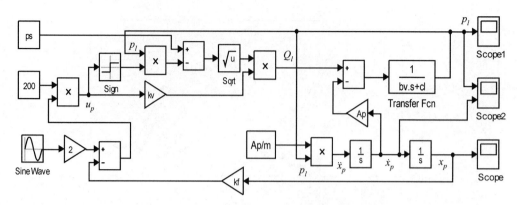

图 7-12 电液位置伺服系统 Simulink 仿真模型

设定仿真时间为 0.7 s,正弦函数发生器幅值为 1,角频率为 6π rad/s。在模型属性中输入已知初始参数,当 ps 为 2 MPa 时,负载位移波形显示如图 7-13 所示。负载速度和压力波形如图 7-14 所示。

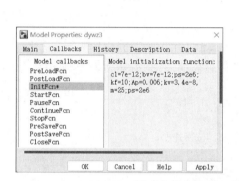
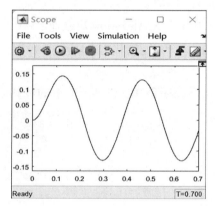

图 7-13 模型参数设置及在 2 MPa 供油压力下的响应曲线

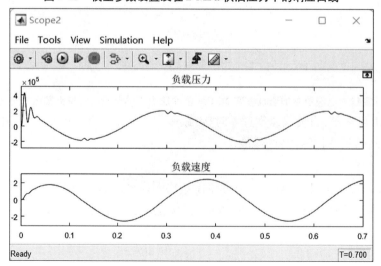

图 7-14 电液位置伺服系统在 2 MPa 供油压力下的负载速度与负载压力曲线

从图形可以看出两种方法的仿真结果完全一致。

第三种方法：

先借助 S-函数模板对动力学方程进行建模,然后建立 Simulink 仿真模型进行仿真。系统动力学方程的 M 文件 S-函数如下：

```
% dywz2. m
function [sys,x0,str,ts] = dywz2(t,x,u,flag,ps)
switch flag,
  % Initialization %
  case 0,
    [sys,x0,str,ts] = mdlInitializeSizes;         %初始化
  case 1,
    sys = mdlDerivatives(t,x,u,ps);               %计算连续系统状态向量
  % Update %
  case 2,
    sys = [ ];
  case 3,
    sys = mdlOutput(t,x,u);                        %计算系统输出
  case 4,
    sys = mdlGetTimeOfNextVarHit(t,x,u);
  case 9,
    sys = [ ];
  otherwise
    error(['unhandledFlag',num2str(flag)]);
end
function [sys,x0,str,ts] = mdlInitializeSizes      %初始化子函数
sizes = simsizes;
sizes. NumContStates    = 3;                       %设置连续状态变量个数
sizes. NumDiscStates    = 0;
sizes. NumOutputs       = 1;                       %设置输出变量个数
sizes. NumInputs        = 0;                       %设置输入变量个数
sizes. DirFeedthrough   = 1;
sizes. NumSampleTimes   = 1;
sys = simsizes(sizes);
x0 = [0 0 0];                                      %设置零初值状态
str = [ ];
ts = [0 0];
```

function sys = mdlDerivatives(t,x,u,ps)

cl = 7e-12;bv = 7e-12;kf = 10;Ap = 0. 006;kv = 3. 4e-8,m = 25;

up = 200∗(2∗u-10∗x(1));

sys(1) = x(2);

sys(2) = Ap/m∗x(3);

if abs(x(3)) > ps

x(3) = sign(x(3))∗ps

end

sys(3) = -Ap/bv∗x(2)-cl/bv∗x(3) + up∗kv/bv∗sqrt(ps-sign(up)∗x(3));

function sys = mdlOutput(t,x,u)

sys = x(1);sys = x(2);sys = x(3);　　　　　　%分别得到负载位移、负载速度和压力曲线

将该程序保存为 dywz2. m。在 Simulink 中建立如图 7-15(a)所示的仿真模型,其中的 S-函数模块名即为 dywz2,它有与 S-函数 dywz2 对应的一个输入和一个输出,输入接正弦函数发生器(幅值为 1,角频率为 6π rad/s)作为指令信号 r(t)。双击 S-函数模块 dywz2,弹出如图 7-15(b)所示的参数对话框,在【S-function parameters】文本框中输入"5e6",并在 Simulink 仿真参数对话框中设置仿真运行时间为 0. 7 s,然后运行该仿真模型,结果显示如图 7-16 所示。

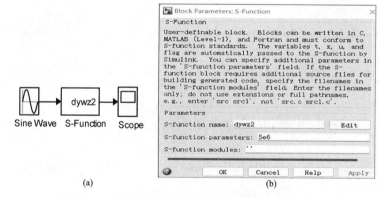

(a)

图 7-15　电液位置伺服系统 S-函数仿真参数设置

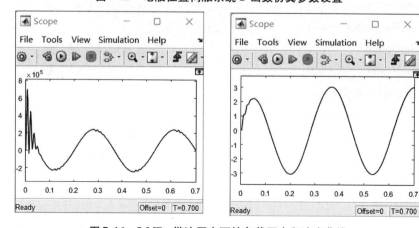

图 7-16　5 MPa 供油压力下的负载压力和速度曲线

当外部参数较多时,可利用子系统封装命令将 S-函数模块封装成一个真正的 Simulink 模块。S-函数内容十分丰富。例如,用 C、C++ 编写的 S-函数可通过访问操作系统直接驱动与计算机相连的硬件系统等,读者可参考有关文献(如[14]和[15])做进一步的了解。

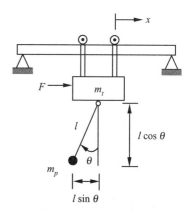

图 7-17 悬吊式起重机结构简图

【**例 7-13**】 悬吊式起重机动力学仿真。图 7-17 所示为一悬吊式起重机结构简图,设 $m_t, m_p, I, c, l, F, x, \theta$ 分别为起重机的小车质量、吊重、吊重惯量、等价黏性摩擦系数、钢丝绳长(不计绳重)、小车驱动力、小车位移以及钢丝绳的摆角。若已知 $m_t = 50$ kg, $m_p = 270$ kg, $l = 4$ m, $c = 20$ N/($\mathrm{m \cdot s^{-1}}$),试绘制系统在初始状态 $x(0) = 0, \dot{\theta}(0) = 0.01$ rad/s 作用下 x 和 θ 的变化过程曲线。

第一种方法:

由受力分析可得以下力(力矩)平衡方程:

小车水平方向受力方程为

$$m_t \ddot{x} = F - c\dot{x} - m_p \frac{\mathrm{d}^2}{\mathrm{d}t^2}(x - l\sin\theta) \tag{1}$$

吊绳垂直方向受力方程为

$$P - m_p g = m_p \frac{\mathrm{d}^2}{\mathrm{d}t^2}(l - l\cos\theta) \tag{2}$$

小车的力矩平衡方程为

$$m_p l \frac{\mathrm{d}^2}{\mathrm{d}t^2}(x - l\sin\theta)\cos\theta - Pl\sin\theta = I\ddot{\theta} \tag{3}$$

由(2)和(3)式消去 P(吊重与小车的相互作用力在垂直方向上的分量),则有

$$(I + m_p l^2)\ddot{\theta} + m_p g l\sin\theta = m_p l \ddot{x}\cos\theta \tag{4}$$

为便于建模,将起重机动力学方程(1)和(4)分别改写为

$$\ddot{x} = \frac{F - c\dot{x} + m_p l(\ddot{\theta}\cos\theta - \dot{\theta}^2\sin\theta)}{m_t + m_p} \tag{5}$$

$$\ddot{\theta} = \frac{m_p l(\ddot{x}\cos\theta - g\sin\theta)}{I + m_p l^2} \tag{6}$$

由(5)和(6)式可建立如图 7-18 所示的起重机 Simulink 模型:

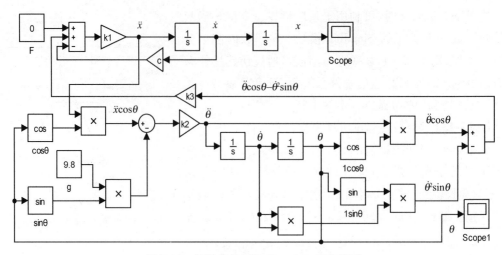

图 7-18   悬吊式起重机 Simulink 仿真模型

图中，$k_1 = \dfrac{1}{m_t + m_p}$，$k_2 = \dfrac{m_p l}{I + m_p l^2}$，$k_3 = m_p l$。

在运行仿真模型前，须先计算出 k_1，k_2 和 k_3。设 $m_t = 50$ kg，$m_p = 270$ kg，$l = 4$ m，$c = 20$ N/(m·s^{-1})，$I = m_p l^2$（计算吊重的转动惯量），在 MATLAB 命令窗中输入这些参数，或者在 Simulink 模型初始化参数框输入。

设置仿真时间为 200 s，启动 Simulink 仿真，则由小车位移示波器和吊重摆角示波器，可观察到系统在初始状态 $x(0) = 0$，$\dot{x}(0) = 0$，$\theta(0) = 0.01$ rad/s，$\dot{\theta}(0) = 0$ 作用下 x，θ 的变化过程曲线分别如图 7-19 和图 7-20 所示。

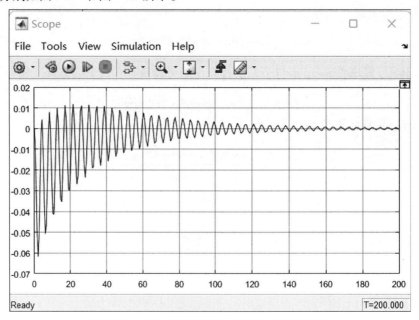

图 7-19   悬吊式起重机小车位移变化过程曲线

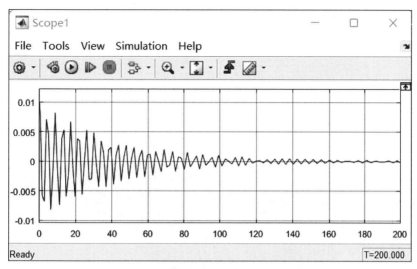

图 7-20 悬吊式起重机吊重摆角变化过程曲线

第二种方法:用 ODE 函数求解微分方程。

将(1)和(4)式在 $\theta=0$ 处进行线性化,可以得到系统的线性化方程。

$$\begin{cases} (m_t + m_p)\ddot{x} + c\dot{x} - m_p l\,\ddot{\theta} = F \\ (I + m_p l^2)\,\ddot{\theta} + m_p gl\theta = m_p l\,\ddot{x} \end{cases} \tag{7}$$

① 建立一阶微分方程组。设 $x_1 = x, x_2 = \dot{x}, x_3 = \theta, x_4 = \dot{\theta}$,可以列出 4 个一阶微分方程,将(7)式写成 $\ddot{x} = f_1(x,\dot{x},\theta,\dot{\theta})$,$\ddot{\theta} = f_2(x,\dot{x},\theta,\dot{\theta})$。

② 建立描述系统微分方程的 M 函数文件 qzj1. m。由于 F 可能取不同的值,为避免对每一个 F 都建立一个 M 函数文件,可采用带参数的 ODE 函数的调用。

```
function dx = qzj1(t,x,flag,F)               % 带 F 参数的 ODE 函数的调用
mt = 50;mp = 270;l = 4;c = 20;g = 9.8;I = mp*l^2;
dx = zeros(4,1);                             % 生成 4 行 1 列的零阵
A = mp + mt;B = -mp*l;C = I + mp*l^2;M = F-c*x(2);N = -mp*g*l*x(3)
dx(1) = x(2);                                % x̊₁ = x₂
dx(2) = (M*C-B*N)/(A*C-B^2);                 % ẍ 的表达
dx(3) = x(4);                                % x̊₃ = x₄
dx(4) = (A*N-B*M)/(A*C-B^2);                 % θ̈ 的表达
```

【说明】 程序第一行中的 flag 是一个占位项,用于在主程序中对其进行调用时填入初值"tspan,y0";F 是附加变量,由 ODE 函数传入。

③ 编写调用函数 qzj1() 的主程序并执行,得到小车位移和吊重摆角曲线,如图 7-21 所示。

```
F = 0;[T,X] = ode45('qzj1',[0 200],[0 0 0.01 0],odeset,F);   % 由 odeset 函数设定不同 F
```

subplot 121,plot(T,X(:,1)),   %绘制小车位移曲线

subplot 122,plot(T,X(:,3))   %绘制钢丝绳摆角曲线

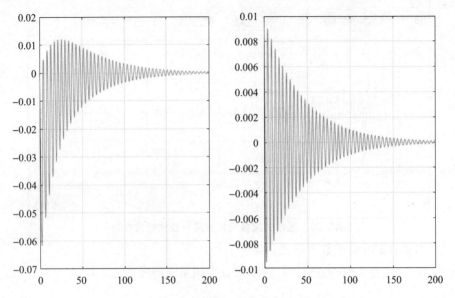

图7-21　悬吊式起重机小车位移和吊重摆角曲线

【例7-14】　初始状态为 0 的三阶微分方程 $2y''' + 3y'' + 5y' + y = u'(t) + 5u(t)$,其中输入 $u(t)$ 是单位阶跃函数,分别用 Simulink 模块化编程中 3 种模块建模和 MATLAB 函数得到输出图形。

第一种方法:分别用积分器模块、微分模块、增益模块和求和模块直接构造求解微分方程的模型、传递函数模块、状态空间模块构建 Simulink 模型。

① $2y''' + 3y'' + 5y' + y = u'(t) + 5u(t)$。

② 选择状态变量 $x_1 = y, x_2 = \dot{y}, x_3 = \ddot{y}$。

③ 高阶微分方程化为一阶微分方程组:

$$\dot{x}_1 = \dot{y} = x_2$$

$$\dot{x}_2 = \ddot{y} = x_3$$

$$\dot{x}_3 = \dddot{y} = (-x_1 - 5x_2 - 3x_3 + u'(t) + 5u(t))/2$$

④ 由于输入有导数项,对方程两端进行拉氏变换,得到传递函数模型参数:

$$\frac{Y(s)}{U(s)} = \frac{s+5}{2s^3 + 3s^2 + 5s + 1}$$

⑤ $\dfrac{Y(s)}{U(s)}\dfrac{Z(s)}{Z(s)} = \dfrac{s+5}{2s^3 + 3s^2 + 5s + 1}, \dfrac{Z(s)}{U(s)} = \dfrac{1}{2s^3 + 3s^2 + 5s + 1}, \dfrac{Y(s)}{Z(s)} = s+5$

⑥ $2\dddot{z} + 3\ddot{z} + 5\dot{z} + z = u, y = \dot{z} + 5z$

⑦ 设 $x_1 = z, x_2 = \dot{z}, x_3 = \ddot{z}$

$$⑧ \begin{bmatrix} \dot{x}_1 \\ \dot{x}_2 \\ \dot{x}_3 \end{bmatrix} = \begin{bmatrix} 0 & 1 & 0 \\ 0 & 0 & 1 \\ -1/2 & -5/2 & -3/2 \end{bmatrix} \begin{bmatrix} x_1 \\ x_2 \\ x_3 \end{bmatrix} + \begin{bmatrix} 0 \\ 0 \\ 1/2 \end{bmatrix} u, y = \begin{bmatrix} 5 & 1 & 0 \end{bmatrix} \begin{bmatrix} x_1 \\ x_2 \\ x_3 \end{bmatrix}$$

$$⑨ \textbf{\textit{A}} = \begin{bmatrix} 0 & 1 & 0 \\ 0 & 0 & 1 \\ -1/2 & -5/2 & -3/2 \end{bmatrix}, \textbf{\textit{B}} = \begin{bmatrix} 0 \\ 0 \\ 1/2 \end{bmatrix}, \textbf{\textit{C}} = \begin{bmatrix} 5 & 1 & 0 \end{bmatrix}, \textbf{\textit{D}} = \textbf{0} \ \text{为状态空间模型的参数。}$$

状态空间和传递函数模块参数设置如图 7-22 所示。

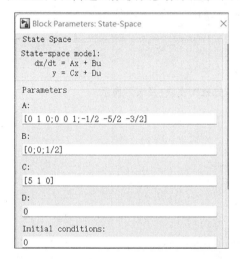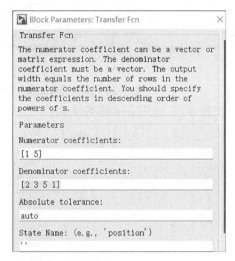

图 7-22　状态空间和传递函数模块参数设置

图 7-23(a)最上面是用微分积分器模块构建的模型,在图 7-23(b)中显示的波形是虚线,可以看出与传递函数模型、状态空间模型有一定偏差。因为在控制系统中理想微分环节在物理上不可实现的,纯微分的高频增益大。因此,常常做一些近似模拟,通常的做法是对理想微分串联一个一阶惯性环节(一阶低通滤波器),使得在低频时表现出良好的近似微分特性。

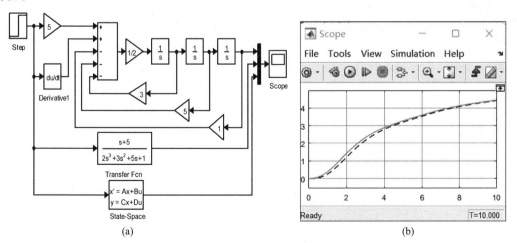

图 7-23　Simulink 3 种模型及波形显示

图 7-24 用传递函数模块近似代替微分模块后, 3 种形式模型的输出波形完全重合。

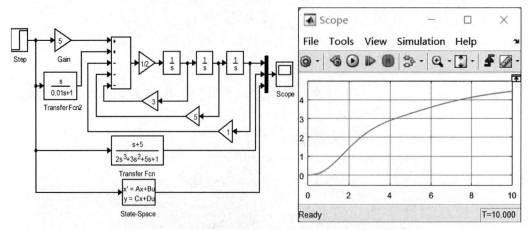

图 7-24 Simulink 3 种模型(微分替代模块)及波形显示

第二种方法:使用 step 函数实现。

$G = tf([1,5],[2\ 3\ 5\ 1]), step(G,10)$

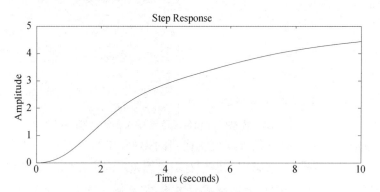

图 7-25 step 函数波形显示

第三种方法:使用拉氏反变换 ilaplace 函数,并绘制曲线。

$syms\ s; sys = (s+5)/(s*(2*s^3+3*s^2+5*s+1));$

$a = ilaplace(sys), t = 0:0.1:10; y = subs(a,t); plot(t,y)$

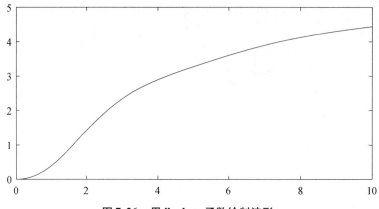

图 7-26 用 ilaplace 函数绘制波形

第四种方法:使用 lsim 函数绘制单位阶跃输入下的响应。

G = tf([1,5],[2 3 5 1]);t = [0.1:0.1:10];u = heaviside(t);lsim(G,u,t),grid on

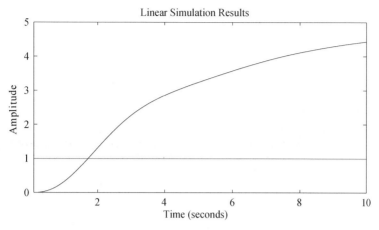

图 7-27　lsim 函数波形显示

由上述四个图形可以看出,几种方法最终的结果完全一致。

7.3.4　时域分析

时域分析即时间响应分析,主要是研究在时域内系统对输入和扰动的瞬态行为。系统的特征参数,如上升时间、过渡过程时间、超调量以及静态误差等,都能从时间响应上反映出来。控制系统工具箱提供了丰富的可用于控制系统时间响应分析的工具函数。MATLAB 时域分析函数如表 7-6 所示。

表 7-6　MATLAB 时域分析函数

函数	功能	使用格式	说明
step	计算连续系统的单位阶跃响应	step(num,den,t) step(G,t)	绘制由传递函数 $G(s) = \dfrac{num(s)}{den(s)}$ 描述的系统阶跃响应曲线,t 为仿真终止时间,若省略则由系统默认
		[y,t] = step(G)	返回仿真输出的格式,不绘制仿真曲线,返回仿真时间向量 t 和输出响应 y
		step(G1,'g - ',G2,'yx',…,t)	绘制多个系统的单位阶跃响应曲线,可定义颜色、线型和标志
implulse	计算连续系统的单位脉冲响应	implulse(num,den,t) impulse(G,t)	绘制由传递函数 $G(s) = \dfrac{num(s)}{den(s)}$ 描述的系统脉冲响应曲线,t 为仿真终止时间,若省略则由系统默认
		[y,t] = impulse(G)	返回仿真输出的格式,不绘制仿真曲线,返回仿真时间向量 t 和输出响应 y
		impulse(G1,'g - ',G2,'yx',…,t)	绘制多个系统的单位脉冲响应曲线,可定义颜色、线型和标志

续表

函数	功能	使用格式	说明
initial(G,x0,t)	计算零输入条件下,由初始状态 x0 引起的响应	initial(G,x0,t)	绘制由状态空间模型 G(s)描述的系统在初始状态 x0 作用下的时间响应曲线,t 为仿真终止时间,若省略则由系统默认
		$[y,t,x]=intial(G,x0)$	返回仿真输出的格式,不绘制仿真曲线,返回仿真时间向量 t、输出响应 y 和系统状态向量的响应 x
		initial(G1,'g - ',G2,'yx',$\cdots$,x0,t)	绘制多个系统的初始状态响应曲线,可定义颜色、线型和标志
lsim	计算连续系统的任意输入响应	lsim(G,u,t)	绘制由传递函数 G(s)描述的系统对任意输入 u 的响应曲线,可指定时间 t
		lsim(G1,G2,$\cdots$,u,t)	绘制多个系统对任意输入 u 的响应曲线,可指定时间 t
		$[y,t]=lsim(G,u,t)$	不绘制仿真曲线,返回仿真时间向量 t 和输出响应 y
		$[y,t,x]=lsim(G,u,t,x)$	该格式不绘制响应曲线,适用于状态空间模型,返回仿真时间向量 t、输出响应 y 和对应的状态向量 x

【例 7-15】 已知典型二阶系统模型 $G(s)=\dfrac{\omega_n^2}{s^2+2\zeta\omega_n s+\omega_n^2}$,求在 $\omega_n=1$,阻尼比 ζ 取不同值时该系统的单位阶跃响应、单位脉冲响应。(1) $0<\zeta<1$;(2) $\zeta=1$;(3) $\zeta>1$;(4) $\zeta=0$。

```
num = [0 0 1];
den1 = [1 0.4 1];          % ζ = 0.2
den2 = [1 2 1];            % ζ = 1
den3 = [1 4 1];            % ζ = 2
den4 = [1 0 1];            % ζ = 0
subplot(221),step(num,den1,35),legend(' ζ = 0.2'),grid on
subplot(222),impulse(num,den2),legend(' ζ = 1'),grid on
subplot(223),step(num,den3),legend(' ζ = 2'),grid on
subplot(224),impulse(num,den4,40),legend(' ζ = 0'),grid on
```

上述程序执行后,得到阻尼比取不同值时的单位阶跃响应曲线和单位脉冲响应曲线,如图 7-28 所示。

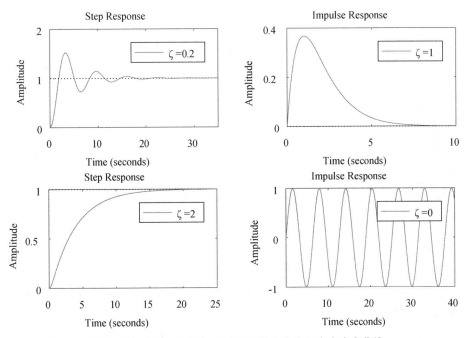

图 7-28　不同 ζ 的单位阶跃响应曲线和单位脉冲响应曲线

【**例 7-16**】　已知典型二阶系统模型 $G(s) = \dfrac{\omega_n^2}{s^2 + 2\zeta\omega_n s + \omega_n^2}$，当 $\zeta = 0.5$，$\omega_n = 10,30,50$

时，求系统的阶跃响应曲线。

```
zeta = 0.5;i = 0;
for wn = 10:20:50
num = wn^2;den = [1,2*zeta*wn,wn^2];
sys = tf(num,den);
i = i + 1;
step(sys,2)
hold on,grid
end
hold off
title('wn 变化时系统的阶跃响应曲线')
```

上述程序执行后，得到二阶系统 ω_n 取不同值时的单位阶跃响应曲线，如图 7-29 所示。

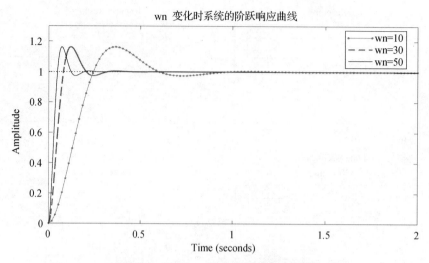

图 7-29   不同 ω_n 的单位阶跃响应曲线

由图 7-29 可见,当 ζ 一定时,随着 ω_n 增大,系统响应加速,振荡频率增大,系统调整时间缩短,但是超调量没变化。

【例 7-17】 绘制以下分别用状态空间模型和传递函数模型描述的两个系统的单位阶跃响应曲线,以及状态空间模型在初始状态 $x_0 = (1 \quad 2)^{\mathrm{T}}$ 作用下的时间响应曲线。

$$系统 1:\begin{pmatrix} \dot{x}_1 \\ \dot{x}_2 \end{pmatrix} = \begin{pmatrix} -0.123 & -0.743 \\ 0.567 & 0 \end{pmatrix} \begin{pmatrix} x_1 \\ x_2 \end{pmatrix} + \begin{pmatrix} 1 \\ 0 \end{pmatrix} u, y = (1.657 \quad 4.56) \begin{pmatrix} x_1 \\ x_2 \end{pmatrix}$$

$$系统 2:G(s) = \frac{3000}{s^4 + 40s^3 + 440s^2 + 300s + 584}$$

```
A = [-0.123 -0.743;0.567 0];
B = [1 0]';C = [1.657 4.56];D = 0;
sys1 = ss(A,B,C,D);                      %生成系统 1(状态空间模型)
x0 = [1;2];
subplot(121),initial(sys1,x0,100)        %初始状态响应曲线
num = [3000];den = [1 40 440 300 584];
sys2 = tf(num,den);                      %生成系统 2(传递函数模型)
subplot(122),step(sys1,'r',sys2,'b-.')   %绘制多系统单位阶跃响应曲线
legend('状态空间模型','传递函数模型')
```

上述程序执行后,得到零输入响应和多系统单位阶跃响应曲线,如图 7-30 所示。

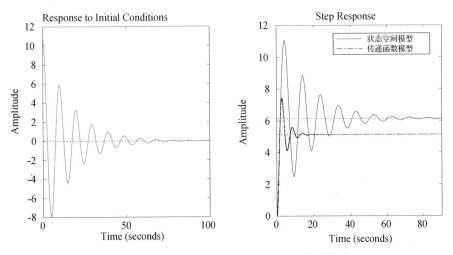

图 7-30　零输入响应和多系统单位阶跃响应曲线

【例 7-18】　当输入信号为 $u(t) = 5 + 2t + 8t^2$ 时,求系统 $G(s) = \dfrac{2}{s^3 + 2s^2 + 3s + 5}$ 的输出响

应曲线。

$\text{num} = 2 ; \text{den} = [1\ 2\ 3\ 5] ; G = \text{tf}(\text{num},\text{den}) ;$

$t = [0 : 0.1 : 10] ; u = 5 + 2*t + 8*t.\char`\^2 ;$

$\text{lsim}(G, u, t) , \text{hold on} , \text{plot}(t, u, 'r:') ;$

运行结果如图 7-31 所示。

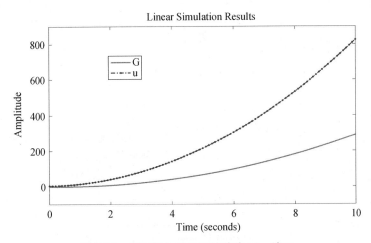

图 7-31　任意输入信号下的响应 lsim 演示

7.3.5　根轨迹分析

随着传递函数中某个参数从 $0 \to \infty$ 时,闭环系统特征方程的特征根(也就是闭环极点)在 [s] 平面上移动的轨迹称为根轨迹。这里的"某个参数"通常是开环增益 K,此时是常规根轨迹。如果变化的参数不是 K 而是其他参数,那么叫作广义根轨迹或参数根轨迹。根轨迹

的起点是开环传递函数的极点,终点是开环传递函数的零点,一个极点对应一个零点,一个起点对应一个终点。如果极点个数大于零点个数,那么有部分根轨迹的终点变为无穷远处,这时称为无限零点,开环极点比零点多几个,就有几个无限零点。

系统闭环特征方程的根满足:

$$1 + G(s)H(s) = 0 \qquad K^* \frac{\prod\limits_{j=1}^{m}(s-z_j)}{\prod\limits_{i=1}^{n}(s-p_i)} = -1$$

此式称为系统的根轨迹方程。式中,K^* 为根轨迹增益,与开环增益 K 成比例;z_j 为开环传递函数的零点;p_i 为开环传递函数的极点。

根轨迹的分支数等于特征方程的阶次,也即开环零点数 m 和开环极点数 n 中的较大者。根轨迹是以实轴为对称轴的连续曲线。根轨迹起始于开环极点,终止于开环零点。如果开环零点数目 m 小于开环极点数目 n,则有 $n-m$ 条根轨迹终止于无穷远处。实轴上属于根轨迹的部分,其右边开环零点、极点的个数之和为奇数。如果系统的有限开环零点数 m 少于其开环极点数 n,那么当根轨迹增益 $K^* \to \infty$ 时,趋向无穷远处根轨迹的渐近线共有 $n-m$ 条。

使用 MATLAB 软件可以很方便地求解高阶系统特征方程的根并直接绘制系统的根轨迹。MATLAB 提供了绘制系统根轨迹以及计算给定根的根轨迹增益的函数,如表7-7 所示。这些函数能够简单快捷地绘制根轨迹或进行有关根轨迹的计算。

表 7-7   LTI 系统的根轨迹分析函数

函数	功能	使用格式	说明
rlocus	绘制系统的根轨迹	rlocus(num,den,k) rlocus(G)	绘制系统的根轨迹图,或按指定的反馈增益向量 k 绘制系统的根轨迹图
		[r,k] = rlocus(G)	不绘制曲线,返回系统根位置的复数矩阵 r 及其相应的增益向量 k
rlocfind	计算给定一组根的系统根轨迹增益	[k,poles] = rlocfind(G)	命令执行后,在根轨迹图形窗口显示十字形光标,当选择根轨迹上某一点时,k 记录其相应的增益,与增益相对应的所有极点记录在 poles 中
		[k,poles] = rlocfind(G,p)	对指定根 p 计算对应的增益 k 与极点 poles
pzmap	绘制系统的零极点图	pzmap(num,den) pzmap(p,z)	绘制系统的零极点图,"×"表示极点,"o"表示零点
		[p,z] = pzmap(num,den)	不绘制图,返回系统零极点数据,零点和极点数据保存在 z 和 p 中

rlocus 函数不带返回值时直接绘制出系统的根轨迹,带返回值时给出一组极点与增益 (r,k) 的对应数据。其中 G 为开环系统的传递函数数学模型,k 为用户自由选择的增益向量。若指定了 k 的取值范围,则该函数输出指定增益 k 所对应的 r 值。每条根轨迹以不同的颜色来区别。

需要注意的是:函数 pzmap(G)中的系统 G 是闭环系统传递函数,而函数 rlocus(G)中的系统 G 是开环系统传递函数。

　　函数 rlocfind 用于求解根轨迹上指定点处的开环增益,同时获得该增益条件下所有的闭
环极点。在执行这条命令前必须先执行一次 rlocus 函数绘制根轨迹,这样在 rlocfind 执行
后,根轨迹的图形窗口中光标变成大十字形,根据鼠标的提示进行定位,在根轨迹图上直接
选取感兴趣的点,获得对应的增益值。该函数自动将所选点对应的所有闭环极点直接在根
轨迹图上进行标识。系统工作空间和命令窗口将返回所选择点对应的开环增益 k,同时返回
增益 k 条件下的闭环极点。

　　【例 7-19】　设系统开环传递函数为 $G(s) = \dfrac{K(s^2 + 2s + 3)}{(s+1)^4}$,绘制系统的零极点图、根轨

迹,并计算给定一组根的系统根轨迹增益。

g1 = tf([1 2 3],1);g2 = zpk([],[-1 -1 -1 -1],1);g = g1*g2;

pole(g),zero(g),rlocus(g),[k,poles] = rlocfind(g)

系统根轨迹如图 7-32 所示。

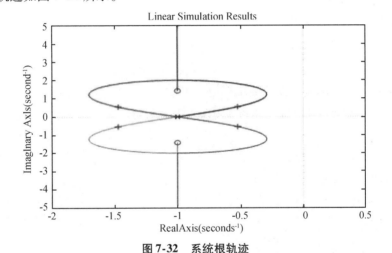

图 7-32　系统根轨迹

ans =

　　-1

　　-1

　　-1

　　-1

ans =

　　-1.0000 + 1.4142i

　　-1.0000-1.4142i

Select a point in the graphics window

selected_point =

　　-0.5393-0.5459i

k =

　　0. 1315

poles =

　　-1. 4728 + 0. 5379i

　　-1. 4728-0. 5379i

　　-0. 5272 + 0. 5379i

　　-0. 5272-0. 5379i

可以看出,根轨迹有4条不同颜色的曲线,都起始于(-1,0)点,2条终止于零点,2条终止于无穷远。根轨迹在 s 平面的左半平面,系统稳定。

【例7-20】　已知单位负反馈系统开环传递函数为 $G(s) = \dfrac{k(2s+5)}{s(s+3)(s+5)(s^2+4s+4)}$,当系统闭环的根轨迹增益 k 在区间[30,35]内,判定系统闭环的稳定性。

num = [2 5];den = conv(conv(conv([1 0],[1 3]),[1 5]),[1 4 4]);rlocus(num,den)

%绘制系统的根轨迹

for k = 30 = 34

cp = rlocus(num,den,k);

if real(cp) < 0

disp(['k = ',num2str(k),'系统稳定!'])

else disp(['k = ',num2str(k),'系统不稳定!'])

end

end

执行上述程序,结果为

k = 30 系统稳定!

k = 31 系统稳定!

k = 32 系统不稳定!

k = 33 系统不稳定!

k = 34 系统不稳定!

系统根轨迹如图 7-33 所示。

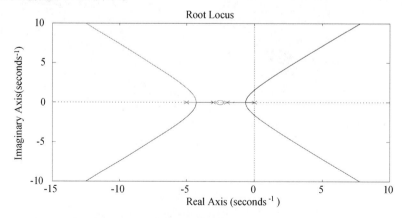

图 7-33　根轨迹

可以看出,根轨迹图有部分位于 s 平面的右半平面,k 有稳定范围。通过命令[k,poles] = rlocfind(G)可以得出临界稳定点。

7.3.6　稳定性分析

1. 零极点对稳定性的影响

稳定性是控制系统的重要性能指标,也是判断系统能否正常工作的充要条件。由系统的稳定判据可知,判定系统稳定与否实际上是判定系统闭环特征方程的根的位置。其前提是需要根据系统闭环特征多项式降幂排列的系数向量 den 求出特征方程的根。因为系统的特征根就是系统闭环传递函数的极点,所以系统稳定的充分必要条件也可以表述为:如果系统闭环传递函数的全部极点均位于 s 平面的左半平面,系统的全部特征根都必须具有负实部,那么系统稳定;反之,如果系统有一个或多个极点位于 s 平面的右半平面,特征根中只要有一个或多个根具有正实部,那么系统不稳定。MATLAB 稳定性分析函数如表 7-8 所示。

表 7-8　MATLAB 稳定性分析函数

函数用法	说明
p = eig(G)	求矩阵的特征根。系统模型 G 可以是传递函数、状态方程或零极点模型,可以是连续或离散的
P = pole(G) Z = zero(G)	分别用来求系统的极点和零点,G 是传递函数
[P,Z] = pzmap(G)	求系统的极点和零点,G 是传递函数
r = roots(P)	求特征方程的根。P 是系统闭环特征多项式降幂排列的系数向量

【例 7-21】　已知系统闭环传递函数 $G(s) = \dfrac{s^3 + 3s^2 + 2}{s^4 + 40s^3 + 440s^2 + 300s + 584}$,判定系统的稳定性。

num = [1 3 0 2];den = [1 40 440 300 584];g = tf(num,den)

p = eig(g)　　　　　　　　　% 求系统特征根

p =

　　-19.7056 + 5.2036i

　　-19.7056-5.2036i

　　-0.2944 + 1.1486i

　　-0.2944-1.1486i

pole(g)　　　　　　　　　% 求系统极点

ans =

　　-19.7056 + 5.2036i

　　-19.7056-5.2036i

　　-0.2944 + 1.1486i

　　-0.2944-1.1486i

r = roots(den)　　　　　　　　% 求系统特征方程的根

r =

-19. 7056 + 5. 2036i

-19. 7056 - 5. 2036i

-0. 2944 + 1. 1486i

-0. 2944 - 1. 1486i

【说明】 系统的 4 个特征根全部位于 s 的左半平面,系统是稳定的。这 3 个函数命令得到的结果一样,可以根据情况选择使用。

【例 7-22】 已知控制系统框图如图 7-34 所示,试用 MATLAB 确定当系统稳定时,参数 K 的取值范围(假设 $K \geqslant 0$)。

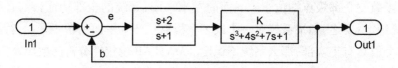

图 7-34 控制系统框图

闭环系统的特征方程为

$$1 + \frac{K(s+2)}{(s+1)(s^3+4s^2+7s+1)} = 0$$

整理特征方程,得

$$s^4 + 5s^3 + 11s^2 + (K+8)s + 2K + 1 = 0$$

当特征方程的根均为负实根或实部为负的共轭复根时,系统稳定。先假设 K 的大致范围,利用 roots 函数计算这些 K 值下特征方程的根,判断根是否在 s 平面的左半平面,以确定系统稳定时 K 的范围。

```
for K = 1:0.01:1000;
    p = [1 5 11 K + 8 2 * K + 1];
    r = roots(p);
    if max(real(r)) > = 0
        break;
    end
end
K
```

运行结果如下

K =

14. 0300

【例 7-23】 已知控制系统框图如图 7-35 所示,试判断系统的稳定性。

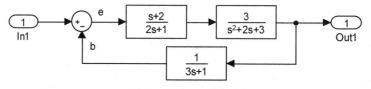

图 7-35 控制系统框图

第一种方法：

输入代码及输出结果如下所示：

$G1 = tf([1\ 2],[2\ 1]); G2 = tf(3,[1\ 2\ 3]); H1 = tf(1,[3\ 1]); Gc = feedback(G1 * G2, H1, -1), pzmap(Gc)$

Gc =

$$\frac{9\ s\hat{}2 + 21\ s + 6}{6\ s\hat{}4 + 17\ s\hat{}3 + 29\ s\hat{}2 + 20\ s + 9}$$

系统零极点分布图如图 7-36 所示，可以看出，所有极点即特征根全部在 s 平面的左半平面，所以此负反馈系统是稳定的。

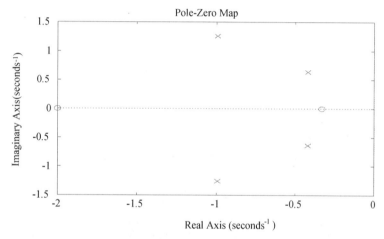

图 7-36　系统零极点分布图

第二种方法：

$\gg [p,z] = pzmap(Gc)$　　　% 输出系统零极点

```
if real(p) < 0
    disp(['该系统是稳定的'])
else
    disp(['该系统是不稳定的'])
end
```

显示结果为

p =

　　　-0.9937 + 1.2572i

　　　-0.9937 - 1.2572i

　　　-0.4230 + 0.6366i

　　　-0.4230 - 0.6366i

z =

　　　-2.0000

-0.3333

该系统是稳定的

2. 劳思稳定判据分析稳定性

劳思稳定判据不需要解出特征方程的根,而是基于特征方程的根与系数的关系,通过特征方程的系数来直接判别系统的稳定性。设系统特征方程为

$$a_0 s^n + a_1 s^{n-1} + \cdots + a_{n-1} s + a_n = 0$$

所有系数 $a_0, a_1, \cdots, a_{n-1}, a_n$ 均为正值,即满足稳定性的必要条件。劳思稳定判据指出,系统稳定的充分条件是:劳思阵列中第一列所有元素的符号均为正号。

将各项系数排列成劳思阵列:

$$
\begin{array}{c|cccc}
s^n & a_0 & a_2 & a_4 & a_6 & \cdots \\
s^{n-1} & a_1 & a_3 & a_5 & a_7 & \cdots \\
s^{n-2} & b_1 & b_2 & b_3 & b_4 & \cdots \\
s^{n-3} & c_1 & c_2 & c_3 & & \cdots \\
\vdots & & & & \vdots \\
s^2 & d_1 & d_2 & d_3 \\
s^1 & e_1 & e_2 \\
s^0 & f_1
\end{array}
$$

其中各个未知元素根据下述公式计算得出,每一行的各个元素均计算到等于零为止。

$$
\begin{cases}
b_1 = \dfrac{a_1 a_2 - a_0 a_3}{a_1} & b_2 = \dfrac{a_1 a_4 - a_0 a_5}{a_1} & b_3 = \dfrac{a_1 a_6 - a_0 a_7}{a_1} = \cdots \\[3mm]
c_1 = \dfrac{b_1 a_3 - a_1 b_2}{b_1} & c_2 = \dfrac{b_1 a_5 - a_1 b_3}{b_1} & c_3 = \dfrac{b_1 a_7 - a_1 b_4}{b_1} = \cdots \\[3mm]
& \vdots \\[3mm]
& f_1 = \dfrac{e_1 d_2 - d_1 e_2}{e_1}
\end{cases}
$$

在劳思阵列中,行由上向下,第一行标以 s^n,n 为特征方程的阶数,最后一行标以 s^0,总共有 $n+1$ 行。以上计算一直进行到 $n+1$ 行为止,即得出劳思阵列。在系统的特征方程中,其实部为正的特征根的个数,等于劳思阵列中第一列元素的符号改变的次数。

【例 7-24】 已知控制系统传递函数 $G = \dfrac{9s^2 + 21s + 6}{6s^4 + 17s^3 + 29s^2 + 20s + 9}$,用劳思稳定判据判断系统的稳定性。

```
p = [6,17,29,20,9];p1 = p;
n = length(p);                    % 计算闭环特征系数的个数 n
if mod(n,2) == 0                  % 判断 n 是否为偶数
    n1 = n/2;                     % n 为偶数,劳思阵列的列数为 n/2
else
    n1 = (n+1)/2;                 % n 为奇数,劳思阵列的列数为(n+1)/2
    p1 = [p1,0]                   % 劳思阵列左移 1 位,后面填写 0
end
```

```
routh = reshape( p1 ,2 ,n1 ) ;                  % 列出劳思阵列前 2 行
routhtable = zeros( n ,n1 ) ;                   % 给劳思阵列设定存储大小
routhtable( 1: 2 ,: ) = routh ;                 % 将前 2 行系数放入劳思阵列
for k = 3: n                                     % 从第 3 行开始到最后一行计算阵列数值
    a = routhtable( k-2 ,1 )/routhtable( k-1 ,1 ) ;
    for m = 1: n1-1                              % 按照公式计算劳思阵列所有值
        routhtable( k ,m ) = routhtable( k-2 ,m +1 )-a*routhtable( k-1 ,m +1 )
    end
end
p2 = routhtable( : ,1 )                          % 输出劳思阵列第 1 列数值
if p2 > 0                                        % 判定第 1 列是否为正
    disp( [ '系统是稳定的'] )
else
    disp( [ '系统是不稳定的'] )
end
```

程序执行结果为

```
routhtable =
      6. 0000      29. 0000       9. 0000
     17. 0000      20. 0000            0
     21. 9412       9. 0000            0
     13. 0268            0            0
      9. 0000            0            0
p2 =
      6. 0000
     17. 0000
     21. 9412
     13. 0268
      9. 0000
系统是稳定的
```

7.3.7 稳态误差计算分析

控制系统在一定的输入信号下,根据输出量的时域表达式,直接对系统的稳定性、瞬态和稳态性能进行分析,相对比较直观准确。评价系统性能好坏的标准是分析系统的动态性能和稳态性能指标,前提是系统必须稳定,否则这些指标无从谈起。稳态误差即当时间 t 趋于无穷大时,系统输出响应的期望值与实际值之差,是指误差的终值,是系统在外作用下稳态精度的指标,即系统的精度,是对控制系统的基本要求之一。

与误差有关的概念都是基于反馈控制系统。误差计算系统框图如图 7-37(a)所示,其系统稳态偏差是指令信号与反馈信号差值的稳态值,可表示为

$$\varepsilon(s) = X_{\mathrm{i}}(s) - X_{\mathrm{o}}(s)H(s) = \frac{1}{1+G(s)H(s)}X_{\mathrm{i}}(s)$$

将图 7-37(a)等效变换为图 7-37(b),可得系统的稳态误差,即希望输出与实际输出差值的稳态值为

$$e_{ss} = \lim_{t\to\infty}e(t) = \lim_{s\to0}sE(s) = \lim_{s\to0}s\,\frac{1}{1+G(s)H(s)}\frac{X_{\mathrm{i}}(s)}{H(S)}$$

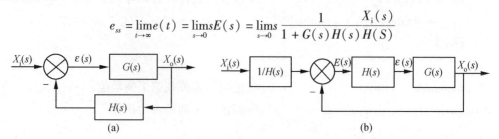

图 7-37　误差计算系统框图

进一步可将图 7-37(b)等效为图 7-38。因此,计算图 7-37 的稳态误差等价于计算图 7-38 的稳态输出。利用 MATLAB 函数 dcgain(G)可计算 LTI 系统的稳态增益,G 为系统模型,当 G 为传递函数模型时,dcgain(G)等价于计算 $K = \lim_{s\to0}G(s)$。

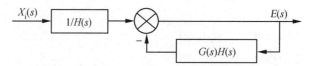

图 7-38　误差计算的等效框图

在控制系统的分析中,通常采用静态误差系数作为衡量系统稳态性能的指标,表征系统减小或消除稳态误差的能力,误差系数越大,误差越小,精度越高,当静态误差系数为∞ 时,系统没有稳态误差。三种稳态误差系数是静态位置误差系数、静态速度误差系数、静态加速度误差系数,分别表示对阶跃输入、速度斜坡输入、加速度抛物线输入响应消除或减少稳态误差的能力。

在 MATLAB 中,各稳态误差系数可以由以下命令得到。

$\mathrm{K}_{\mathrm{p}} = \lim_{s\to0}G(s) = \mathrm{dcgain}(\mathrm{num},\mathrm{den})$ 　　　　　% 静态位置误差系数

$\mathrm{K}_{\mathrm{v}} = \lim_{s\to0}sG(s) = \mathrm{dcgain}([\,\mathrm{num}\ 0\,],\mathrm{den})$ 　　　　% 静态速度误差系数

$\mathrm{K}_{\mathrm{a}} = \lim_{s\to0}s^2G(s) = \mathrm{dcgain}([\,\mathrm{num}\ 0\ 0\,],\mathrm{den})$ 　　% 静态加速度误差系数

【例 7-25】 已知单位负反馈系统的开环传递函数为 $G(s) = \dfrac{10}{s(2s+5)(s+3)}$,判断系统的稳定性。若系统稳定,绘制单位阶跃响应曲线并求单位阶跃输入下的稳态误差,绘制单位速度响应曲线并求单位速度输入下的稳态误差。

第一种方法:

单位阶跃响应:

$\mathrm{num} = 10; \mathrm{den} = \mathrm{conv}([\,1\ 0\,],\mathrm{conv}([\,2\ 5\,],[\,1\ 3\,]));$

[syms s;y = s * (2 * s + 5) * (s + 3);den = sym2poly(y)]

G1 = tf(num,den);G = feedback(G1,1,-1)

r = roots(G. den{1});p = real(r);n = length(p);

for i = 1:n

    if p(i) > = 0

    break

    end

end

disp(['该系统稳定'])

step(G),ess = 1-dcgain(G)

命令窗口中显示结果为

该系统稳定

ess =

    0

阶跃响应曲线如图 7-39 所示。

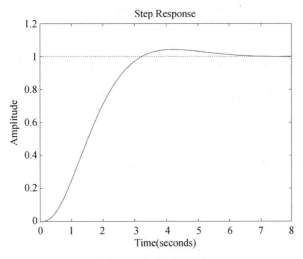

图 7-39 阶跃响应曲线

单位斜坡响应:MATLAB 中没有斜坡响应命令,可以使用阶跃响应实现,由于斜坡 = 阶跃 × 1/s,因此可以对原有系统特征方程进行移位即可。若系统传递函数为 G,则 den = [G. den{1},0],即可获得斜坡输入下的传递函数。

num = 10;den = conv([1 0],conv([2 5],[1 3]));G1 = tf(num,den);G = feedback(G1,1,-1)

num1 = G. num{1};den1 = [G. den{1},0];   %取闭环传递函数的分子系数和分母系数

G2 = tf(num,den1);t = (0:0.01:10)';

y = step(G2,t);plot(t,y,'k-'),hold on   %绘制斜坡输出

es = t-y;plot(t,t,'r:',t,es,'g-.'),ess = es(length(es))   %绘制斜坡输入和误差

系统斜坡响应曲线如图 7-40 所示,命令窗口中显示的结果为

G2 =

$$\frac{10}{2\ s^4 + 11\ s^3 + 15\ s^2 + 10\ s}$$

ess =

    1.5

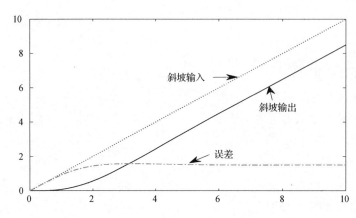

图7-40　单位斜坡响应曲线

第二种方法：

由图 7-38 可知,此时系统的误差函数为 $E(s) = \dfrac{1}{1 + G(s)} X_i(s)$,而 $X_i(s) = \dfrac{1}{s^2}$,则该系统的稳态误差也就是图 7-38 的稳态输出,可表示为 $e_{ss} = \lim\limits_{s \to 0} s \cdot E(s)$,编程如下：

num = 10;den = conv([1 0],conv([2 5],[1 3]));G = tf(num,den);

sys = 1/(1 + G);　　　　　　　　　　%计算误差传递函数

Xi = zpk([],[0 0],1)　　　　　　　　%斜坡输入传递函数

Es = sys*Xi　　　　　　　　　　　　%误差函数

ess = dcgain(tf([1 0],[1])*Es)　　　%计算稳态误差

t = 0:0.01:10;

xi = t;

y = lsim(sys*G,xi,t);

plot(t,xi,'r-',t,y,t,xi-y','g:')

legend('输入','输出','误差')

xlabel('t(sec)'),ylabel('幅值、误差')

Es：zero/pole/gain

$$\frac{s(s+3)\ (s+2.5)}{s^2\ (s+3.908)\ (s^2+1.592s+1.279)}$$

ess =

    1.5000

单位斜坡响应及其稳态误差如图 7-41 所示。

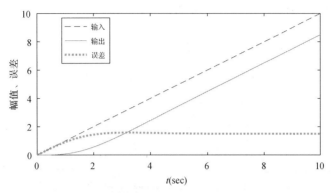

图 7-41　单位斜坡响应及其稳态误差

7.3.8　基于 Simulink 稳态误差分析

通过 Simulink 构造系统模型结构,正确设置各模块参数,可以观测误差,了解系统在不同典型输入信号作用下稳态误差变化的规律、系统开环增益变化对稳态误差的影响、系统在扰动输入作用下的稳态误差以及稳态误差与系统型次及输入信号之间的关系。

【**例 7-26**】　已知一个单位负反馈系统开环传递函数为 $G(s)=\dfrac{10k}{s(0.1s+1)}$,在 Simulink 环境下,观察 k 为不同值时单位阶跃响应稳态误差。

① 如图 7-42 所示,构建系统模型结构,设置仿真参数并运行,在 $k=1$ 和 $k=10$ 时,观察系统中示波器 Scope 波形曲线,系统单位阶跃响应和单位阶跃响应稳态误差响应曲线如图 7-43 所示。

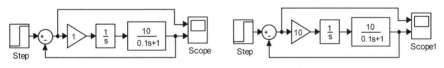

图 7-42　$k=1$ 和 $k=10$ 时系统阶跃输入模型结构图

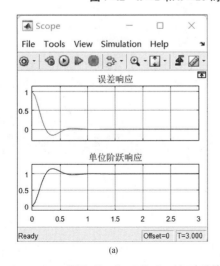
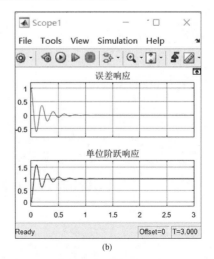

(a)　　　　　　　　　　　(b)

图 7-43　$k=1$ 和 $k=10$ 时系统单位阶跃响应和误差响应曲线

响应曲线表明，Ⅰ型单位反馈系统在单位阶跃输入作用下，稳态误差 $e_{ss}=0$，即Ⅰ型单位反馈系统稳态时能完全跟踪阶跃输入，是一阶无静差系统。开环增益变化对稳态误差没有影响。

② 将单位阶跃输入信号 Step 改换成单位斜坡输入信号 Ramp，如图 7-44 所示。$k=1$ 和 $k=10$ 时，系统单位斜坡响应和单位斜坡误差响应曲线如图 7-45 所示。

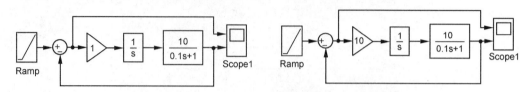

图 7-44　$k=1$ 和 $k=10$ 时系统斜坡输入模型结构图

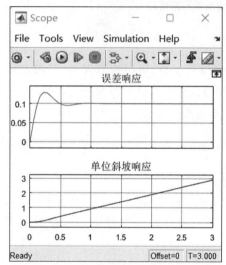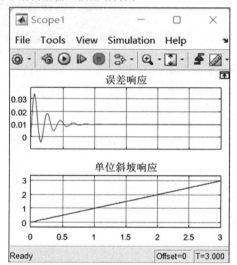

图 7-45　$k=1$ 和 $k=10$ 时系统单位斜坡响应和误差响应曲线

响应曲线表明，Ⅰ型单位反馈系统能够跟踪单位斜坡输入，但是具有一定的稳态误差，$k=1$ 时稳态误差 $e_{ss}=0.1$，$k=10$ 时稳态误差 $e_{ss}=0.01$，验证了 $e_{ss}=\dfrac{1}{K_{\mathrm{I}}}$，$K_{\mathrm{I}}$ 是Ⅰ型系统的开环放大系数。

③ 将积分环节改换为一个惯性环节，开环增益为 1，得到 0 型系统在单位阶跃输入作用下的响应。开环增益为 1，在前向通道中再增加一个积分环节，系统变成Ⅱ型系统。在输入端给定单位斜坡信号的系统响应。构建模型如图 7-46 所示，响应曲线如图 7-47 所示。

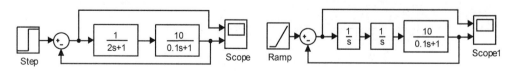

图 7-46　0 型和Ⅱ型系统模型结构图

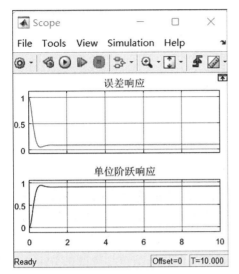 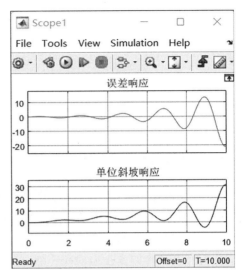

图 7-47 0 型阶跃和 Ⅱ 型斜坡系统响应

响应曲线表明,0 型系统能够跟踪单位阶跃输入,但是具有一定的稳态误差 $e_{ss} = \dfrac{1}{1+K_0}$,$K_0$ 是 0 型系统的开环放大系数 10。Ⅱ 型系统不能跟踪单位斜坡输入,其稳态误差 $e_{ss} = \infty$。

④ 分析系统在扰动输入作用下的稳态误差。在前向通道中增加扰动 $n(t)$,构建模型如图 7-48 所示。误差 $e(t) = r(t) - c(t)$。若输入信号仍为单位阶跃 $r(t) = 1(t)$,扰动信号为阶跃 $n(t) = 0.1*1(t)$,仿真运行得到如图 7-49 所示的响应曲线。

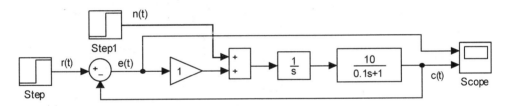

图 7-48 增加阶跃扰动后的模型

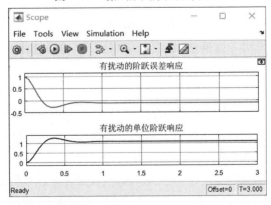

图 7-49 增加扰动后的响应曲线

比较图 7-49 与图 7-43 的响应曲线可以看出,图 7-43(a)无扰动时稳态误差 $e_{ssr} = 0$,图 7-

49 有扰动时稳态误差 $e_{ssn} = -0.1$,故系统总的稳态误差为 $e_{ss} = e_{ssr} + e_{ssn} = -0.1$。

7.4 采样控制系统仿真

7.4.1 采样控制系统原理

采样控制系统是指系统一处或几处信号是经采样后离散的,而被控制对象是连续的。典型的采样控制是一种连续-离散混合系统,目前多为计算机控制系统,如图 7-50 所示。在离散控制系统中最常用的是数字控制系统,它是通过数字计算机(或数字控制器)构成闭环控制系统,整个数字控制系统包括两大部分,即离散部分与连续部分。离散部分由数字计算机或数字控制器构成,而连续部分由不可变的被控对象构成。离散部分与连续部分通过 D/A 数—模转换器或 A/D 模—数转换器完成信号的传递,实现对系统的控制。图 7-50 中 A/D 相当于采样开关,将被控参数连续的模拟量转变为离散的数字量输入计算机;采样周期为 T,从而使 $b(t)$ 离散化为 $b(kT)$。$u(kT)$ 为控制器的输出,经 D/A 转换后,直接作用于被控对象。D/A 相当于一个零阶采样保持器,将计算机输出的数字量转变为模拟量,使离散信号 $u(kT)$ 恢复为连续信号 $u(t)$,$y(t)$ 为被控对象的输出,称为被控制量。

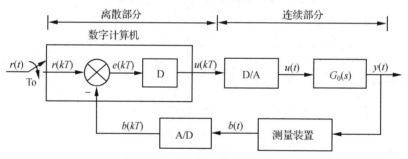

图 7-50 计算机控制系统

分析离散系统可以采用 Z 变换法,也可以采用状态空间分析法。与拉普拉斯变换法和线性定常连续系统的关系类似,Z 变换和线性定常离散系统也有相应的关系。因此,Z 变换法是分析单输入单输出线性定常离散系统的有力工具。

采样控制系统包含连续部分和离散部分。对于连续部分的仿真,可采用数值积分法或离散相似法。若采用数值积分法,则需要确定积分步长以及合适的算法;若采用离散相似法,则需要确定虚拟的采样周期,先将连续系统离散化。对于离散部分,A/D 转换器和 D/A 转换器是实际存在的,采样周期和保持器也是存在的。因此,在采样控制系统的仿真中,仿真步距(对数值积分法)或虚拟采样周期(对离散相似法)与系统实际采样周期之间存在同步问题。

对于系统连续部分参数变化较缓慢或系统幅值穿越频率较小的系统,选择仿真步长 h 等于采样周期 T 的方法。对于大多数机电采样控制系统,由于系统连续部分参数变化较快,所以常采用仿真步长 h 小于采样周期 T 的方法,以保证仿真精度。

若仿真步长 h 小于采样周期 T,为便于仿真程序的实现,应取采样周期 T 恰好是仿真步长 h 的整数倍,即 $h = T/N$,其中 N 为正整数。采样系统仿真一般采用定步距。对于连续部分在每个步距点均作仿真运算,而对于离散部分(数字控制器)只在采样时刻才执行仿真运算。

7.4.2　采样控制系统仿真

对系统连续部分仿真,采用数值积分方法,这种方法需要选择连续部分仿真步长、仿真数值积分方法等。一般采用定步距,且仿真步长小于离散部分采样周期。离散部分仿真是基于递推法,十分简单。

离散化模型精度取决于采样周期 T 和信号保持器 $G_h(s)$。显然采样周期越小,离散化模型精度越高。但在实际系统中采样周期受到软硬件诸方面的限制而不可能无限小,因此在工程实践中可按 $T = \dfrac{1}{(30 \sim 50)\omega_c}$ 选择采样周期,ω_c 为系统开环幅值穿越频率。

常用的采样保持器有零阶保持器、一阶保持器和二阶保持器。一般多使用零阶保持器,输出与输入的关系为 $X_h(t) = X(kT)$,$kT \leqslant t \leqslant (k+1)T$,其相应的传递函数为 $G_h(s) = \dfrac{1 - \mathrm{e}^{-Ts}}{s}$。

在进行采样控制系统或计算机控制系统的控制器设计时,通常需要先将连续系统离散化,再针对离散系统进行数字控制器的设计,具体步骤如下。

① 系统连续部分离散化。若已知系统连续部分模型,则先进行 Z 变换,使用 MATLAB 函数 c2d 将连续模型转换为离散模型。在图 7-50 中,设系统连续部分(含测量装置)传递函数为 $G_0(s)$,D/A 转换器用零阶保持器代替,则系统连续部分的传递函数为

$$G_0(s) = G_h(s) G(s) = \frac{1 - \mathrm{e}^{-Ts}}{s} G(s)$$

由 Z 变换理论可知,离散系统传递函数为 $G_0(z) = Z[G_h(s)G(s)]$,$G_0(z)$ 为原连续系统 $G_0(s)$ 的离散化模型。

MATLAB 连续系统离散化函数使用格式为

$$\mathrm{sysd} = \mathrm{c2d}(\mathrm{sysc}, \mathrm{Ts}, \mathrm{method})$$

式中,sysc 为连续系统 MATLAB 模型(在上式中即为 $G(s)$);Ts 为采样时间;method 为模型转换方法,对于零阶保持器为'zoh';sysd 为等价的离散化模型($G_0(z)$)。

② 求系统脉冲传递函数。将图 7-50 中的数字控制器用 $D(z)$ 表示,则连续系统离散化后的系统即为离散控制系统,如图 7-51 所示(图中离散信号省略了采样周期 T)。将 $G_0(z)$ 和原系统离散部分模型 $D(z)$ 合并后,可求得采样控制系统的离散模型 $W(z)$,再进行仿真运算。当连续部分离散化时,可选择虚拟的采样周期和系统实际采样周期相同,但为了保证精度,也可采用不同的采样周期,但这时需用 MATLAB 函数 d2d 对模型 $W(z)$ 进行变换。

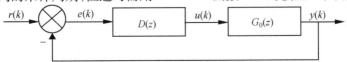

图 7-51　离散控制系统

离散时间系统重新采样函数 d2d( ),其功能是产生一个和原离散时间系统采样周期不同的离散时间系统模型。调用格式为

$$sys = d2d(model, Ts)$$

式中,model 为原离散时间系统模型;sys 为重新采样后离散时间系统模型;Ts 为新的采样周期。

图 7-51 所示为离散控制系统的闭环传递函数,也被称为脉冲传递函数,可用框图运算的规则求出

$$W(z) = \frac{D(z)G_0(z)}{1 + D(z)G_0(z)}$$

【说明】 严格来讲,离散信号、采样信号、数字信号是有区别的。在工程实践中,只有当 A/D 转换器的分辨率足够高,以至于量化和编码所带来的信息损失可以忽略时,这几种信号才近似相等。

③ 调用 MATLAB 函数进行系统仿真。

dstep(num, den)   % 离散系统单位阶跃响应

dimpulse(num, den)   % 离散系统单位脉冲响应

dlsim(num, den)   % 离散系统任意函数的激励响应

【说明】 以上命令中必须代入分子、分母系数向量。step( )、impulse( )、lsim( )也可用于求离散系统的时间响应。

【例 7-27】 求图 7-52 所示的采样控制系统的单位阶跃响应。

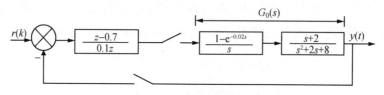

图 7-52　采样控制系统

```
G1 = tf([1,2],[1,2,8]);          % 建立连续系统模型

G0 = c2d(G1,0.02,'zoh');          % 连续模型离散化

Gc = tf([1,-0.7],[0.1,0],0.02);          % 建立数字控制器模型

Wz = G0*Gc/(1 + G0*Gc);          % 求系统的脉冲传递函数

[num,den] = tfdata(Wz,'v');          % 求系统传递函数分子、分母系数向量

subplot(2,1,1),dstep(num,den);          % 用 dstep( )指令求系统的单位阶跃响应

xlabel('time(samples)');

text(120,0.25,'dstep( )');

subplot(2,1,2),step(Wz);          % 用 step( )指令求离散化系统的单位阶跃响应

xlabel('time(samples)');

text(2.6,0.25,'step( )');
```

两种阶跃响应命令的比较如图 7-53 所示。

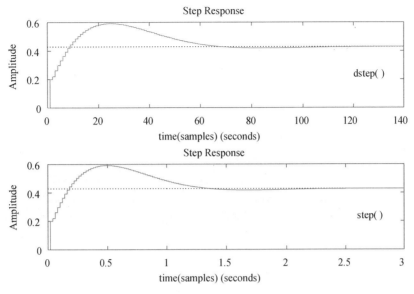

图 7-53　两种阶跃响应命令的比较

【说明】　dstep( )命令给出的横坐标是控制周期数,而 step( )命令给出的是响应时间。

7.5　系统分析图形界面

MATLAB 控制工具箱提供的 LTI 系统仿真的图形用户分析界面 LTI Viewer,可更为直观地分析系统的时域、频域响应。其使用方法简单,只需在指令窗中建立要分析的系统模型,在命令窗口中键入"ltiview",即可调出 LTI Viewer 窗口进行分析。

【例 7-28】　已知单位负反馈系统的开环传递函数为 $G(s) = \dfrac{3(s+2)}{s(s+5)(s+3)}$,用 LTI Viewer 进行系统分析。

① 建立系统模型。

G = zpk(-2,[0 -3 -5],3),Gc = feedback(G,1,-1)

执行以上指令,系统模型 Gc 便存入 MATLAB 工作空间。

② 在命令窗口中输入"ltiview"即可进入 LTI Viewer 可视化仿真环境,如图 7-54 所示。

③ 在 LTI Viewer 窗口中单击【File】菜单中的【Import】选项,弹出如图 7-55 所示的窗口。

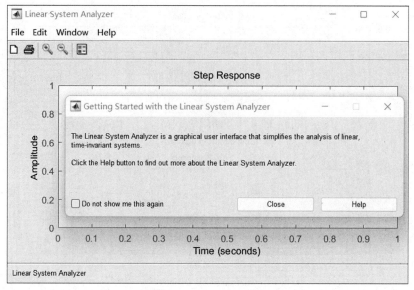

图 7-54　LTI Viewer 窗口

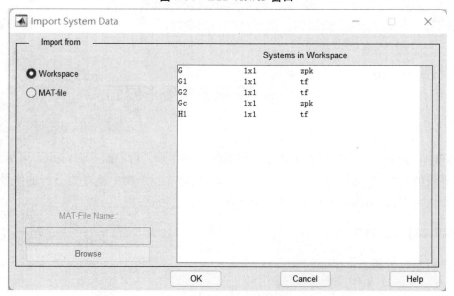

图 7-55　系统模型导入窗口

④ 该窗口将显示工作空间或指定目录的文件夹内所有的系统模型对象。从 Workspace 中选择刚建立的系统 Gc,系统默认给出阶跃响应图形窗口,单击鼠标右键,如图 7-56 所示。

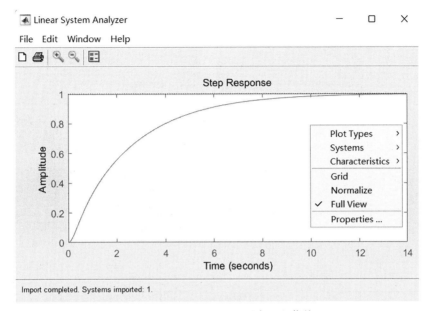

图 7-56 LTI Viewer 图形窗口和菜单

菜单的主要功能如图 7-57 所示。

Plot Types：选择图形类型。可选择 Step（阶跃响应，缺省设置）、Impulse（脉冲响应）、Bode 图、BodeMag（幅频 Bode 图）、Nyquist 图、Pole / Zero（极点/零点）图等。

Characteristics：可对不同类型的响应曲线标出相关特征值。阶跃响应可选择的特征值如图 7-57 所示。

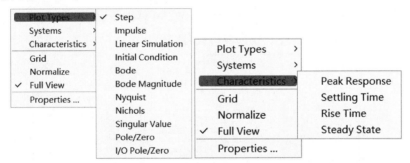

图 7-57 Plot Types 下级菜单和阶跃响应 Characteristics 下级菜单

选择【Pole/Zero】选项，可绘出如图 7-58 所示的零极点分布图，单击选中零点、极点，可显示详细的特性数据。

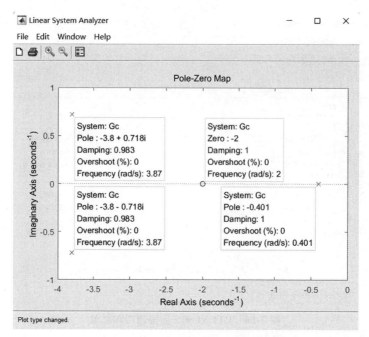

图 7-58　零极点分布图

Properties：对图形窗口进行编辑，对显示性能参数进行设置。此外，还可以选择菜单
【Edit】→【Linestyle】对曲线的线型、颜色、标志等进行选择。

⑤ 进行多个图形窗口显示，其操作方法如下：在 LTI Viewer 窗口下，选择菜单【Edit】→
【Plot Configurations】后，弹出"Plot Configurations"（图形配置）窗口。该窗口左边显示响应图
的 6 种排列形式，通过单选按钮任选其中一种，最多有 6 种图形显示。该窗口右边显示响应
类型，共 6 组，最多可选择 6 种（应和所选窗口数对应）。

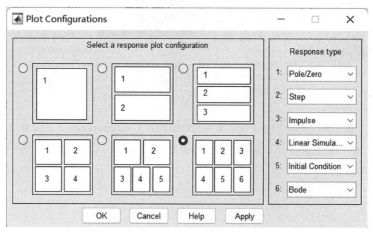

图 7-59　"Plot Configurations"窗口

在该界面上选择 4 个图形窗口，并使相应窗口分别对应 Pole/Zero 图、脉冲、Bode 图和
Nyquist 图，单击［OK］按钮后，即可显示响应图形，如图 7-60 所示。还可对图中每个曲线分
别设置相关选项，如阶跃响应设置显示峰值和峰值时间，用鼠标指向图中的圆点，即可显示

出相关数据。Bode 图、Nyquist 图设置将在第 8 章阐述。

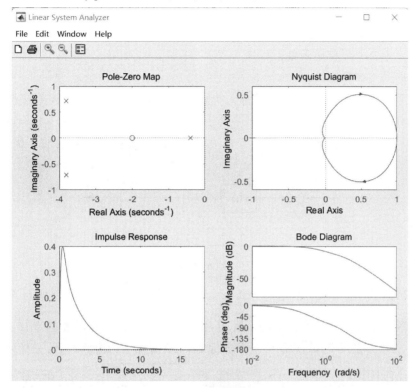

图 7-60 LTI Viewer 多图形窗口显示

如果对已装入 LTI Viewer 的仿真模型进行了修改,那么必须选择菜单【Edit】→【Refresh Systems】对模型刷新,选择【Delete Systems】选项则可删除不需要的模型。

习 题 7

1. 已知系统的标准传递函数为 $G(s) = \dfrac{\omega_n^2}{s^2 + 2\zeta\omega_n s + \omega_n^2}$。

(1) 当 $\omega_n = 10, \zeta = 0, 0.5, 0.7, 1, 2$ 时,要求画出 5 条阶跃响应曲线,并进行对比。

(2) 当 $\omega_n = 1, 2, 3, \zeta = 0.5$ 时,要求画出 3 条阶跃响应曲线,并进行对比。

2. 绘制闭环传递函数 $G(s) = \dfrac{2s + 1}{s^4 + 7s^3 + 18s^2 + 21s + 10}$ 的阶跃响应曲线,使用图形法计算稳态增益、峰值时间、上升时间、超调量和稳态误差在 2% 情况下的调整时间。

3. 已知高阶系统传递函数为 $G(s) = \dfrac{2s^3 + s^2 + 2}{s^4 + 4s^3 + 4s^2 + 30s + 5}$,利用特征根判断系统的稳定性。

4. 已知闭环系统传递函数为 $G_{闭}(s) = \dfrac{(s + 5.2)}{(s^2 + 2s + 5)(s^2 + 12s + 37)(s + 5)}$,利用劳思判

据判定系统的稳定性。

5. 已知单位负反馈系统开环传递函数为 $G(s) = \dfrac{9}{s^2 + 3s + 9}$。

（1）求出系统闭环传递函数；

（2）判断系统的稳定性；

（3）若系统稳定，绘制抛物线信号输入响应曲线并求出静态加速度误差系数。

6. 已知系统的框图如下，采用比例—积分—微分控制，令 $K_p = 1$，$T_i = 1$，对 $T_d = 0.8, 1,$ $1.5, 2$ 分别进行仿真，观测控制效果，要求使用 Simulink 仿真模型和 MATALB 算法程序进行仿真。

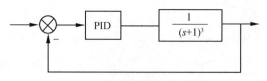

题 6 图

7. 对控制对象 $G(s) = \dfrac{5}{9s^3 + 16s^2 + 8s + 1}$，先用 P 调节器进行调节，增加比例增益，直到控制回路连续振荡处于阶跃激励状态。此时增益因子为临界比例调节器增益 K_{krit}，临界振荡周期为 T_{krit}，再分别用 P，PI，PID 调节器进行调节，设置相应的参数系数，分析其阶跃输出。

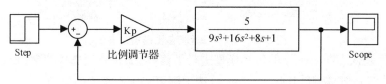

题 7 图

8. 对图示系统进行单位阶跃响应和方波响应仿真。（方波周期为 30 s）要求：

（1）用模型连接函数求系统传递函数；

（2）用 step 函数求单位阶跃响应；

（3）用 gensig 函数产生方波信号，用 lsim 函数求方波响应。

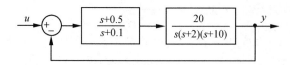

题 8 图

9. 已知系统传递函数为 $G(s) = \dfrac{1}{s^2 + 0.2s + 1.01}$，绘制系统阶跃响应曲线和离散化系统阶跃响应曲线，采样周期 $T_s = 0.3$ s。

10. 一个离散系统模型传递函数为 $H(z) = \dfrac{z - 0.7}{z - 0.5}$，采样周期为 0.1 s，对系统重新采样，采样周期为 0.05 s，求重新采样后的系统模型。

第 *8* 章　频率特性分析

在前面的章节中,我们对一阶、二阶系统的时域模型(微分方程)进行了分析,主要是在以时间 t 为自变量的空间内,针对系统的时间响应进行分析。系统的性能不仅包括瞬态特性(快和稳),还要求准,即系统的性能指标包括快速性、稳定性和准确性。

在时域对一阶、二阶系统进行分析时,是通过给系统输入单位脉冲、阶跃等信号来观察其瞬态和稳态特性,并给一阶、二阶系统定义了时间常数、上升时间等性能指标。如果系统是高阶的,在时域中又该怎样分析呢? 工程上常用的方法是将高阶系统简化为一阶或二阶系统的线性叠加,或者直接将高阶系统简化为一阶或二阶系统。显然这样做不仅过程烦琐,而且会降低分析的准确性。

在高等数学中,我们已经知道时间函数可以分解为 k 次正弦波叠加的形式,即频率响应分析方法的基本思想是把控制系统中的各个变量看成是由许多不同频率的正弦信号叠加而成的信号,各个变量的运动就是系统对各个不同频率的信号的响应的总和。所以,可以通过给系统输入不同频率的正弦波,在以频率为自变量的空间内观察系统的响应。频域分析法是应用频率特性研究控制系统的一种经典方法。采用这种方法可直观地表达系统的频率特性,分析方法比较简单,物理概念比较明确。

⚙ 8.1　频率响应与特性

频率响应是指系统对谐波输入的稳态响应。频率特性分析的输入是正弦信号。正弦信号定义为

$$x_i(t) = A\sin\omega t \tag{8-1}$$

式中,A 为正弦信号的幅值;ω 为正弦信号的角频率。

正弦信号的波形如图 8-1 所示。

对于线性系统,当输入为

$$x_i(t) = X_i\sin\omega t \tag{8-2}$$

其稳态输出为同频率的正弦信号,即

$$x_o(t) = X_o\sin[\omega t + \varphi(\omega)] \tag{8-3}$$

【**例8-1**】 若给定一阶系统的时间常数 $T = 0.2$ s$(R = 2$ kΩ$, C = 100$ μF$)$,给系统输入一正弦波信号为

$$x_i(t) = \sin\omega t \tag{8-4}$$

当角频率 ω 分别取不同值时观察系统输入的响应。由图8-1可见,随着 ω 的增大,输入信号和输出响应的相位差增加,幅值衰减增大。

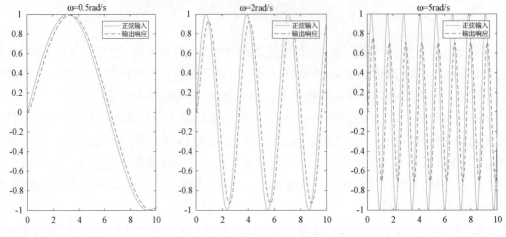

图8-1 一阶系统的正弦信号响应

这就是系统频率响应特性,不再是某一频率的正弦波输入系统时所对应的系统瞬态响应分析,而是当频率由低到高,多个频率分量的正弦波输入时所对应的系统稳态响应。频率响应虽然不如阶跃响应直观,但也间接地表明了系统的特性。

频率特性分析和利用传递函数的时域法在数学上等价,因此在对系统分析和设计时作用也类似。并且频域分析法可以通过实验测量来获得系统的频率特性曲线,这对于那些内部结构未知,以及难以用分析的方法列写动态方程的系统尤为重要。事实上,当传递函数难以用分析的方法得到时,常用的方法是利用对系统频率特性测试曲线的拟合得出传递系统模型。频率特性还可以用图形来表示,增强分析过程的可视化程度,这在系统的分析和设计中有非常重要的作用。

实验法绘制频率特性曲线的具体步骤如下:

① 保持输入信号的幅值并改变频率,测量系统输出相对于输入信号的幅值衰减和相移;

② 绘制系统输出的幅值随频率变化的曲线,即幅频特性;

③ 绘制系统的相位随频率变化的曲线,即相频特性。

8.2 频率特性的表示方法

频率特性是指系统在正弦信号作用下,稳态输出与输入之比对频率的关系特性。在传递函数中设 $s = \mathrm{j}\omega$,则系统的频率特性为

$$G(\mathrm{j}\omega) = \frac{X_{\mathrm{o}}(\mathrm{j}\omega)}{X_{\mathrm{i}}(\mathrm{j}\omega)} = G(s) \Big|_{s=\mathrm{j}\omega} \tag{8-5}$$

系统的频域响应

$$G(\mathrm{j}\omega) = A(\omega)\mathrm{e}^{\mathrm{j}\phi(\omega)} = U(\omega) + \mathrm{j}V(\omega) = \mathrm{Re}(G(\mathrm{j}\omega)) + \mathrm{Im}(G(\mathrm{j}\omega)) \tag{8-6}$$

因此频率特性还可再分为

$$\begin{cases} 实频特性: U(\omega) \\ 虚频特性: V(\omega) \end{cases}$$

$$\begin{cases} 幅频特性: A(\omega) = \dfrac{x_{\mathrm{o}}(\omega)}{x_{\mathrm{i}}(\omega)} = \mid G(\mathrm{j}\omega) \mid \\ 相频特性: \varphi(\omega) = \varphi_{\mathrm{o}}(\omega) - \varphi_{\mathrm{i}}(\omega) = \angle G(\mathrm{j}\omega) \end{cases} \tag{8-7}$$

频率特性可用极坐标图和对数坐标图表示。

1. 极坐标图

极坐标图,又称为奈奎斯特(Nyquist)图或幅相频率特性。$G(\mathrm{j}\omega)$ 是频率 ω 的复变函数,可以在复平面上用一个矢量来表示。若将频率特性表示为复指数形式,则极坐标图为在复平面上当参变量 ω 从 $0 \to \infty$ 变化时,矢量 $G(\mathrm{j}\omega)$ 的端点轨迹形成的几何图形。该矢量的幅值为 $\mid G(\mathrm{j}\omega) \mid$,相角为 $\angle G(\mathrm{j}\omega)$,通常规定相角从正实轴开始按逆时针方向为正。若将频率特性表示为实频特性和虚频特性之和的形式,则极坐标图是以实部为直角坐标的横坐标,虚部为纵坐标,以 ω 为参变量的幅值与相位之间的关系。由于幅频特性是 ω 的偶函数,而相频特性是 ω 的奇函数,所以当 ω 从 $0 \to \infty$ 变化时的频率特性曲线和 ω 从 $-\infty \to 0$ 变化时的频率特性曲线是关于实轴对称的。因此一般只绘制 ω 从 $0 \to \infty$ 变化时的极坐标图。

2. 对数坐标图

对数坐标图,也称柏德(Bode)图,由对数幅频特性和对数相频特性两条曲线组成。自变量是角频率 ω,单位是 rad/s。对数坐标图的横坐标(频率坐标)是按频率 ω 的对数 $\lg\omega$ 进行线性分度的,对数幅频特性的纵坐标按 $20\lg\mid G(\mathrm{j}\omega) \mid$ 线性分度,单位是分贝(dB),并用符号 $L(\omega)$ 表示,即

$$L(\omega) = 20\lg \mid G(\mathrm{j}\omega) \mid \text{(dB)} \tag{8-8}$$

对数相频特性的纵坐标为

$$\varphi(\omega) = \angle G(\mathrm{j}\omega)(° \text{ 或 rad}) \text{ 线性分度} \tag{8-9}$$

由此构成的坐标系称为半对数坐标系。通常将对数幅频特性和对数相频特性曲线画在

一起,使用同一个横坐标,方便观察同一频率下幅值和相位的变化关系。需要注意的是,对数坐标图的横坐标实际是按频率的对数 $\lg\omega$ 均匀分度的,而不是按 ω 线性分度。在对数分度中,当 ω 每变化 10 倍时,坐标间距离变化一个单位长度,这一个单位长度被称为十倍频程或十倍频,用 dec 表示。

采用对数坐标图有如下优点:① 拓宽了频率表示范围。频率采用对数分度后,可以使高频部分横坐标相对压缩,而低频部分相对展开,从而可以在图上画出较大的频率范围。② 简化运算。采用对数坐标后,可把幅值的乘除运算转为加减运算,这将使运算得到简化。另外,传递函数中典型环节的乘积关系变为对数坐标图上的加减运算后,能够明显反映各个典型环节对总的对数坐标图的影响,方便分析。③ 方便绘制。在对数坐标图上,对数幅频特性可用分段直线近似表示,易于绘制且具有一定的精确度。

⚙ 8.3 典型环节的频率特性

系统的频率特性往往是由典型环节的频率特性组合而成的,为了研究实际系统的频率特性,应当熟悉典型环节的频率特性。

1. 比例环节

比例环节的频率特性为

$$G(j\omega) = K \tag{8-10}$$

实频特性为

$$U(\omega) = K \tag{8-11}$$

虚频特性为

$$V(\omega) = 0 \tag{8-12}$$

幅频特性为

$$A(\omega) = |G(j\omega)| = \sqrt{U^2 + V^2} = \sqrt{K^2 + 0} = K \tag{8-13}$$

相频特性为

$$\varphi(\omega) = \angle G(j\omega) = \arctan\frac{V}{U} = \arctan\frac{0}{K} = 0° \tag{8-14}$$

对数幅频特性为

$$L(\omega) = 20\lg K(\text{dB}) \tag{8-15}$$

对数相频特性为

$$\varphi(\omega) = 0° \tag{8-16}$$

比例环节的幅相频率特性是复平面实轴上一个点,幅频特性是 K,相频特性是 0°,如图 8-2(a)所示。比例环节的对数幅频特性为幅值等于 $20\lg K(\text{dB})$ 的一条水平直线,相角为零,与频率无关。Bode 图如图 8-2(b)所示。

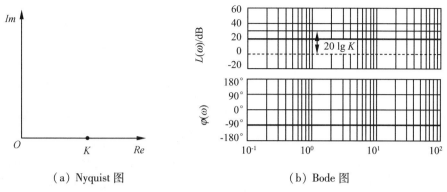

（a）Nyquist 图　　　　　　　　　（b）Bode 图

图 8-2　比例环节的频率特性

2. 积分环节

积分环节的频率特性为

$$G(s) = \frac{1}{s}\bigg|_{s=j\omega} \Rightarrow G(j\omega) = \frac{1}{j\omega} = -j\frac{1}{\omega} \tag{8-17}$$

实频特性为

$$U(\omega) = 0 \tag{8-18}$$

虚频特性为

$$V(\omega) = -\frac{1}{\omega} \tag{8-19}$$

幅频特性为

$$A(\omega) = |G(j\omega)| = \sqrt{U^2 + V^2} = \frac{1}{\omega} \tag{8-20}$$

相频特性为

$$\varphi(\omega) = \angle G(j\omega) = \arctan\frac{V}{U} = \arctan\frac{-\dfrac{1}{\omega}}{0} = \arctan(-\infty) = -90° \tag{8-21}$$

对数幅频特性为

$$L(\omega) = 20\lg\frac{1}{\omega} = -20\lg\omega\,(\mathrm{dB}) \tag{8-22}$$

对数相频特性为

$$\varphi(\omega) = -90° \tag{8-23}$$

由于 $\angle G(j\omega) = -90°$ 是常数,而 $|G(j\omega)|$ 随 ω 增加而减小,因此,积分环节的幅相频率特性是一根与虚轴负段重合的直线,如图 8-3(a)所示。由(8-22)式不难看出,积分环节的对数幅频特性是一条斜率为 $-20\,\mathrm{dB/dec}$ 的直线,即当频率每增加 10 倍时幅值下降20 dB,且与零分贝线相交于 $\omega = 1$,经过点(1,0)。积分环节的对数相频特性是相角为 $-90°$ 的水平直线,与频率 ω 无关。积分环节的 Bode 图如图 8-3(b)所示。

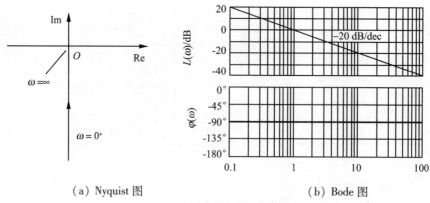

（a）Nyquist 图　　　　　　（b）Bode 图

图 8-3　积分环节的频率特性

3. 微分环节

微分环节的频率特性为

$$G(s) = s \mid_{s=j\omega} \Rightarrow G(j\omega) = j\omega \tag{8-24}$$

实频特性为

$$U(\omega) = 0 \tag{8-25}$$

虚频特性为

$$V(\omega) = \omega \tag{8-26}$$

幅频特性为

$$A(\omega) = |G(j\omega)| = \sqrt{U^2 + V^2} = \omega \tag{8-27}$$

相频特性为

$$\varphi(\omega) = \angle G(j\omega) = \arctan\frac{V}{U} = \arctan\frac{\omega}{0} = \arctan(\infty) = 90° \tag{8-28}$$

对数幅频特性为

$$L(\omega) = 20\lg\omega \,(\text{dB}) \tag{8-29}$$

对数相频特性为

$$\varphi(\omega) = 90° \tag{8-30}$$

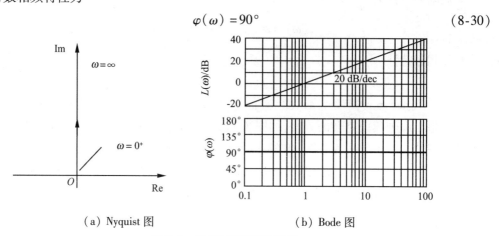

（a）Nyquist 图　　　　　　（b）Bode 图

图 8-4　微分环节的频率特性

理想微分环节的幅相频率特性是一根与虚轴正段重合的直线,如图8-4(a)所示。当 ω 从 $0^+\to\infty$ 变化时,曲线由原点趋向正虚轴的无穷远处,与正虚轴重合。微分环节的 Bode 图与积分环节一样,也可用直线表示,两者关于横坐标轴对称,对数幅频特性是与 $\omega=1$ 相交,且斜率为 20 dB/dec 的直线。而对数相频特性是相角为 90°的一条水平线,与频率 ω 无关,如图8-4(b)所示。

显然,$j\omega$ 和 $j\dfrac{1}{\omega}$ 的频率特性的不同之处是对数幅频特性曲线的斜率和相角都相差一个符号。

如果频率特性包含 $(j\omega)^n$ 或 $\left(\dfrac{1}{j\omega}\right)^n$ 因子,那么

对数幅频特性分别为

$$20\lg|(j\omega)^n| = 20n\lg\omega(\text{dB}), 20\lg\left|\left(\frac{1}{j\omega}\right)^n\right| = -20n\lg\omega(\text{dB}) \tag{8-31}$$

对数相频特性分别为

$$\varphi(\omega) = +n\frac{\pi}{2}, \varphi(\omega) = -n\frac{\pi}{2} \tag{8-32}$$

4. 一阶惯性环节

惯性环节的频率特性为

$$G(s) = \frac{1}{Ts+1}\bigg|_{s=j\omega} \Rightarrow G(j\omega) = \frac{1}{1+jT\omega} \tag{8-33}$$

实频特性为

$$U(\omega) = \frac{1}{1+(T\omega)^2} \tag{8-34}$$

虚频特性为

$$V(\omega) = -\frac{T\omega}{1+(T\omega)^2} \tag{8-35}$$

幅频特性为

$$A(\omega) = |G(j\omega)| = \sqrt{U^2+V^2} = \frac{1}{\sqrt{1+(T\omega)^2}} \tag{8-36}$$

相频特性为

$$\varphi(\omega) = \angle G(j\omega) = \arctan\frac{V}{U} = -\arctan T\omega \tag{8-37}$$

$$\begin{cases} A(\omega)=1, \varphi(\omega)=0°, U(\omega)=1, V(\omega)=0, & \omega=0 \\ A(\omega)=\dfrac{1}{\sqrt{2}}, \varphi(\omega)=-45°, U(\omega)=\dfrac{1}{2}, V(\omega)=-\dfrac{1}{2}, & \omega=\dfrac{1}{T} \\ A(\omega)=0, \varphi(\omega)=-90°, U(\omega)=0, V(\omega)=0, & \omega=\infty \end{cases} \tag{8-38}$$

由此可绘制惯性环节的 Nyquist 图,如图8-5(a)所示。由图可知,当 ω 从 $-\infty\to+\infty$ 变化时,一阶惯性环节的 Nyquist 图是位于第四象限的半个圆。

对数幅频特性为

$$L(\omega) = -20\lg\sqrt{1 + (T\omega)^2}(\text{dB}) \tag{8-39}$$

近似表示为

$$L(\omega) \approx \begin{cases} -20\lg\sqrt{1 + 0} = 0, & \omega \ll \dfrac{1}{T} \\[2mm] -20\lg\sqrt{1 + (T\omega)^2} = -20\lg T\omega, & \omega \gg \dfrac{1}{T} \\[2mm] -20\lg\sqrt{1 + 1} = -3\ \text{dB}, & \omega = \dfrac{1}{T} \end{cases} \tag{8-40}$$

上式表明,当 $\omega \ll \dfrac{1}{T}$ 时,$L(\omega)$ 是一条斜率为 0 dB/dec 的水平线,即低频渐近线;而当 $\omega \gg \dfrac{1}{T}$ 时,$L(\omega)$ 是一条斜率为 -20 dB/dec 的直线,即高频渐近线。这两条渐近线相交于转折频率 $\omega = \dfrac{1}{T}$ 处。实际上由渐近线表示的对数幅频特性与精确曲线之间具有误差。最大误差出现在转折频率 $\omega = \dfrac{1}{T}$ 处,近似等于 -3 dB,且误差的分布关于转折频率对称。

对数相频特性为

$$\varphi(\omega) = -\arctan T\omega \tag{8-41}$$

当频率为 0 时,相位为 0°;转折频率处相位为 $\varphi\left(\dfrac{1}{T}\right) = -\arctan 1 = -45°$;当频率趋于 ∞ 时,相角为 $-90°$。在半对数坐标系中对数相频特性对于 $\left(\dfrac{1}{T}, -45°\right)$ 点是斜对称的。一阶惯性环节的 Bode 图如图 8-5(b)所示。由图可以看出,一阶惯性环节 $G(s) = \dfrac{1}{Ts + 1}$ 具有低通滤波器的作用。对于高于 $\omega = \dfrac{1}{T}$ 的频率,其对数幅值迅速衰减。

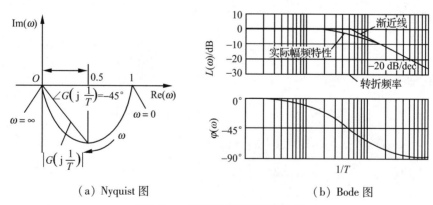

（a）Nyquist 图　　　　　　　　（b）Bode 图

图 8-5　一阶惯性环节的频率特性

当时间常数 T 变化时,对数幅频特性和对数相频特性的形状都不变,只是根据转折频率 $\dfrac{1}{T}$ 的不同,整条曲线向左或向右平移。

5. 一阶微分环节

一阶微分环节的频率特性为

$$G(s) = 1 + Ts \big|_{s=j\omega} \Rightarrow G(j\omega) = 1 + jT\omega \qquad (8\text{-}42)$$

实频特性为

$$U(\omega) = 1 \qquad (8\text{-}43)$$

虚频特性为

$$V(\omega) = T\omega \qquad (8\text{-}44)$$

幅频特性为

$$A(\omega) = |G(j\omega)| = \sqrt{U^2 + V^2} = \sqrt{1 + (T\omega)^2} \qquad (8\text{-}45)$$

相频特性为

$$\varphi(\omega) = \angle G(j\omega) = \arctan\frac{V}{U} = \arctan\frac{T\omega}{1} \qquad (8\text{-}46)$$

Nyquist 图如图 8-6(a)所示。由图可知,当频率 ω 从 $0 \to \infty$ 变化时,特性曲线相当于纯微分环节的特性曲线向右平移一个单位,即过点$(1,j0)$且平行于虚轴的直线。

对数幅频特性为

$$L(\omega) = 20\lg A(\omega) = 20\lg\sqrt{1 + (T\omega)^2} \qquad (8\text{-}47)$$

对数相频特性为

$$\varphi(\omega) = \arctan T\omega \qquad (8\text{-}48)$$

比较一阶微分环节与惯性环节的对数频率特性表达式可知,两者只是符号相反。一阶微分环节的对数幅频特性可由两条渐近线表示,即当 $\omega \ll \dfrac{1}{T}$ 时,是一条零分贝线;当 $\omega \gg \dfrac{1}{T}$ 时,是一条斜率为 $+20\ \text{dB/dec}$ 的直线。它们交接的转折频率是 $\omega = \dfrac{1}{T}$。因此,两者的对数频率特性曲线形状相同,只是对数幅频特性关于横坐标轴零分贝线对称,相频特性曲线关于 $0°$ 线对称。一阶微分环节的 Bode 图如图 8-6(b)所示。

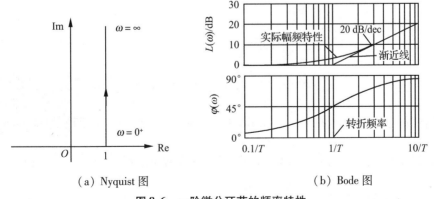

（a）Nyquist 图　　　　　　　　（b）Bode 图

图 8-6　一阶微分环节的频率特性

6. 二阶振荡环节

振荡环节的频率特性为

$$G(s) = \frac{1}{T^2s^2 + 2\zeta Ts + 1}\bigg|_{s=j\omega} \Rightarrow G(j\omega) = \frac{1}{(1 - T^2\omega^2) + j2\zeta T\omega} \tag{8-49}$$

实频特性为

$$U(\omega) = \frac{1 - T^2\omega^2}{(1 - T^2\omega^2)^2 + (2\zeta T\omega)^2} \tag{8-50}$$

虚频特性为

$$V(\omega) = \frac{-2\zeta T\omega}{(1 - T^2\omega^2)^2 + (2\zeta T\omega)^2} \tag{8-51}$$

幅频特性为

$$A(\omega) = |G(j\omega)| = \sqrt{U^2 + V^2} = \frac{1}{\sqrt{(1 - T^2\omega^2)^2 + (2\zeta T\omega)^2}} \tag{8-52}$$

相频特性为

$$\varphi(\omega) = \angle G(j\omega) = \arctan\frac{V}{U} = -\arctan\frac{2\zeta T\omega}{1 - T^2\omega^2} \tag{8-53}$$

$$\begin{cases} A(\omega) = 1, \varphi(\omega) = 0°, U(\omega) = 1, V(\omega) = 0, & \omega = 0 \\ A(\omega) = \dfrac{1}{2\zeta}, \varphi(\omega) = -90°, U(\omega) = 0, V(\omega) = -\dfrac{1}{2\zeta}, & \omega = \dfrac{1}{T} \\ A(\omega) = 0, \varphi(\omega) = -180°, U(\omega) = 0, V(\omega) = 0, & \omega = \infty \end{cases} \tag{8-54}$$

当 $\omega \gg 0$ 时,虚频特性 $V(\omega) \ll 0$,则频率特性曲线位于第三和第四象限;当 ω 从 $0 \to \infty$ 变化时,振荡环节的幅相频率特性由 $1\angle 0°$ 开始到 $0\angle -180°$ 结束。因此,高频部分与负实轴相切,如图 8-7(a)所示。

对数幅频特性为

$$L(\omega) = 20\lg A(\omega) = -20\lg\sqrt{(1 - T^2\omega^2)^2 + (2\zeta T\omega)^2} \tag{8-55}$$

近似表示为

$$L(\omega) \approx \begin{cases} -20\lg\sqrt{1 + 0} = 0, & \omega \ll \dfrac{1}{T} \\ -20\lg\sqrt{1 + (T\omega)^4} = -40\lg T\omega, & \omega \gg \dfrac{1}{T} \\ -20\lg\sqrt{1 + (2\zeta T\omega)^2} = -20\lg 2\zeta, & \omega = \dfrac{1}{T} \end{cases} \tag{8-56}$$

上式表明,当 $\omega \ll \dfrac{1}{T}$ 时,$L(\omega)$ 是一条斜率为 0 dB/dec 的水平线,即低频渐近线;而当 $\omega \gg \dfrac{1}{T}$ 时,$L(\omega)$ 是一条斜率为 -40 dB/dec 的直线,即高频渐近线。两条渐近线相交于转折频率 $\omega = \dfrac{1}{T}$ 处。渐近线和阻尼系数 ζ 无关,精确的对数幅频特性曲线在转折频率处的值为 $-20\lg 2\zeta$,渐近线误差大小与 ζ 值有关。图 8-7(b)为具有不同 ζ 值的 Bode 图。若需要绘出精确曲线,则可根据 ζ 值的大小对渐近线加以修正。

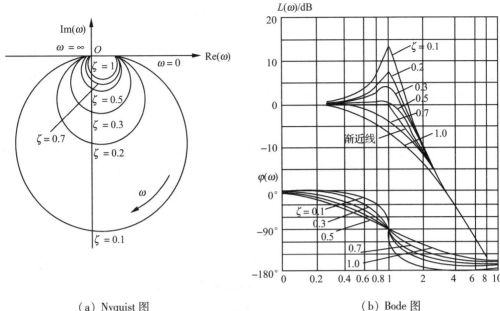

（a）Nyquist 图　　　　　　　　（b）Bode 图

图 8-7　二阶振荡环节的频率特性

二阶振荡环节的对数相频特性为可由式(8-53)求得。$\varphi(\omega)$ 是 ω 和 ζ 的函数。在 $\omega = 0$ 时,$\varphi(\omega) = 0°$,而在转折频率 $\omega = \dfrac{1}{T}$ 时,不论 ζ 值的大小,相角 $\varphi(\omega)$ 都等于 $-90°$。当 $\omega = \infty$ 时,$\varphi(\omega) = -180°$,相角曲线对 $\varphi(\omega) = -90°$ 的弯曲点是斜对称的。

7. 二阶微分环节

二阶微分环节的频率特性为

$$G(s) = T^2 s^2 + 2\zeta T s + 1 \mid_{s=j\omega} \Rightarrow G(j\omega) = (1 - T^2 \omega^2) + j2\zeta T\omega \tag{8-57}$$

实频特性为

$$U(\omega) = 1 - T^2 \omega^2 \tag{8-58}$$

虚频特性为

$$V(\omega) = 2\zeta T\omega \tag{8-59}$$

幅频特性为

$$A(\omega) = |G(j\omega)| = \sqrt{U^2 + V^2} = \sqrt{(1 - T^2 \omega^2)^2 + (2\zeta T\omega)^2} \tag{8-60}$$

相频特性为

$$\varphi(\omega) = \angle G(j\omega) = \arctan \frac{V}{U} = \arctan \frac{2\zeta T\omega}{1 - T^2 \omega^2} \tag{8-61}$$

$$\begin{cases} A(\omega) = 1, \varphi(\omega) = 0°, U(\omega) = 1, V(\omega) = 0, & \omega = 0 \\ A(\omega) = 2\zeta, \varphi(\omega) = 90°, U(\omega) = 0, V(\omega) = 2\zeta, & \omega = \dfrac{1}{T} \\ A(\omega) = \infty, \varphi(\omega) = 180°, U(\omega) = \infty, V(\omega) = \infty, & \omega = \infty \end{cases} \tag{8-62}$$

因为当 $\omega > 0$ 时 $G(j\omega)$ 的虚部是正的单调增加,而 $G(j\omega)$ 的实部由 1 开始单调递减,相角在 $0°$ 到 $180°$ 之间,所以其幅相特性曲线如图 8-8(a)所示。

对数幅频特性为

$$L(\omega) = 20\lg A(\omega) = 20\lg\sqrt{(1-T^2\omega^2)^2 + (2\zeta T\omega)^2} \tag{8-63}$$

比较二阶微分环节与振荡环节的对数频率特性,两者的表达式几乎相同,只是符号相反。二阶微分环节的 Bode 图如图 8-8(b)所示。

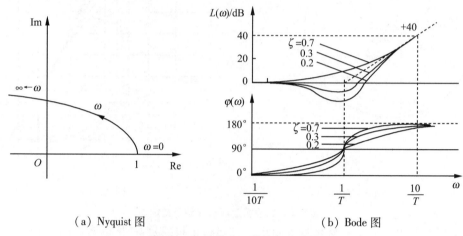

(a) Nyquist 图   (b) Bode 图

图 8-8   二阶微分环节的频率特性

8.4 频率特性的 MATLAB 函数

8.4.1 系统频率特性的计算

频率特性分析是控制理论的重要组成部分,基本原理是若一个线性系统受到频率为 ω 的正弦信号激励时,其输出仍然为正弦信号,而且其幅值和相位随着输入信号频率的变化而变化,并取决于系统传递函数的幅值和相角。假设已知系统的开环传递函数为

$$G(s) = \frac{b_0 s^m + b_1 s^{m-1} + \cdots + b_{m-1}s + b_m}{a_0 s^n + a_1 s^{n-1} + \cdots + a_{n-1}s + a_n} \tag{8-64}$$

将 $s = j\omega$ 代入上式,则系统的开环频率特性为

$$G(j\omega) = \frac{b_0(j\omega)^m + b_1(j\omega)^{m-1} + \cdots + b_{m-1}j\omega + b_m}{a_0(j\omega)^n + a_1(j\omega)^{n-1} + \cdots + a_{n-1}j\omega + a_n} = \frac{X_o(j\omega)}{X_i(j\omega)} = A(\omega)e^{j\varphi(\omega)} \tag{8-65}$$

因为 $G(j\omega)$ 的分子、分母均为有理多项式,可以用多项式计算指令 $\mathrm{polyval}(P, j\omega)$ 函数(其中 P 为多项式系数向量(降幂排列))计算系统的频率响应,得到复数数组。于是可以得到系统频率特性的两个最主要的参数——幅值 $A(\omega)$ 和相角 $\varphi(\omega)$,即

$$A(\omega) = \mathrm{mag}(\omega) = \mathrm{abs}(G(\mathrm{j}\omega)) = \frac{X_\mathrm{o}(\omega)}{X_\mathrm{i}(\omega)} \tag{8-66}$$

$$\varphi(\omega) = \mathrm{phase}(\omega) = \mathrm{angle}(G(\mathrm{j}\omega)) = \frac{X_\mathrm{o}(\omega)}{X_\mathrm{i}(\omega)} = \varphi_\mathrm{o}(\omega) - \varphi_\mathrm{i}(\omega) \tag{8-67}$$

分别有如下计算函数:

频率特性的实部 real($G(\mathrm{j}\omega)$),频率特性的虚部 imag($G(\mathrm{j}\omega)$),幅频响应 abs($G(\mathrm{j}\omega)$)或对数幅频响应 $20*\log(\mathrm{abs}(G(\mathrm{j}\omega)))$,相频响应 angle($G(\mathrm{j}\omega)$)。

8.4.2 常用频域分析函数

频率特性分析主要研究系统的频率行为。从频率响应中可以得到带宽、增益、转折频率、稳定性等系统特征。MATLAB 控制工具箱提供了很多用于频率特性分析的函数和工具,MATLAB 的常用频域分析函数如表 8-1 所示。

表 8-1 常用频域分析函数

函数	功能	使用格式	说明
nyquist	绘制 Nyquist 图	nyquist(num,den,w) nyquist(G)	num 和 den 分别表示传递函数分子、分母中 s 降序排列的多项式系数,nyquist 命令绘制系统的 Nyquist 图,或按指定的频率段绘制系统的 Nyquist 图
		[re,im,w] = nyquist(G,w)	带有输出引用变量函数的格式,不绘制曲线,只计算指定频率点 w 处频率响应的实部和虚部
		nyquist(G1,G1,…,w)	在同一坐标系内绘制多个模型对指定频率范围的 Nyquist 图
bode	绘制 Bode 图	bode(num,den,w) bode(G) bode(G1,G1,…,w)	num 和 den 分别表示传递函数分子、分母中 s 降序排列的多项式系数,bode 命令绘制系统的 Bode 图,或按指定的频率段绘制多个系统的 Bode 图
		[mag,phase,w] = bode(G,w)	带有输出引用变量函数的格式,不绘制曲线,只计算指定频率点 w 处频率响应的幅值和相位
		bodemag(G)	仅绘制幅频 Bode 图
freqs	计算线性时不变系统的频率响应	h = freqs(num,den,w)	指定正实角频率向量,返回响应值
		[h,w] = freqs(num,den,f)	指定频率(Hz)向量,返回响应值和对应的角频率向量
		[h,w] = freqs(num,den)	自动确定 200 个频率点,返回响应值和对应的角频率向量(3 个带返回值的指令需调用 abs 和 angle 求取频率响应)
		freqs(num,den,w)	绘制对指定角频率向量的幅频和相频特性曲线

续表

函数	功能	使用格式	说明
margin	绘制 Bode 图,计算 幅 值、相 位 裕度	margin(G)	基本调用,用于绘制 Bode 图,并在图中标出幅值裕度和相位裕度
		[Gm, Pm, Wg, Wc] = margin (G)	返回幅值裕度 Gm、相位裕度 Pm、相位穿越频率 Wg 和幅值穿越频率 Wc,不绘制 Bode 图
		[Gm, Pm, Wg, Wc] = margin (mag, phase, w)	根据给定幅频向量 mag、相频向量 phase 和对应的频率向量 w,计算并返回 Gm、Pm、Wg 和 Wc。Gm = 1/│G(jWg)│是 Nyquist 图对应的幅值裕度,单位不是分贝

【例 8-2】 绘制系统 $G(s) = 12(s+2)/s(s^2+5s+8)$ 的频率响应曲线。

num = [12 24] ;den = [1 5 8 0] ;

w = 0.05:0.01:pi;   % 产生频率向量

G = polyval(num,j∗w) ./polyval(den,j∗w);   % 计算频率响应

mag = abs(G) ;phi = angle(G) ;   % 计算幅频和相频响应

subplot(121) ,plot(w,mag) ,grid on

xlabel('\omega(rad/s)') ,ylabel('│G│') ,title('幅频特性')

subplot(122) ,plot(w,phi) ,grid

title('相频特性') ,ylabel('deg') ,xlabel('\omega(rad/s)')

figure(2) ,freqs(num,den,w)   % 指定频率向量

figure(3) ,freqs(num,den)   % 不指定频率向量

执行以上代码,得到如图 8-9 和图 8-10 所示的图形。

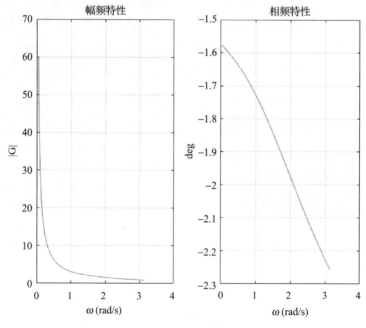

图 8-9　用 polyval 函数计算系统频率响应

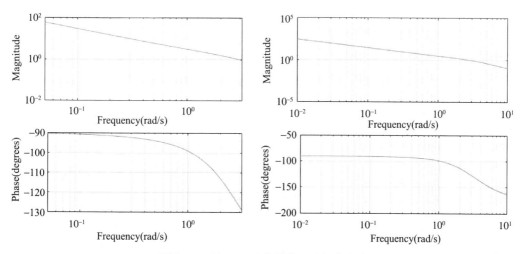

图 8-10　用 freqs 函数计算系统频率响应

8.4.3　稳定性判据

1. Nyquist 稳定性判据

频率特性 $G(\mathrm{j}\omega)$ 是频率 ω 的复变函数,当 ω 从 $-\infty \rightarrow +\infty$ 变化时, $G(\mathrm{j}\omega)$ 的矢端轨迹被称为频率特性的极坐标图或 Nyquist 图。利用封闭的 Nyquist 轨迹可进行系统稳定性分析,即 Nyquist 稳定判据。Nyquist 稳定性判据是利用系统开环频率特性来判断闭环系统稳定性的一个判据,便于研究系统结构参数改变时对系统稳定性的影响。

对于开环稳定的系统,闭环系统稳定的充分必要条件是:开环系统的 Nyquist 曲线不包围点 $(-1,\mathrm{j}0)$ 。反之,则闭环系统是不稳定的。

对于开环不稳定的系统,有 n 个开环极点位于右半平面,则闭环系统稳定的充分必要条件是:当 ω 从 $-\infty$ 变到 $+\infty$ 时,开环系统的 Nyquist 曲线逆时针包围点 $(-1,\mathrm{j}0)n$ 次。

反馈控制系统稳定的充分必要条件是:当从 $-\infty$ 变到 $+\infty$ 时,开环系统的 Nyquist 曲线不穿过点 $(-1,\mathrm{j}0)$,且逆时针包围点 $(-1,\mathrm{j}0)$ 的圈数 p 等于开环传递函数的正实部极点数(即系统开环特征方程不稳定根的个数),则闭环系统稳定。若开环 Nyquist 曲线没有包围点 $(-1,\mathrm{j}0)$,则系统开环稳定,否则系统开环不稳定。

Nyquist 图不便于分析频率特性中某个环节对频率特性的影响。

2. Bode 稳定性判据

利用系统开环频率特性的稳定裕度,可以分析闭环系统的相对稳定性。稳定裕度分为幅值裕度和相位裕度。

幅值裕度(dB)

$$k_g = 20\lg\left(\frac{1}{\mid G(\mathrm{j}\omega_g)H(\mathrm{j}\omega_g)\mid}\right) \tag{8-68}$$

相位裕度

$$\gamma = 180° + \varphi(\omega_c) \tag{8-69}$$

ω_g 为相位穿越频率,即开环相频特性曲线穿越 $-180°$ 线时的频率;ω_c 为幅值穿越频率,即开环幅频特性曲线穿越 0 分贝线时的频率。

Bode 图稳定性判据如图 8-11 所示。从图中可以看出,对于开环稳定的系统,$\omega_c < \omega_g$,系统稳定,此时必然有 $k_g > 0$,$\gamma > 0°$;$\omega_c > \omega_g$,系统不稳定,此时必然有 $k_g < 0$,$\gamma < 0°$;$\omega_c = \omega_g$,系统临界稳定。在工程上通常要求 $k_g > 6$ dB,$\gamma = 30° \sim 60°$。

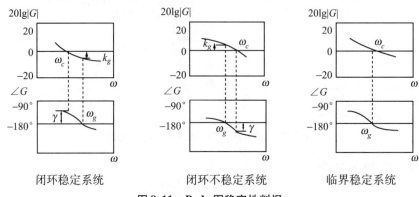

图 8-11　Bode 图稳定性判据

（1）相位裕度

对于闭环稳定系统,若开环相频特性再滞后 γ 度,则系统将变为临界稳定。当 $\gamma > 0$ 时,相位裕度为正,闭环系统稳定。当 $\gamma = 0$ 时,表示 Nyquist 曲线恰好通过点(-1,j0),系统处于临界稳定状态。当 $\gamma < 0$ 时,相位裕度为负,闭环系统不稳定。

（2）幅值裕度

对于闭环稳定系统,若系统开环幅频特性再增大 k_g 倍,则系统将变为临界稳定状态。当 $k_g > 0$ 时,闭环系统稳定。当 $k_g = 0$ 时,系统处于临界稳定状态。当 $k_g < 0$,闭环系统不稳定。

8.4.4　频率特性图示法

1. Nyquist 图的绘制

【例 8-3】　已知系统开环传递函数为 $G(s) = \dfrac{K}{s(s+1)(s+5)}$,绘制 $K = 5,30,60$ 时系统开环频率特性 Nyquist 图,并判断系统的稳定性。

```
w = linspace(0.5,5,1000)*pi;
g1 = zpk([ ],[0 -1 -5],5);          % 建立模型 1,K = 5
g2 = zpk([ ],[0 -1 -5],30);         % 建立模型 2,K = 30
g3 = zpk([ ],[0 -1 -5],60);         % 建立模型 3,K = 60
subplot(131),nyquist(g1),title('System Nyquist Charts with K = 5')
subplot(132),nyquist(g2),title('System Nyquist Charts with K = 30')
subplot(133),nyquist(g3),title('System Nyquist Charts with K = 60')
```

执行结果如图 8-12 所示。

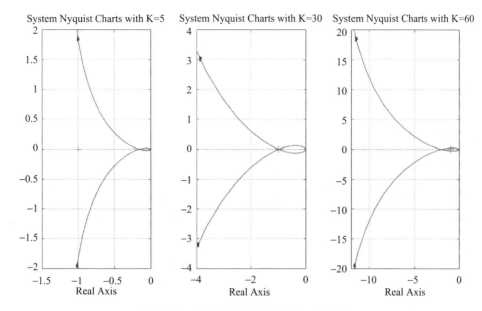

图 8-12 **K = 5,30,60 时系统 Nyquist 图**

由于系统开环稳定(即 $P=0$,没有在右半平面的极点),所以 $K=5$ 时系统稳定,开环 Nyquist 曲线没有包围点(-1,j0),即图中的"+"号;$K=30$ 时系统临界稳定,开环 Nyquist 曲线穿过点(-1,j0);$K=60$ 时系统不稳定,开环 Nyquist 包围点(-1,j0)。

【说明】 MATLAB 中频率范围 ω 除可直接用冒号生成法生成外,还可由两个函数给定:logspace(W1,W2,N) 产生频率在 W1 和 W2 之间的 N 个对数分布频率点;linspace(W1,W2,N) 产生频率在 W1 和 W2 之间的 N 个线性分布频率点;N 可以省略。

调用 nyquist() 指令,若指定 W,则 W 仍然必须是正实数组,MATLAB 将自动绘制与 -W 对应的 Nyquist 轨迹。所绘 Nyquist 图的横坐标为系统频率响应的实部,纵坐标为虚部。

为了验证 Nyquist 稳定判据,执行以下指令,分别绘制 $K=5,30,60$ 时系统单位阶跃响应。

```
g11 = feedback( g1,1,-1 );
g12 = feedback( g2,1,-1 );
g13 = feedback( g3,1,-1 );
subplot(131),step(g11),title('System Step Response with K = 5')
subplot(132),step(g12),title('System Step Response with K = 30')
subplot(133),step(g13),title('System Step Response with K = 60')
```

执行结果如图 8-13 所示。

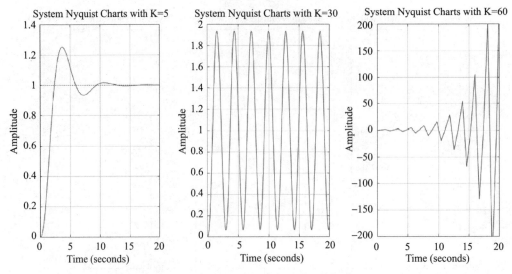

图 8-13 $K=5,30,60$ 时系统单位阶跃响应

$K=5$ 时系统闭环稳定,$K=30$ 时系统临界稳定,$K=60$ 时系统单位阶跃响应发散,即系统闭环不稳定。

2. Bode 图的绘制

【例 8-4】   已知系统开环传递函数为 $G(s)=\dfrac{K}{s(s+1)(s+5)}$,绘制 $K=5,30,60$ 时系统开环频率特性 Bode 图,并判断系统的稳定性。

```
g1 = zpk([ ],[0 -1 -5],5);          % 建立模型 1,K=5
g2 = zpk([ ],[0 -1 -5],30);         % 建立模型 2,K=30
g3 = zpk([ ],[0 -1 -5],60);         % 建立模型 3,K=60
subplot(131),bode(g1),title('System Bode Charts with K=5')
subplot(132),bode(g2),title('System Bode Charts with K=30')
subplot(133),bode(g3),title('System Bode Charts with K=60')
```

执行结果如图 8-14 所示。

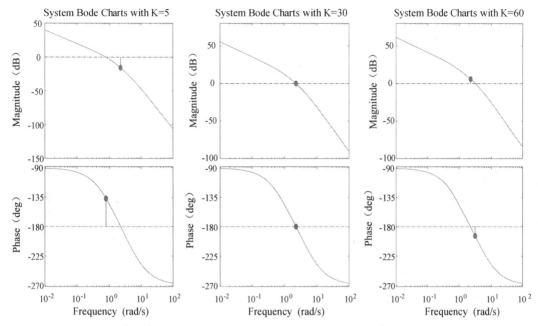

图 8-14 $K=5,30,60$ 时系统 Bode 图

由图 8-14 可见,因为 $\omega_c < \omega_g$,$K=5$ 时系统稳定;$\omega_c = \omega_g$,$K=30$ 时系统临界稳定;$\omega_c > \omega_g$,$K=60$ 时系统不稳定。

【说明】 当不指定频率范围时,bode( )将根据系统零极点自动确定频率范围。

3. 计算幅值、相位裕度

设计控制系统时,不仅要求系统是稳定的,而且还希望系统必须具备适当的稳定裕度。获取系统幅值裕度和相位裕度的函数 margin( )可以判断系统的稳定性,幅值裕度 gm 或相位裕度 pm 小于零,表示系统不稳定。

【例 8-5】 已知系统开环传递函数为 $G(s) = \dfrac{k}{s(0.5s+1)(0.1s+1)}$,试确定使系统稳定的 k 的范围。

第一种方法:

g1 = tf(1,[1,0]);g2 = tf(1,[0.5 1]);g3 = tf(1,[0.1 1]);

g = g1*g2*g3;

[gm,pm,wg,wc] = margin(g);

k = gm

subplot(121),margin(g*13)

subplot(122),margin(g*12)

运行结果如下:

k =

　　12.0000

【说明】 $gm = 1/|G(jw_g)|$ 是 Nyquist 图对应的幅值裕度,单位不是分贝,表示系统可增

加的最大稳定增益。如果系统原来是稳定的,那么系统的开环增益增大到原来的 gm 倍时,就变成临界稳定了。

从图 8-15 可以看出,k 为 12 时系统临界稳定,k 超过 12 时系统就变得不稳定。

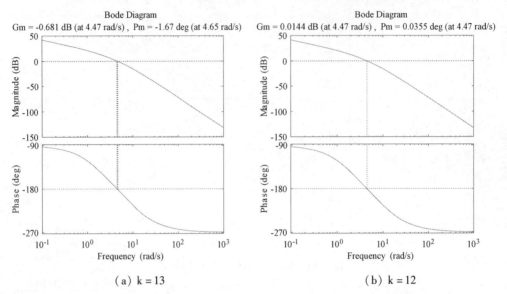

(a) k = 13　　　　　　　　　　　　　(b) k = 12

图 8-15　系统的稳定裕度

第二种方法:

```
g1 = tf(1,[1,0]);g2 = tf(1,[0.5 1]);g3 = tf(1,[0.1 1]);
g = g1*g2*g3;                      % 系统开环模型
w = logspace(0,3,1000);            % 生成对数频率向量
bode(g,w)                          % 系统 Bode 图
[mag,phase,w] = bode(g,w);         % 产生幅频和相频矩阵 <1>
mag1 = reshape(mag,1000,1);        % 重构幅值向量(1000*1)
phase1 = reshape(phase,1000,1);    % 重构相频向量(1000*1)
wc = interp1(phase1,w,-180)        % 插值求-180 度所对应的频率 wc
kg = interp1(w,mag1,wc)            % 插值求 wc 所对应的增益
k = 1/kg                           % 该增益的倒数即为可增加的最大增益
```

运行结果如下:

```
wc =
    4.4722
kg =
    0.0833
k =
    11.9998
```

<1> bode( ) 函数返回的幅频 mag、相频 phase 结果均为 1×1×1000 的三维矩阵,需要

用 reshape 函数将其转化换为向量,以便于数值计算。

第三种方法(用 for 循环):

i = 1;

for k = 0:0.1:20

g1 = tf(1,[1,0]);g2 = tf(1,[0.5 1]);g3 = tf(1,[0.1 1]);

g = k*g1*g2*g3;

[gm,pm,wg,wc] = margin(g);

if wg > wc 或 pm > 0 或 gm > 1(单位非分贝)   % 稳定性条件

    a(i) = k;

    i = i + 1;

    end

end

a(end)

运行结果如下:

ans =

    12

第四种方法(用 while 循环):

wc = 0;wg = 0.1;k = 1;

while wc < wg   % 稳定性条件

g1 = tf(1,[1,0]);

g2 = tf(1,[0.5 1]);

g3 = tf(1,[0.1 1]);

g = k*g1*g2*g3;

[gm,pm,wg,wc] = margin(g);

k = k + 1

end

k-2

运行结果如下:

ans =

    12

熟悉此例使用的四种方法,掌握并灵活运用函数 bode( )和 margin( )的三种调用格式,加深对稳定性条件的理解。

此例也可以应用根轨迹方法解决。先用 rlocus 函数绘制根轨迹,利用命令[k,poles] = rlocfind(sys),根轨迹与虚轴相交时,系统处于临界稳定状态。计算出根轨迹与虚轴交点对应的增益值 k,同时返回增益 k 条件下的闭环极点。输入如下程序行:

g1 = tf(1,[1,0]);g2 = tf(1,[0.5 1]);g3 = tf(1,[0.1 1]);g = g1*g2*g3;

rlocus(g);[k,poles] = rlocfind(g)

运行结果如下:

k =

　　12

poles =

　　-12.0011 + 0.0000i

　　-0.0014 + 4.47i

　　-0.0014 - 4.47i

根轨迹方法确定临界增益如图 8-16 所示。

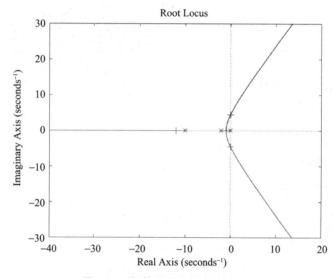

图 8-16　根轨迹方法确定临界增益

【例 8-6】　已知系统结构如图 8-17 所示,其中

$$G(s) = \frac{16.7s}{(0.0625s+1)(0.25s+1)(0.85s+1)}$$

绘制系统 Nyquist 曲线,运用 Nyquist 判据判断系统的稳定性;绘制系统开环 Bode 图并用稳定裕度指标验证闭环系统稳定性。

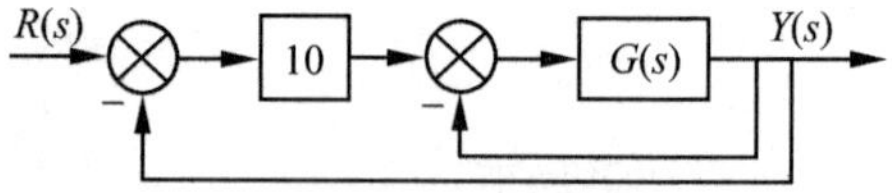

图 8-17　例 8-6 图

系统开环传递函数为 $g = 10 \cdot \dfrac{G}{1+G}$。

g1 = tf(1,[0.0625 1]);g2 = tf(1,[0.25 1]);g3 = tf([16.7 0],[0.85 1]);

g = minreal(10*g1*g2*g3/(1 + g1*g2*g3)),G1 = zpk(g)

g =

　　　　　1.257e04 s

　　--

　　s^3 + 21.18 s^2 + 1345 s + 75.29

Continuous-time transfer function.

G1 =

$$\frac{12574\ s}{(s+0.05603)\ (s^2+21.12s+1344)}$$

nyquist(g)

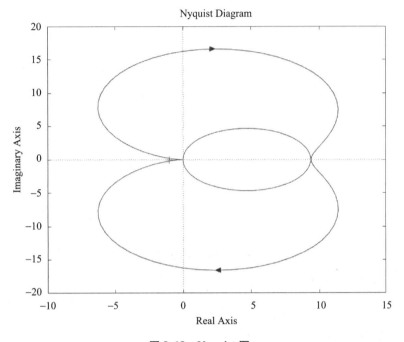

图8-18 Nyquist 图

传递函数在 s 右半平面的极点数 p = 0,此时,开环 Nyquist 图不包围点(- 1, j0),即 N = 0,所以系统是稳定的。输入以下程序行:

margin(g),[Gm,Pm,Wg,Wc] = margin(g)

运行得 Gm = Inf　Pm = 11.3542　　Wg = Inf　Wc = 116.9331

程序运行后,可得系统 Bode 图如图 8-19 所示,幅值裕度为无穷大,相位裕度为 11.3542°,幅值裕度和相位裕度均大于零,故系统是稳定的。

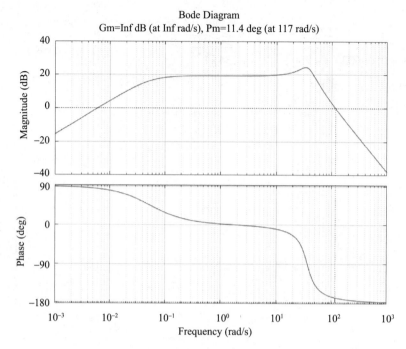

图 8-19   Bode 图

此系统闭环传递函数为 $sys = \dfrac{g}{1+g}$。

$$sys = \mathrm{minreal}(g/(1+g)), \mathrm{step}(sys)$$

系统单位阶跃响应曲线如图 8-20 所示。

sys =

$$\frac{1.257\mathrm{e}04\ s}{s^3 + 21.18\ s^2 + 1.392\mathrm{e}04\ s + 75.29}$$

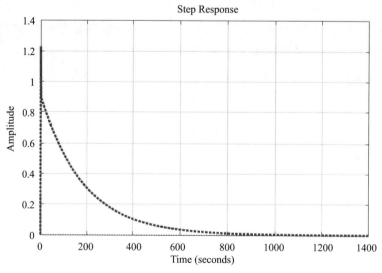

图 8-20   闭环系统阶跃响应

【例8-7】 图8-21所示为一直流电动机驱动系统等效电路图。输入量是电枢电压 u_a，输出量是转轴的角度 θ，设电动机的转轴是刚性的，求系统传递函数 $\dfrac{\theta(s)}{U_a(s)}$，并绘制系统的 Bode 图和 Nyquist 图。

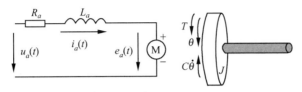

图8-21 直流电动机驱动系统等效电路

设电动机转动惯量(含负载) $J = 3.228\ 4 \times 10^{-6}\ \mathrm{kg \cdot m^2}$，黏性摩擦系数 $C = 3.507\ 7 \times 10^{-6} \mathrm{N/(m \cdot s^{-1})}$，电动机转矩常数 $K_t =$ 电势常数 $K_e = 0.027\ 4\ \mathrm{N \cdot m/A}$，电枢电阻 $R_a = 4\ \Omega$，电枢电感 $L_a = 2.75 \times 10^{-6}\ \mathrm{H}$。建立动力学平衡方程：

转矩平衡方程为

$$J\ddot{\theta} + C\dot{\theta} = K_t i_a$$

电路方程为

$$L_a \frac{\mathrm{d}i_a}{\mathrm{d}t} + R_a i_a = u_a - e_a = u_a - K_e \dot{\theta}$$

对动力学方程进行拉氏变换，得

$$Js^2\theta(s) + C\theta(s) = K_t I_a(s)$$
$$L_a s I_a(s) + R_a I_a(s) = U_a(s) - K_e s\theta(s)$$

输入是 $U_a(s)$，输出是 $\theta(s)$，两个方程的中间联系变量是 $I_a(s)$。在 Simulink 环境下建立模型框图结构，如图8-22所示，将 Simulink 模型保存为文件"DCmotor. mdl"。

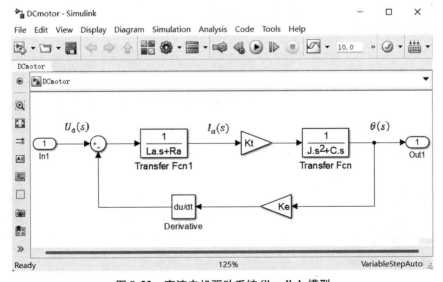

图8-22 直流电机驱动系统 Simulink 模型

在命令窗口中输入命令：

$[num, den] = linmod('DCmotor')$, $sys = tf(num, den)$

显示结果为

num =

   1.0e + 09 *

       0   0   0   3.0862

den =

   1.0e + 06 *

  0.0000   1.4545   1.5804   0

sys =

$$\frac{3.086e09}{s^3 + 1.455e06\ s^2 + 1.58e06\ s}$$

Continuous-time transfer function.

sys 即为 $\dfrac{\theta(s)}{U_a(s)}$ 传递函数模型。对模型进行分析,选择【Analysis】下拉菜单项【Control Design】下的【Linear Analysis】,如图 8-23 所示。

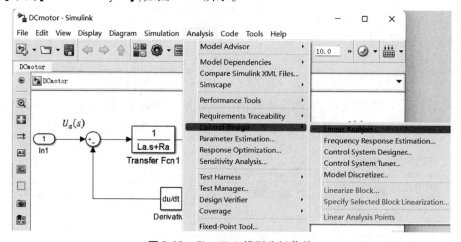

图 8-23　Simulink 模型分析菜单

单击 Bode 图图标 ,得到的图形如图 8-24 所示。

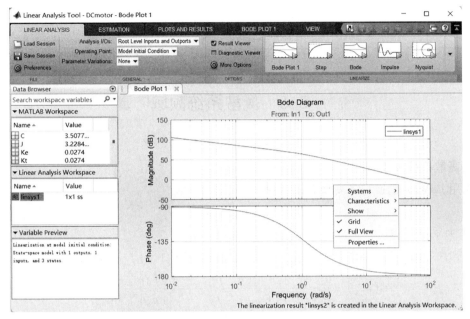

图 8-24　Simulink 中 Linear Analysis Tool 之 Bode 图

① 显示网格：右击 Bode 图空白处，勾选［Grid］。

② 设置 X 轴和 Y 轴范围、单位、含义等：右击 Bode 图空白处，选择［Properties］。

③ 显示裕度、响应峰值等：右击 Bode 图空白处，选择［Characteristics］。

单击 Result Viewer 后会自动弹出"Linearization result details for linsys1"对话框，如图 8-25 所示，可以查看传递函数模型，或将传递函数改为 State Space 或 Zero Pole Gain 模型。

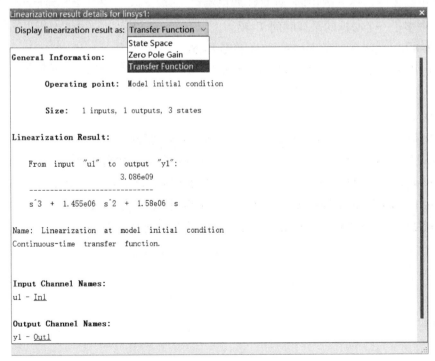

图 8-25　Simulink 模型结果显示

Nyquist 图同样可以通过单击图标 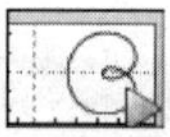 得到,此处不再赘述。

8.5 离散系统频域仿真

1. 离散系统频率响应

利用 Laplace 变换与 Z 变换关系,可得

$$z = e^{sT} \big|_{s=j\omega} = e^{j\omega T} \tag{8-70}$$

式中,T 为采样周期。

已知离散系统传递函数 $G(z)$,则离散系统的频率响应可由下式求出:

$$G(e^{j\omega T}) = \frac{b_0(e^{j\omega T})^m + b_1(e^{j\omega T})^{m-1} + \cdots + b_m e^{j\omega T} + b_{m+1}}{a_0(e^{j\omega T})^n + a_1(e^{j\omega T})^{n-1} + \cdots + a_n e^{j\omega T} + a_{n+1}} \tag{8-71}$$

为正确计算离散系统的频率响应,系统的频率范围应在 $0 \sim \omega_s/2$ 之间,其中 $\omega_s = \dfrac{2\pi}{T}$ 为离散系统的采样角频率。

2. 离散系统频域仿真的 MATLAB 函数

与系统响应的时域仿真类似,MATLAB 环境下离散控制系统频域仿真只需在连续系统相应的 MATLAB 频域函数前面加上 d 即可,如 dnyquist( )、dbode( )等。这些函数的调用和参数设置也与连续系统大体相同,只是这些函数的参数设置中多了一个必选的采样时间 T_s 项。

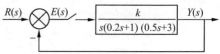

【例8-8】 设闭环离散系统的结构如图 8-26 所示,其中 $T = 0.2$ s,$k = 2$,绘制该系统的 Bode 图和 Nyquist 图,如图 8-27 和图 8-28 所示。

图 8-26 闭环离散系统

Ts = 0.1;k = 2;

Gs = zpk([ ],[0 -5 -6],k*10);　　　%连续系统开环传递函数

Gz = c2d(Gs,Ts,'zoh');　　　%开环传递函数离散化

[num,den,Ts] = tfdata(Gz,'v')　　　%获取 Gz 的分子、分母系数向量

figure(1),dbode(num,den,Ts),grid　　　%绘制离散系统 Bode 图

figure(2),dnyquist(num,den,Ts)　　　%绘制离散系统 Nyquist 图

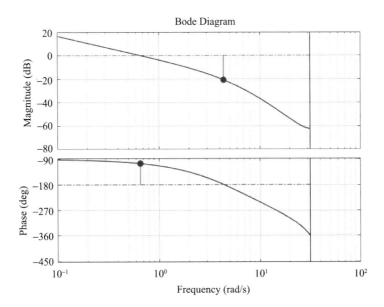

图 8-27　离散系统 Bode 图($k=2$)

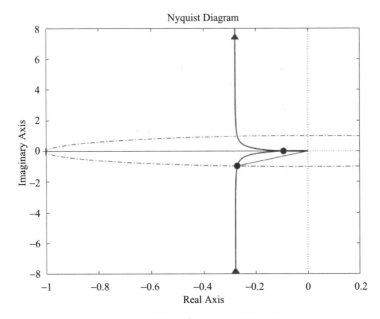

图 8-28　离散系统 Nyquist 图($k=2$)

【说明】　在设置系统时离散系统的 MATLAB 频域分析指令必须代入分子和分母系数向量。

对离散系统只进行主频带($\pm \omega_s/2$)分析。本例中的采样角频率 $\omega_s=\dfrac{2\pi}{T}=20\pi$,因此 Bode 图只绘制到约 31 rad/s。

借助主频带内离散系统开环频率特性的 Bode 图或 Nyquist 图仍然可对系统的稳定性进行分析。对图 8-27、图 8-28 进行分析,由 Bode 判据或 Nyquist 判据可知该离散系统是稳定的。执行以下命令,可得如图 8-29 所示的系统单位阶跃响应曲线,这验证了系统稳定的结论。

```
Gb = feedback(Gz,1,-1);          % 离散系统闭环传递函数
[numb,denb,Ts] = tfdata(Gb,'v')  % 获取 Gb 的分子、分母系数向量
dstep(numb,denb)                 % 绘制离散系统单位阶跃响应曲线
```

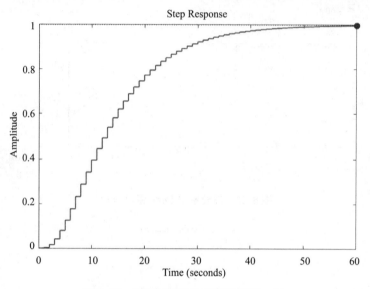

图 8-29　离散系统单位阶跃响应($k = 2$)

　　需要注意的是,离散系统的稳定性与采样周期 T 有很大关系。图 8-26 所示的三阶系统,在连续时间下始终是稳定的,而在离散时间的情况下,增益 K 的取值将受采样周期的制约,否则就会导致系统不稳定。当采样周期 T 不变,将 K 增加至 25 时,系统就不稳定,此时系统的 Bode 图和单位阶跃响应曲线如图 8-30 所示。

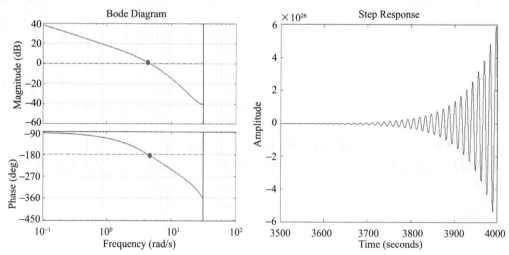

图 8-30　离散系统 Bode 图和单位阶跃响应曲线($k = 25$)

8.6 系统频域校正

控制系统的频域校正或频域设计是根据给定的频域性能指标,如稳定裕度、频宽、谐振频率等进行控制器的设计,是古典控制理论的一种主要设计方法。控制器的频域校正有以下几种形式:相位超前校正、相位滞后校正、相位滞后—超前校正、PID 校正。本节以实例介绍应用 MATLAB 进行系统校正的方法。

8.6.1 串联滞后校正

滞后校正利用校正后系统幅值穿越频率左移,使截止频率前移,增大幅值裕量,改善动态性能。如果使校正环节的最大滞后相角的频率远离校正后的幅值穿越频率而处于相当低的频率上,就可以使校正环节的相位滞后对相角裕度的影响尽可能小。特别是当系统满足静态要求,不满足幅值裕度和相角裕度,而且相频特性在幅值穿越频率附近相位变化明显时,采用滞后校正能够收到较好的效果。

滞后校正网络具有低通滤波器的特性,会使系统开环频率特性的中频和高频段幅频增益降低,截止频率减小,从而有可能使系统获得足够大的相位裕度,不影响频率特性的低频段。但是校正后系统的截止频率会减小,瞬态响应的速度要变慢 。

相位滞后校正可以使系统具有希望的相位裕度和低频增益(稳态误差),校正装置的传递函数为

$$G_c(s) = \frac{K_c(T_1 s + 1)}{(\beta T_1 s + 1)}, \beta > 1 \tag{8-72}$$

其对数幅频特性和相频特性如图 8-31 所示。

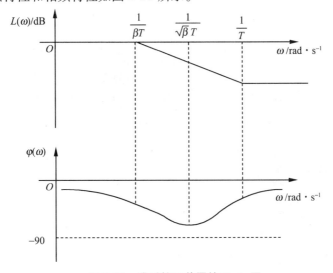

图 8-31 滞后校正装置的 Bode 图

先确定增益 K_c 使系统具有希望的稳态精度,再确定校正装置的转折频率使系统具有希望的相位裕度 γ。K_c 也可合并到 $G(s)$ 中。

设计串联滞后校正网络的步骤如下:

① 根据稳态性能要求,确定开环增益 K;

② 利用已确定的开环增益,画出未校正系统对数频率特性曲线,确定未校正系统的截止频率、相位裕度和幅值裕度;

③ 选择不同的 ω_c,计算或查出不同的 γ 值,在 Bode 图上绘制 $\gamma(\omega_c)$ 曲线;

④ 根据相位裕度要求,选择已校正系统的截止频率,在希望的 ω_c 处的增益为 $20\lg\beta$,由此确定滞后网络的 β 值;

⑤ 由关系式 $\dfrac{1}{T} = \dfrac{\omega_c}{2} \sim \dfrac{\omega_c}{10}$,确定滞后网络参数 β 和 T;

⑥ 验算已校正系统的相位裕度和其他性能指标,如不满足,重新选择 T 值进行计算。

【例 8-9】 已知单位负反馈系统 $G_0(s) = \dfrac{40}{s(0.062\,5s+1)(0.2s+1)}$,设计要求:该系统的相角裕度满足 $\gamma \geqslant 50°$,幅值裕度 $h \geqslant 17$ dB,静态速度误差系统 $K_v = 40$。求串联滞后校正装置的传递函数 $G_c(s)$。

先根据稳态误差计算 K_c,然后根据 K_c 下原系统开环幅频、相频曲线,寻找满足要求的相位裕度所对应的频率作为幅值穿越频率 ω_c,根据 ω_c 确定校正环节的转折频率。

$$|G_c(j\omega_c)G(j\omega_c)| = 1 \rightarrow \beta = |K_cG(j\omega_c)|$$

$$\frac{1}{T_1} = \frac{\omega_c}{10} \rightarrow T_1 = \frac{10}{\omega_c}$$

滞后校正通常在低频段进行,即最大转折频率 $\dfrac{1}{T_1}$ 应远小于校正后系统的开环幅值穿越频率 ω_c(一般取 $0.1\omega_c$),以避免校正装置的负相位影响 ω_c 附近的系统开环相频特性,所以 $T_1\omega_c$ 远大于 1,又 $\beta > 1$,因此在 ω_c 处有

$$G_c(j\omega_c) = \frac{K_c(T_1 j\omega_c + 1)}{(\beta T_1 j\omega_c + 1)} \approx \frac{K_c}{\beta}$$

```
sym s,y = s*(0.0625*s+1)*(0.2*s+1),den = sym2poly(y)    %分母用符号函数表示
num = 40,G0 = tf(num.den)              %原系统传递函数模型
G0 = zpk([],[0 -1/0.0625 -5],3200)     %原系统零极点增益模型
margin(G0);                            %原系统 Bode 图
```

原系统 Bode 图如图 8-32 所示。

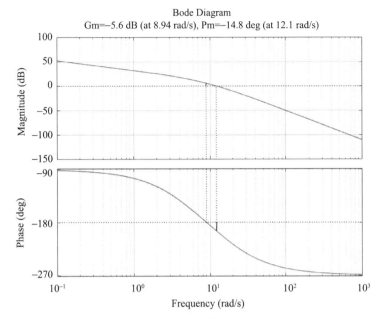

图 8-32　原系统 Bode 图

fi = -180 + 50 + 10 ;	%增加预补偿量 10°的相位-120° < 1 >
w = logspace(-1 ,10 ,400) ;	%生成对数频率向量
[mag ,phase] = bode (G0 ,w) ;	%产生系统幅频、相频矩阵 < 2 >
mag1 = reshape(mag ,400 ,1) ;	%将幅频矩阵变为幅频向量 < 3 >
ph = reshape(phase ,400 ,1) ;	%将相频矩阵变为相频向量 < 4 >
wc = interp1 (ph ,w ,-120)	%计算相位为-120°时的频率 wc < 5 >
mag120 = interp1 (ph ,mag1 ,-120) ;	%计算 wc 处的幅值 < 6 >
Beta = mag120	%获取 β < 7 >
T1 = 10/wc ; BT1 = Beta∗T1 ;	%计算转折频率 < 8 >
Gc = tf([T1 ,1] ,[BT1 ,1])	%建立校正环节模型
G = Gc∗G0	%建立串联校正环节系统开环传递函数模型
margin(G)	%计算幅值裕度、相位裕度、相位穿越频率、幅值穿越频率,并绘图

命令窗口中运行结果如下:

wc =

　　2.0806

即在幅值穿越频率 wc 处,系统开环频率特性的相位为-120°。

Beta =

　　17.6141

Gc =

$$\frac{4.806\ s + 1}{84.66\ s + 1}$$

Continuous-time transfer function.

G =

$$\frac{181.67(s + 0.2081)}{s(s + 0.01181)(s + 5)(s + 16)}$$

校正后系统 Bode 图如图 8-33 所示。

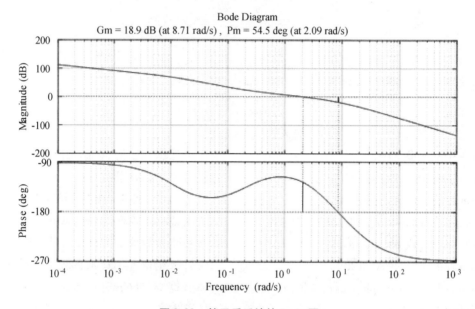

图 8-33　校正后系统的 Bode 图

【说明】　<1>考虑到校正环节在幅值穿越频率 ω_c 处相位滞后的影响,在希望相位裕度基础上增加 $10°$ 的预补偿量,得到 $\angle G_0(j\omega_c) = -180° + 50° + 10° = -120°$;<2>中 bode( )函数返回的幅频 mag、相频 phase 结果均为 $1 \times 1 \times 400$ 的三维矩阵,需要用 reshape 函数将其转化为向量,以便于数值计算;<5>中 interp1( )为插值函数,用于确定 ph 中与 $-120°$ 对应的角频率 ω_c;<6>在幅值穿越频率 ω_c 处,系统开环频率特性的相位为 $-120°$;<7>在幅值穿越频率 ω_c 处,校正环节的对数幅值应满足:$20\lg\beta = 20\lg|G(j\omega_c)|$;<8>一阶微分环节转折频率 $1/T_1$ 可根据相位裕度的变化进行调整。

系统校核:

第一种方法:

G = Gc∗G0　　　　　% 建立串联校正环节系统开环传递函数模型

figure(2)

margin(G)　　　　　% 计算幅值裕度、相位裕度、相位穿越频率、幅值穿越频率,并绘图

subplot(2,1,1),step(feedback(G0,1,-1))　　　% 绘制校正前系统阶跃响应曲线

subplot(2,1,2),step(feedback(G,1,-1))   %绘制校正后系统阶跃响应曲线

图8-34(b)为校正后系统阶跃响应曲线,与图8-34(a)未校正的系统阶跃响应相比,系统的动态特性明显改善。

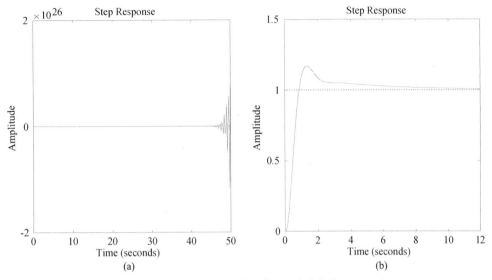

图8-34 校正前后系统阶跃响应曲线

第二种方法:

g1 = tf(1,[1,0]);g2 = tf(1,[0.0625 1]);g3 = tf(1,[0.2 1]);

G0 = g1*g2*g3*40;margin(G0);

gamma0 = 50;delta = 10;gamma = gamma0 + delta;

w = 0.01:0.01:100;[mag,phase] = bode(G0,w);

n = find(180 + phase-gamma <=0.1);   % find()函数找出满足相位裕度要求的向量的所有下标值

wc = n(1)/100;   %取第1项是为了最大限度利用滞后相位量

[mag1,phase1] = bode(G0,wc);

Lc = -20*log10(mag1);beta = 10^(Lc/20);

w2 = wc/10;w1 = beta*w2;

numc = [1/w2,1];denc = [1/w1,1];Gc = tf(numc,denc)

G = G0*Gc

hold on,margin(G)

程序运行结果如图8-35所示,同第一种方法结果一致。

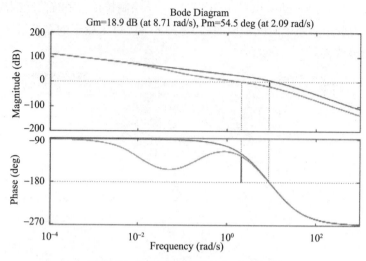

图 8-35　校正前后系统的 Bode 图对比

8.6.2　串联超前校正

超前校正利用相位超前,选择适当的参数使出现最大超前角时的频率接近系统幅值穿越频率,使截止频率后移,相位角超前,从而有效地增加系统的相角裕度,提高系统的相对稳定性。当系统有满意的稳态性能而动态响应不符合要求时,可采用超前校正。

用频率法对系统进行超前校正的基本原理是,利用超前校正网络的相位超前特性来补偿原系统的相位滞后,以达到改善系统瞬态响应的目标。因此,要求校正网络最大的相位超前角 ω_m 出现在系统的截止频率(剪切频率 ω_c)处。串联超前校正的特点是:主要对未校正系统中频段进行校正,使校正后中频段幅值的斜率为 -20 dB/dec,且有足够大的相位裕度;超前校正会使系统瞬态响应的速度变快,校正后系统的截止频率增大。这表明校正后系统的频带变宽,瞬态响应速度变快,相当于微分效应;但系统抗高频噪声的能力变差。超前校正装置的传递函数为

$$G_c(s) = \frac{Ts+1}{\alpha Ts+1}, \alpha < 1 \tag{8-73}$$

其对数幅频特性和相频特性如图 8-36 所示。

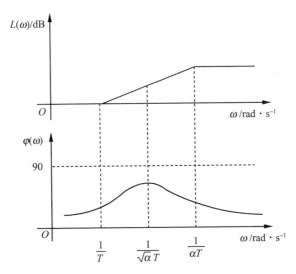

图 8-36　超前校正装置的 Bode 图

由 Bode 图可知，超前校正装置在 $\omega = \omega_m = \dfrac{1}{\sqrt{\alpha}\,T}$ 处产生最大的超前角 $\varphi_m = \arcsin \dfrac{1-\alpha}{1+\alpha}$。

超前校正装置在 $\omega = \omega_m = \dfrac{1}{\sqrt{\alpha}\,T}$ 处使得开环系统的幅频特性改变 $L(\omega_m) = 20\lg\left(\dfrac{1}{\sqrt{\alpha}}\right) = -10\lg\alpha$。

用频率法对系统进行串联超前校正的一般步骤如下：

① 根据给定的系统稳态指标，确定开环增益 K。

② 根据所确定的开环增益 K，画出未校正系统的 Bode 图，计算未校正系统的相位裕度 γ_0。

③ 确定需要增加的最大相位超前角 φ_m，$\varphi_m = \gamma - \gamma_0 + (5° \sim 15°)$ 补偿余量。

④ 计算超前网络参数 α，由 $\alpha = \dfrac{1 - \sin\varphi_m}{1 + \sin\varphi_m}$ 求取，确定最大相位超前角对应的频率 ω_m。

⑤ 校正装置在 $\omega = \omega_m$ 处的增益为 $-10\lg\alpha$，同时确定未校正系统 Bode 图上增益为 $10\lg\alpha$ 处的频率即为校正后系统的剪切频率 $\omega_{cnew} = \omega_m$，ω_m 位于 $1/\alpha T$ 与 $1/T$ 的几何中点，求得校正网络的转折频率 T，$T = \dfrac{1}{\sqrt{\alpha}\,\omega_m}$。

⑥ 画出校正后系统 Bode 图，验算已校正系统的相位裕度和其他性能指标能否满足要求。如不满足，可增大余量重新计算。将原有开环增益加倍，补偿超前网络产生的幅值衰减，确定校正网络组件的参数。

【例 8-10】　已知单位负反馈传递函数 $G_0(s) = \dfrac{100k}{s(0.04s + 1)}$，要求设计串联超前校正装置，使系统的速度误差系数 $K_v = 100$，相角裕度 $\gamma = 45°$，剪切频率 $\omega_c \geqslant 60$ rad/s。

① 该系统为 I 型系统，速度误差系数 $K_v = \lim\limits_{s \to 0} sG_0(s) = 100 = 100k$，取 $k = 1$。

② 检查未校正系统的 Bode 图的 MATLAB 程序如下:

num = 100;den = conv([1 0],[0.04 1]);G0 = tf(num,den);　% 原系统的开环传递函数

margin(G0);[Gm,Pm,Wg,Wc] = margin(G0)　　　　% 原系统 Bode 图

校正前系统 Bode 图如图 8-37 所示。

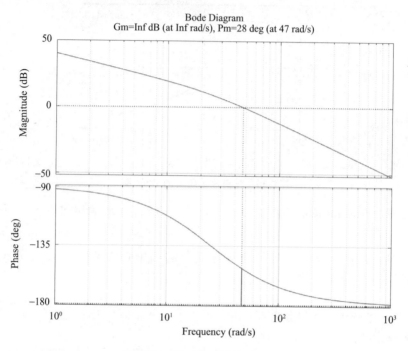

图 8-37　校正前系统的 Bode 图

程序执行后得到未校正系统的幅值裕度 G_m 为无穷大,相位裕量 P_m 为 28.024 3°,幅值穿越频率 ω_c 为 46.970 1 rad/s,相位穿越频率 ω_g 为无穷大。因为 ω_c 小于 60 rad/s,故相对稳定性不符合要求。

③ 根据要求的相位裕度,取 $\gamma = 45°$。

计算超前校正装置传递函数的 MATLAB 程序如下:

[mag,phase,w] = bode(G0);　　　　　% 产生系统幅频、相频矩阵,mag 不是分贝值

phim = (45-Pm + 10)∗pi/180;　　　　% 确定需要增加的最大相位超前角 φm

alfa = (1-sin(phim))/(1 + sin(phim));% 确定 α 值

magdb = 20∗log10(mag);　　　　　　% 计算对数幅频响应值

am = 10∗log10(alfa);　　　　　　　　% wm 处的增益

wc = spline(magdb,w,am);　　　　　　% 返回在向量 magdb 中与 am 值对应的校正后的

wc <1 >

T = 1/(wc∗sqrt(alfa));　　　　　　　% 确定校正网络的转折频率 T

alfat = alfa∗T;

Gc = tf([T 1],[alfat 1])　　　　　　% 建立校正环节模型

G = G0*Gc   % 建立串联校正环节系统开环传递函数模型

subplot(121),margin(G0),subplot(122),margin(G)   % 绘制校正前后的 Bode 图

<1> 数据预测 spline( ) 函数 s = spline(x,y,xq),利用三次方样条数据插值,返回与 xq 中的查询点对应的插值 s 的向量。s 的值由 x 和 y 的三次样条插值确定。

程序运行后得到校正装置的传递函数为

Gc =

$$\frac{0.02654\ s + 1}{0.009976\ s + 1}$$

G =

$$\frac{2.654\ s + 100}{0.000399\ s^3 + 0.04998\ s^2 + s}$$

Continuous-time transfer function.

校正前后系统的 Bode 图对比如图 8-38 所示。

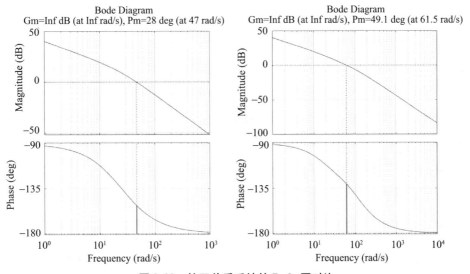

图 8-38　校正前后系统的 Bode 图对比

从图 8-38 中可看出,校正后系统幅值裕度 $\gamma = 49.1° \geqslant 45°$,满足设计要求,且闭环系统稳定。绘制校正前后闭环系统的阶跃响应对比图,如图 8-39 所示。

sys1 = feedback(G0,1);step(sys1);hold on

sys2 = feedback(G,1);step(sys2);

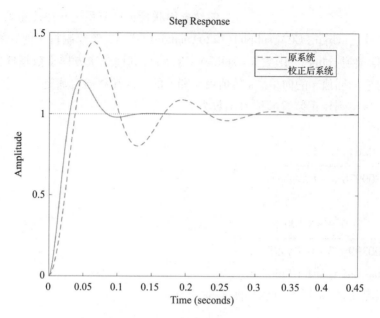

图 8-39　校正前后阶跃响应对比

【例 8-11】　某单位反馈系统开环传递函数为 $G_0(s) = \dfrac{K_0}{s(0.1s+1)(0.001s+1)}$。试用频率法设计串联超前校正装置,使系统的相位裕度 $\gamma \geqslant 45°$,静态速度误差系数 $K_v = 1\,000$。

该系统为 I 型系统,速度误差系数 $K_v = \lim\limits_{s \to 0} sG_0(s) = 1\,000 = K_0$。

第一种方法:

```
syms s,y = s*(0.1*s+1)*(0.001*s+1),den = sym2poly(y);        % 分母用符号
sym2poly 函数表示
num = 1000;G0 = tf(num,den);                        % 未校正系统的开环传递函数
[Gm,Pm,Wg,Wc] = margin(G0);                        % 未校正系统的频域性能指标
w = 0.1:0.1:1000;                                  % 确定频率采样的间隔值
[mag,phase] = bode(G0,w);
magdb = 20*log10(mag);                             % 计算对数幅频响应值
phim = 45-Pm+10;                                   % 确定相位超前角
alfa = (1-sin(phim*pi/180))/(1+sin(phim*pi/180)); % 确定 α 值
n = find(magdb+10*log10(1/alfa)<=0);              % find()函数找出满足该式的 magdb 向量所有下标值
wc = n(1);                                         % 为了最大限度利用超前相位量 wc 取第 1 项
w1 = (wc/10)*sqrt(alfa);                           % 确定校正装置的一个转折频率
w2 = (wc/10)/sqrt(alfa);                           % 确定校正装置的另一个转折频率
num1 = [1/w1,1];den1 = [1/w2,1];Gc = tf(num1,den1)  % 确定校正装置的传递函数
G = Gc*G0;                                          % 校正后系统的开环传递函数
```

disp（'校正装置传递函数和校正后系统开环传递函数'）,Gc,G,

margin（G0）,hold on,margin（G）　%同一窗口显示校正前后的 Bode 图和校正后的频域指标

命令窗运行结果为

校正装置传递函数和校正后系统开环传递函数

Gc =

$$\frac{0.01794 \ s + 1}{0.001789 \ s + 1}$$

G =

$$\frac{17.94 \ s + 1000}{1.789e\text{-}07 \ s^4 + 0.0002807 \ s^3 + 0.1028 \ s^2 + s}$$

Continuous-time transfer function.

校正前后系统的 Bode 图对比如图 8-40 所示。

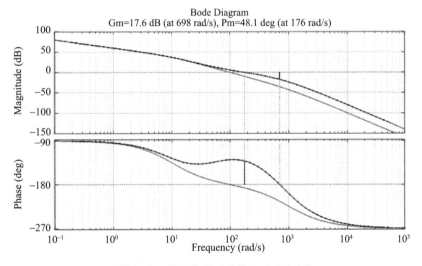

图 8-40　校正前后系统的 **Bode** 图对比

第二种方法：

num = 1000;den = conv（[1,0],conv（[0.1,1],[0.001,1]））;

G0 = tf（num,den）;[Gm,Pm,Wg,Wc] = margin（G0）;　%未校正系统的开环传递函数

phim = 45-Pm + 10;　　　　　　　　　　　　　　%确定相位超前角

[mag,phase] = bode（G0）;

magdb = 20*log10（mag）;　　　　　　　　　　　%计算对数幅频响应值

alfa = （1-sin（phim*pi/180））/（1 + sin（phim*pi/180））;%确定 α 值

am = 10*log10（alfa）;　　　　　　　　　　　　%wm 处的增益

wc = spline（magdb,w,am）;　　　　%返回在向量 magdb 中与 am 值对应的校正后的 wc

T = 1/（wc*sqrt（alfa））;　　　　%确定校正网络的转折频率 T

alfat = alfa*T;

Gc = tf([T 1],[alfat 1])　　　　%建立校正环节模型

G = G0*Gc　　　　　　　　%建立串联校正环节系统开环传递函数模型

figure(1),subplot(121),margin(G0%绘制校正前后的 Bode 图

subplot(122),margin(G)

校正前后系统的 Bode 图对比如图 8-41 所示。

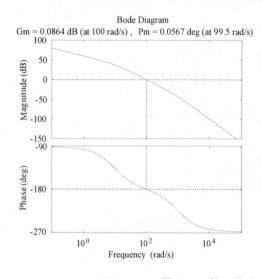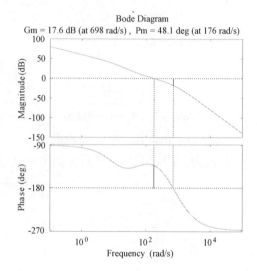

图 8-41　校正前后系统的 Bode 图对比

可以看出,不同方法得到的校正结果一致,满足设计指标要求。

8.6.3　串联超前—滞后校正

如果只用超前校正,相角不够大,不足以使相位裕度满足要求,而只用滞后校正,幅值穿越频率又太小,无法保证响应速度,则需用超前—滞后校正,改善幅频特性,截止频率前移,增大幅值裕度,改善动态性能。

利用校正装置的超前部分来增大系统的相位裕度,以改善其动态性能;利用滞后部分来改善系统的静态性能,两者分工明确,相辅相成。这种校正方法兼有滞后校正和超前校正的优点,即已校正系统响应速度快,超调量小,抑制高频噪声的性能也较好。

超前—滞后校正装置由超前校正和滞后校正组成,其传递函数为

$$G_c(s) = \frac{(T_1 s + 1)(T_2 s + 1)}{(\alpha T_1 s + 1)(\beta T_2 s + 1)}, \beta \geq \alpha^{-1} > 1, T_2 > T_1 \tag{8-74}$$

其 Bode 图如图 8-42 所示。

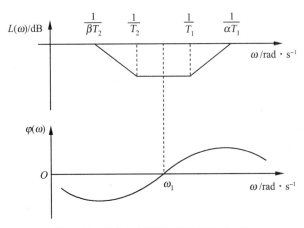

图 8-42　超前—滞后校正装置 Bode 图

由图 8-42 可见,当 $0 < \omega < \omega_1$ 时,校正网络具有滞后的相角特性;当 $\omega > \omega_1$ 时,校正网络具有超前的相角特性,所以,利用超前—滞后校正装置可以同时提高系统的动态性能和静态性能。

串联超前—滞后校正的设计步骤如下:

① 根据稳态性能要求,确定开环增益 K。

② 根据 K 值绘制未校正系统的 Bode 图,求出未校正系统的截止频率、相位裕度及幅值裕度等。

③ 确定滞后校正器的参数,$G_{c1}(s) = \dfrac{T_1 s + 1}{\beta T_1 s + 1}$,根据相位裕度要求,估算校正网络滞后部分的转折频率。常取 $\dfrac{1}{T} = 0.1\omega_c$($\omega_c$ 为原系统的剪切频率),$\beta = 8 \sim 10$。

④ 选择新系统的截止频率 ω_{c2},使得在这一点上超前校正器所提供的相位超前量达到系统对稳定裕度的要求,并使滞后校正后的总幅频特征为 0。

⑤ 由公式 $20\lg\alpha = L(\omega_{c2})$,$\omega_{cnew} = \omega_m = \dfrac{1}{\sqrt{\alpha T}}$ 为期望的剪切频率,得到超前校正器传递函数 $G_{c2}(s) = \dfrac{T_1 s + 1}{\alpha T_1 s + 1}$。

⑥ 校验已校正开环系统的各项性能指标。

应用频率法设计超前—滞后校正装置,其中超前校正部分可以提高系统的相角裕量,使频带变宽,改善系统的动态特性;滞后校正部分则主要用来提高系统的稳态特性。

【例 8-12】　已知一个控制系统的开环传递函数为 $G_0(s) = \dfrac{1600}{s(s+2)(s+40)}$,设计要求控制系统的相角裕度 $\gamma' \geqslant 40°$,求串联超前—滞后装置的传递函数。

num = 1600;den = conv([1,0],conv([1,2],[1,40]));G0 = tf(num,den);

用 $\gamma' = 40°$ 求取滞后校正装置传递函数:

phim = -180 + 40 + 10;

```
[mag,phase,w] = bode(G0);
wc1 = spline(phase,w,phim);          % 返回在向量 phase 中与 phim 值对应的校正后的 wc
magdb = 20*log10(mag);
Lg = spline(w,magdb,wc1);            % 返回在向量 w 中与 wc 对应的校正后的增益
Beta = 10^(-Lg/20);w1 = 0.1*wc1;T = 1/(Beta*w1);    % 求取 β,计算转折频率
num1 = [Beta*T,1];den1 = [T,1];Gc1 = tf(num1,den1)
```

程序运行得到滞后校正器

Gc1 =

$$\frac{6.451\ s + 1}{65.72\ s + 1}$$

再将 Gc1 与原系统合并为新系统,继续用 $\gamma' = 40°$ 求取超前校正装置传递函数:

```
Gn = Gc1*G0;[Gm,Pm,Wg,Wc] = margin(Gn);
phim1 = 40-Pm + 8;
alfa = (1-sin(phim1*pi/180))/(1 + sin(phim1*pi/180));
[mag,phase,w] = bode(Gn);Lg = -10*log10(1/alfa);
wmax = w(find(20*log10(mag(:)) <= Lg));
wmax1 = min(wmax);
wmin = w(find(20*log10(mag(:)) >= Lg));
wmin1 = max(wmin);
wm = (wmax1 + wmin1)/2;
T = 1/(wm*sqrt(alfa));T1 = alfa*T;
Gc2 = tf([T,1],[T1,1])
```

程序运行得到超前校正器

Gc2 =

$$\frac{0.6766\ s + 1}{0.6042\ s + 1}$$

```
G = Gc1*G0*Gc2,[Gm1,Pm1,Wg,Wc] = margin(G);margin(G);
if    Pm1 > =40
  disp(['设计后相位裕度:',num2str(Pm1),'满足了设计要求'])
else
disp(['设计后相位裕度是:',num2str(Pm1),'相位裕度不满足设计要求'])
end
subplot(121),margin(G0),subplot(122),margin(G)
```

程序运行后结果为

设计后相位裕度:46.9432,满足了设计要求

校正前后系统的 Bode 图对比如图 8-43 所示。

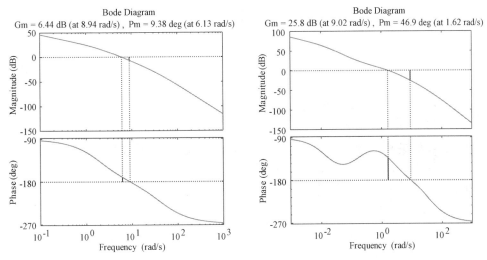

图 8-43　校正前后系统的 Bode 图对比

8.6.4　PID 校正

PID(proportional integral derivative)控制是控制工程中应用广泛的一种控制策略,是对偏差信号进行比例、积分和微分运算变换后形成的一种控制规律,其一般形式为

$$u(t) = K_p\Big[e(t) + \frac{1}{T_i}\int e(t)\,\mathrm{d}t + T_d\frac{\mathrm{d}}{\mathrm{d}t}e(t)\Big] \tag{8-75}$$

式中,e 为设定值与实际输出之间的差值;u 是控制量,作用于被控对象并引起输出量的变化;K_p 是控制器的比例增益系数,其控制作用是减少响应曲线的上升时间及静态误差,但不能消除静态误差;T_i 为积分时间常数,其控制作用是消除静态误差;T_d 为微分时间常数,其控制作用是增强系统稳定性,减少过渡过程时间,降低超调量。PID 控制器的 3 个参数是相互关联的,在控制器的设计时需要综合考虑。比例控制可提高系统开环增益,减小系统稳态误差,提高系统的控制精度,但会降低系统的相对稳定性,甚至可能造成闭环系统不稳定;积分控制可以提高系统的型别(无差度),有利于提高系统稳态性能,但积分控制增加了一个位于原点的开环极点,使信号产生相角滞后,对系统的稳定不利,故不宜采用单一的积分控制器;微分控制规律能反映输入信号的变化趋势,产生有效的早期修正信号,以增加系统的阻尼程度,从而改善系统的稳定性;微分控制增加了一个新的开环零点,使系统的相角裕度提高,因此有助于系统动态性能的改善。

【例 8-13】　已知过程控制系统的被控广义对象为一个带延迟的惯性环节,其传递函数为 $G_0(s) = \dfrac{8}{360s+1}e^{-180s}$,试分别用 P,PI,PID 三种控制器校正系统,并分别整定参数,比较三种控制器的作用效果。

在 Simulink 环境下搭建模型,如图 8-44 所示,从上到下分别是 PID,PI,P 三种控制器,系统整定设置了不同的参数,其单位阶跃响应曲线分别如图 8-45 所示。

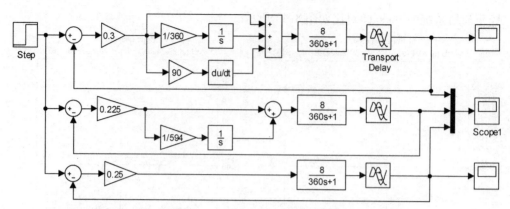

图 8-44 P,PI,PID 控制器校正系统

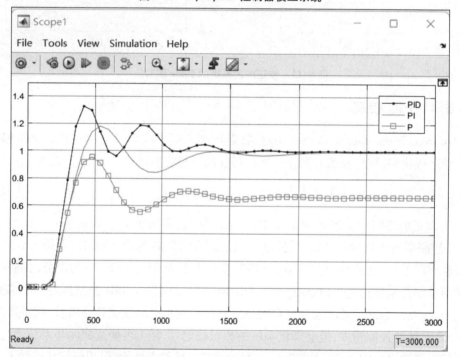

图 8-45 P,PI,PID 控制器单位阶跃响应曲线

比较三条响应曲线可以看出:P 和 PID 控制器校正后系统响应速度基本相同(调节时间 ts 近似相等),但是 P 控制器校正产生较大的稳态误差,PI 控制器能消除静差,而且超调量较小。PID 控制器校正后系统响应速度最快,但超调量较大。

PID 控制器的参数可基于经验进行设置,也可根据适当的性能指标进行设计,下面介绍一种基于性能指标的设计方法。

1. 由稳态误差确定积分增益系数 K

设系统开环传递函数为 $G(s)$,则 PID 控制系统的开环传递函数为

$$G_c(s) = \left(K_p + \frac{K_i}{s} + K_d s \right) G(s) \tag{8-76}$$

可以看出在串联 PID 校正中,PID 控制器增加了一个位于原点的开环极点和两个位于 s 左半平面的开环零点。通常应使积分发生在低频段,以提高系统的稳态性能;而使微分发生在中频段,以改善系统的动态性能。

如果系统 $G(s)$ 是含有 N 个积分环节的 N 型系统(通常 $N=0,1,2$),则系统 $G(s)$ 为 $(N+1)$ 型系统,即增加了系统的型次。若系统要求的稳态误差 e_{ss} 是不为 0 的有限差,则对于单位反馈系统有

$$e_{ss} = \lim_{s\to 0} s \cdot \frac{1}{1 + G_c(s)} \cdot X_i(s) = \lim_{s\to 0}\frac{1}{s^{N+1} G_c(s)} = \frac{1}{K_{N+1}} \tag{8-77}$$

式中,X_i 为系统输入;K_{N+1} 为系统的误差系数:

$$K_{N+1} = \lim_{s\to 0} s^{N+1}\left(K_p + \frac{K_i}{s} + K_d s\right)G(s) = \lim_{s\to 0} s^N K_i G(s) \tag{8-78}$$

由(8-77)式和(8-78)式可求出积分增益 K_i。

注意:对于单位反馈系统,稳态误差等于稳态偏差;对于非单位反馈系统,稳态误差等于稳态偏差除以反馈增益。

2. 由幅值穿越频率和相位裕度确定比例、微分增益系数 K_p,K_d

设校正后系统在 $G_k(s)$ 的幅值穿越频率 ω_c 处的期望的相位裕度为 $\varphi(\omega_c)$,则

$$G_k(j\omega_c) = \left(K_p + \frac{K_i}{j\omega_c} + j\omega_c K_d\right)G(j\omega_c) = e^{j\varphi(\omega_c)} \tag{8-79}$$

由(8-79)式可求出 K_p,K_d。

$$K_p + j\omega_c K_d = \frac{e^{j\varphi(\omega_c)}}{G(j\omega_c)} + \frac{jK_i}{\omega_c} = \text{Re} + j\text{Im} \tag{8-80}$$

即

$$K_p = \text{Re}, K_d = \frac{\text{Im}}{\omega_c} \tag{8-81}$$

【例 8-14】 已知被控对象传递函数为 $G(s) = \dfrac{20}{s(s+2)(s+10)}$,设计 PID 控制器,使得系统加速度误差系数 $K_a \geq 10$,幅值穿越频率 $\omega_c \geq 4$ rad/s,相角裕度满足 $\gamma \geq 50°$。

该系统为 I 型系统,由(8-78)式可得加速度误差系数 $K_a = \lim_{s\to 0} s K_i G(s) \Rightarrow K_i = \dfrac{K_a}{\lim_{s\to 0} s G(s)}$。

```
G = zpk([ ],[0 -2 -10],20);            % 建立系统开环传递函数模型
ka = 10;ki = ka/dcgain(G*tf([1 0],1))   % 计算积分增益系数
wc = 4.1;
[num,den] = tfdata(G,'v');
numc = polyval(num,j*wc);denc = polyval(den,j*wc);
Gjwc = numc/denc;                       % 校正前系统开环频率特性模型
theta = (-180 + 50.1)*pi/180;
Ejwc = cos(theta) + j*sin(theta);       % 计算 e^jφ(wc)
```

```
sum = Ejwc/Gjwc + j*ki/wc ;              %计算(8-80)式
kp = real( sum ) , kd = imag( sum )/wc       %计算比例增益系数(8-81)式
Gc = tf([ kd kp ki ] , [ 1 0 ]) ;            %校正装置传递函数
margin( Gc )                                  %绘制校正装置 Bode 图,如图 8-46 所示
[ Gm, Pm, wg, wc ] = margin( G*Gc )          %计算幅值裕度、相位裕度、相位穿越频率、幅值穿越频率
figure( 2 )
bode( G, G*Gc )                              %绘制校正前后系统开环 Bode 图,如图 8-47 所示
if Pm > = 50
   disp([ '设计后相位裕度:', num2str( Pm ) , '满足了设计要求' ])
else
disp([ '设计后相位裕度是:', num2str( Pm1 ) , '相位裕度不满足设计要求' ])
end
```

命令窗执行结果为

ki =

      10.0000

kp =

      6.9713

kd =

      2.3798

Gm =

      0

Pm =

      50.0996

wg =

      0

wc =

      4.1

设计后相位裕度:50.0996 满足了设计要求

由图 8-46 可知,PID 校正类似于相位滞后—超前校正;由仿真计算结果和图 8-47 可知,经过校正后,系统的各项设计指标均达到要求。

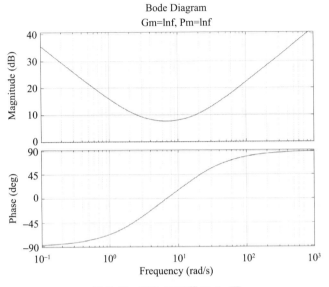

图 8-46　PID 控制器 Bode 图

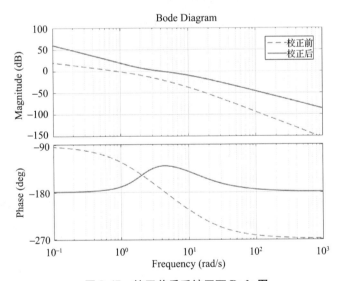

图 8-47　校正前后系统开环 Bode 图

8.7　汽车悬架系统控制系统设计举例

汽车悬架分为主动悬架和被动悬架两种类型。被动悬架不能根据行驶路面的情况调整悬架状态,因此当路面质量较差时车身震动大,舒适性差。主动悬架则可通过一个动力装置,根据路面情况适时调整悬架特性,使汽车行驶时始终保持车身平稳,舒适性好。图 8-48 所示为汽车的一个车轮主动悬架系统物理模型,其中

m_1:车身质量

m_2:弹簧下部分的质量

K_s:悬架弹簧刚度

b:悬架阻尼系数

K_t:轮胎刚度

u:悬架动力装置的输出力

W:路面位移

X_1:车身位移

X_2:悬架位移

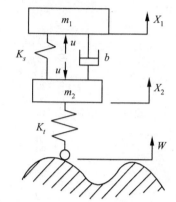

控制目的:通过调整控制力 u 使汽车在任何路面行驶时,车身震动小,且振荡衰减快。

图 8-48 汽车主动悬架系统物理模型

1. 系统建模

在该系统中,u 为控制输入,W 为干扰输入,$X_1 - X_2$ 为系统输出(反映了车身震动情况),由牛顿第二定律,可得悬架系统的动力学方程为

$$\begin{cases} m_1 \ddot{X}_1 = K_s(X_2 - X_1) + b(\dot{X}_2 - \dot{X}_1) + u \\ m_2 \ddot{X}_2 = -K_s(X_2 - X_1) - b(\dot{X}_2 - \dot{X}_1) - u + K_t(W - X_2) \end{cases} \tag{1}$$

根据动力学方程(1),可列出 4 个一阶微分方程组以得到状态空间模型。

令 $z_1 = x_1, z_2 = \dot{x}_1, z_3 = x_2, z_4 = \dot{x}_2, y = x_1 - x_2$,且 $z = [z_1, z_2, z_3, z_4]^T$,则可得该系统的状态方程为

$$\dot{Z} = \begin{pmatrix} 0 & 1 & 0 & 0 \\ -ks/m_1 & -b/m_1 & ks/m_1 & b/m_1 \\ 0 & 0 & 0 & 1 \\ ks/m_2 & b/m_2 & -(ks+kt)/m_2 & -b/m_2 \end{pmatrix} \begin{pmatrix} x_1 \\ \dot{x}_1 \\ x_2 \\ \dot{x}_2 \end{pmatrix} + \begin{pmatrix} 0 & 0 \\ 1/m_1 & 0 \\ 0 & 0 \\ -1/m_2 & kt/m_2 \end{pmatrix} (u \ W) \tag{2}$$

输出方程为

$$y = (1 \quad 0 \quad -1 \quad 0) \begin{pmatrix} x_1 \\ \dot{x}_1 \\ x_2 \\ \dot{x}_2 \end{pmatrix} \tag{3}$$

2. 求传递函数

根据状态空间方程编写建立系统动力学模型的传递函数的 M 函数文件 modelll.m。

m1 = 2500;m2 = 320;b = 140000;ks = 10000;kt = 10*ks;

A = [0 1 0 0;-ks/m1 -b/m1 ks/m1 b/m1;0 0 0 1;ks/m2 b/m2 -(ks + kt)/m2 -b/m2];

B = [0 0; 1/m1 0;0 0;-1/m2 kt/m2];

C = [1 0 -1 0];

D = 0;

sys = ss(A,B,C,D);G = tf(sys),bode(G)

运行后命令窗口中执行结果为

G =

From input 1 to output:　　　　% G(1)即以 u 为输入,x_1-x_2 为输出的传递函数

0.003525 s^2 +2.336e-17 s +0.125

----

s^4 +493.5 s^3 +347.8 s^2 +1.75e04 s +1250

From input 2 to output:　　　　% G(2)即以 W 为输入,x_1-x_2 为输出的传递函数

-312.5 s^2-3.897e-12 s-1.647e-10

----

s^4 +493.5 s^3 +347.8 s^2 +1.75e04 s +1250

Continuous-time transfer function.

得到系统分别以 u 和 W 为输入,$x_1 - x_2$ 为输出的传递函数开环 Bode 图如图 8-49 所示,从 Gu Bode 图可以看出,系统的开环相位在 $-90°$附近发生剧烈变化,此时若提高系统开环增益或受到某种扰动,系统的相位裕度有可能成为负值,而使系统不稳定。

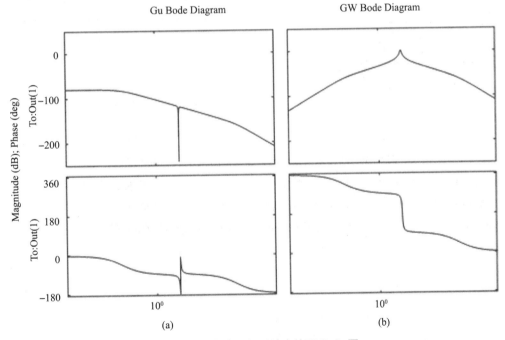

图 8-49　汽车悬架系统未校正 Bode 图

根据动力学方程(1),令 $\tilde{X} = X_1 - X_2$,可得

$$\tilde{X}(s) = \frac{[(m_1 + m_2)s^2 + K_t]U(s) - m_1 K_s s^2 W(s)}{m_1 m_2 s^4 + b(m_1 + m_2)s^3 + [K_t m_1 + K_s(m_1 + m_2)]s^2 + bK_t s + K_s K_t}$$

可以看出，车身的振动 $\widetilde{X}$ 是路面位移 W 和悬架动力装置 U 产生的作用共同作用的结果。

$$G_w(s) = \frac{m_1 K_t s^2}{m_1 m_2 s^4 + b(m_1 + m_2)s^3 + [K_t m_1 + K_s(m_1 + m_2)]s^2 + bK_t s + K_s K_t}$$

$$G_u(s) = \frac{(m_1 + m_2)s^2 + K_t}{m_1 m_2 s^4 + b(m_1 + m_2)s^3 + [K_t m_1 + K_s(m_1 + m_2)]s^2 + bK_t s + K_s K_t}$$

图 8-50(a)为悬架系统闭环控制框图,其中 $G_u(s)$ 为以 u 为控制输入, $\widetilde{X}$ 为输出的传递函数 $G(1)$, $G_w(s)$ 为以路面起伏 W 为干扰输入, $\widetilde{X}$ 为输出的传递函数 $G(2)$, 系统的期望输出 $\widetilde{X}=0$。 $G_c(s)$ 为校正用控制器,设计控制器为相位超前校正环节 $G_c(s) = \dfrac{Ts+1}{\alpha Ts+1}$, $\alpha < 1$, 控制器参数 $\alpha = 0.002$, $T = 4$。其 Bode 图如图 8-50(b)所示。

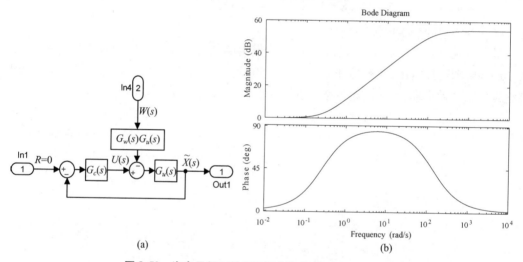

(a)   (b)

图 8-50 汽车悬架系统闭环控制框图和 $G_c(s)$ Bode 图

a = 0.002;T = 4;Gc = tf([T 1],[a*T 1]);bode(Gc)   % 控制器 Bode 图

subplot(121),bode(G(1)), title('Gu Bode Diagram')   % 未校正系统开环 Bode 图

subplot(122),bode(Gc*G(1)), title('Gc*Gu Bode Diagram') % 校正后系统开环 Bode 图

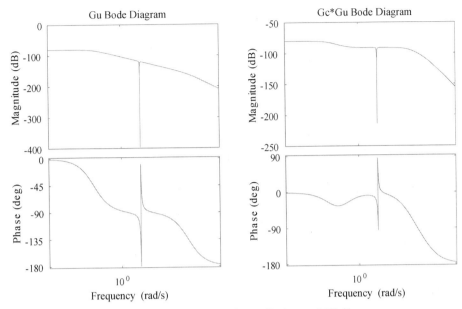

图 8-51 汽车悬架系统校正前后 Bode 图比较

从图 8-51 可见,经校正后,系统开环相位跳变点在 0°附近,因此系统的相位裕度得到改善。

G2 = -G(2)/ G(1)*feedback(G(1),Gc,-1)   % 以干扰为输入的闭环传递函数
subplot(121),step(-G(2)),title('Gw Step Response')% 开环系统对阶跃干扰的响应
subplot(122),step(G2),title('Yw Step Response')   % 闭环系统对阶跃干扰的响应

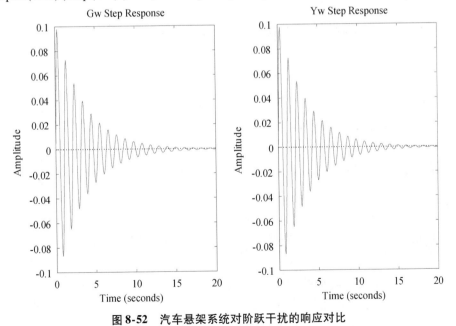

图 8-52 汽车悬架系统对阶跃干扰的响应对比

图 8-52 给出了系统开环(图(a))和闭环(图(b))对阶跃干扰的响应对比,校正后系统

的抗干扰性能有了一定改善。当然相位超前校正对这种系统并不是一种理想的校正方式，此例仅为说明利用 MATLAB 进行控制系统设计的方法。

本例亦可在 Simulink 中构建模型进行分析。按照系统动力学方程(1)建立模块结构框图，如图 8-53 所示，u 为 In1，W 为 In2，$x_1 - x_2$ 为 Out1，将 Simulink 模型保存为文件"qcxjia. mdl"。

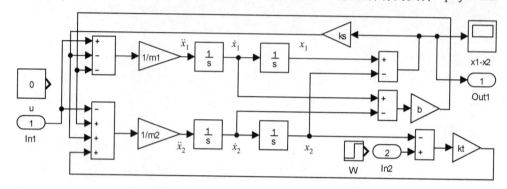

图 8-53　汽车主动悬架系统 Simulink 模型

在命令窗口中输入命令

$[\text{num}, \text{den}] = \text{linmod}(\text{'qcxjia'}), \text{sys} = \text{tf}(\text{num}, \text{den})$

运行结果为

num =

　　0　　　　　0　　　0.0035　　　0.0000　　　0.1250

den =

　　1.0e + 04　∗

　　0.0001　　　0.0493　　　0.0348　　　1.7500　　　0.1250

sys =

$$\frac{0.003525 \ s\text{^2} + 1.936e\text{-}17 \ s + 0.125}{s\text{^4} + 493.5 \ s\text{^3} + 347.7 \ s\text{^2} + 1.75e04 \ s + 1250}$$

Continuous-time transfer function.

num =

　　0　　　　　0 -312.5000　　　0.0000　　　0.0000

den =

　　1.0e + 04　∗

　　0.0001　　　0.0493　　　0.0348　　　1.7500　　　0.1250

sys =

$$\frac{-312.5 \ s\text{^2} + 4.528e\text{-}12 \ s + 3.022e\text{-}13}{s\text{^4} + 493.5 \ s\text{^3} + 347.7 \ s\text{^2} + 1.75e04 \ s + 1250}$$

Continuous-time transfer function.

对模型进行分析，选择【Analysis】下拉菜单项【Control Design】→【Linear Analysis】，单击

Bode 图图标![图标]，得到的图形如图 8-54 所示。

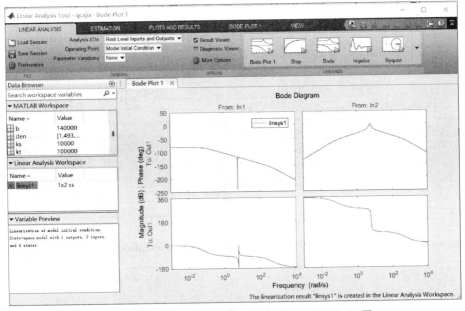

图 8-54　Simulink 中 Linear Analysis Tool 之 Bode 图

单击选中【Result Viewer】后会自动弹出"Linearization result details for linsys1"对话框，如图 8-55 所示，可以查看 State Space 模型，或改为 Transfer Function 或 Zero Pole Gain 模型。

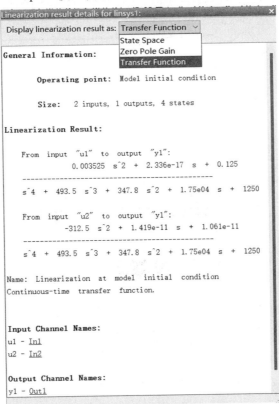

图 8-55　Simulink 模型结果显示

对系统进行状态反馈控制,假设控制信号 $u = -KZ$,其中 $K = [300\ 000, 30\ 000,$ $-480\ 000, 2\ 790]$,$Z = [z_1\ z_2\ z_3\ z_4]^T = [x_1\ \dot{x}_1\ x_2\ \dot{x}_2]^T$,给定指令信号输入 $R = 0$,路面位移阶跃干扰信号为 $W = 0.01$ m,在图 8-53 的基础上增加状态反馈控制信号,得到的模型如图 8-56 所示。系统对阶跃干扰的动态响应如图 8-57 所示。对比图 8-52,可以看出状态反馈控制的优越性。

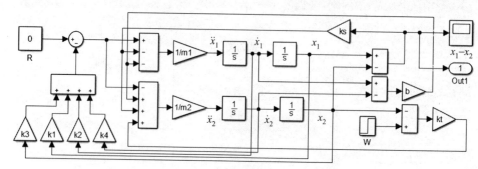

图 8-56 汽车主动悬架系统状态反馈控制 Simulink 模型

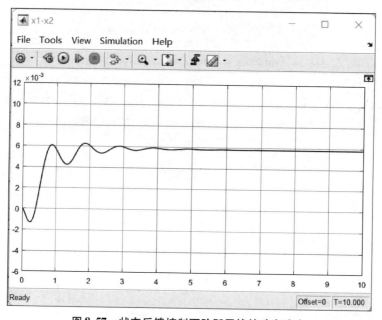

图 8-57 状态反馈控制下阶跃干扰的动态响应

习题 8

1. 设单位反馈系统的开环传递函数为 $G(s) = \dfrac{K}{s\left(\dfrac{s^2}{\omega_n^2} + 2\zeta\dfrac{s}{\omega_n} + 1\right)}$,其中无阻尼固有频率 $\omega_n = 90$ rad/s,阻尼比 $\zeta = 0.2$,试确定使系统稳定的 K 的范围。

2. 设系统如图所示,试分别用 LTI Viewer 和 Simulink Linear Analysis Tool 分析系统的稳定性,求出系统的稳定裕度及单位阶跃响应峰值。

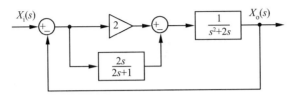

题 2 图

3. 对图 5-54 所示模型用 Simulink 中 LTI Viewer 进行分析仿真分析。

4. 设闭环离散系统的结构如图所示,其中 $G(s) = \dfrac{10}{s(s+1)}$,$H(s) = 1$,绘制 $T = 0.01$ s、1 s 时离散系统开环传递函数的 Bode 图和 Nyquist 图以及系统的单位阶跃响应曲线。

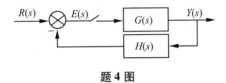

题 4 图

5. 已知单位负反馈系统的开环传递函数 $G_0(s) = \dfrac{K}{s(s+1)(2s+1)}$,试设计校正网络,其设计指标为:校正后系统的静态速度误差系数 $K_v = 30$,相位裕度 $P_m \geq 40°$,幅值裕度 $G_m \geq 10$ dB。

6. 已知单位负反馈系统的开环传递函数 $G_0(s) = \dfrac{K_0}{s(s+3)}$,试用频率法设计串联超前校正装置,要求系统在单位斜坡输入信号作用时,满足三个条件:稳态误差 $e_{ss} \leq 0.1$,相位裕度 $P_m \geq 45°$,幅值裕度 $G_m \geq 10$ dB。

7. 已知单位负反馈系统 $G_0(s) = \dfrac{70}{s(0.5s+1)(0.166s+1)}$,设计要求该系统的相位裕度满足 $\gamma \geq 45°$,求串联滞后校正装置的传递函数 $G_c(s)$。

8. 已知一个控制系统的开环传递函数为 $G_0(s) = \dfrac{40}{s(0.2s+1)(0.062\,5s+1)}$,试用频域设计方法对系统进行串联超前—滞后校正设计,使之满足校正后的系统相位裕度 $\gamma' \geq 50°$,超调量为 10%,调节时间(5% 误差带)为 0.5 s。

参 考 文 献

［1］陈新元,傅连东,蒋林. 机电系统动态仿真:基于MATLAB/Simulink［M］. 3 版. 北京:机械工业出版社,2019.

［2］王积伟,吴振顺. 控制工程基础［M］. 3 版. 北京:高等教育出版社,2019.

［3］刘浩,韩晶. MATLAB R2016a 完全自学一本通［M］. 北京:电子工业出版社,2016.

［4］黄文梅,杨勇,熊桂林,等. 系统仿真分析与设计:MATLAB 语言工程应用［M］. 长沙:国防科技大学出版社,2001.

［5］夏玮,李朝晖,常春藤,等. MATLAB 控制系统仿真与实例详解［M］. 北京:人民邮电出版社,2008.

［6］姜增如. MATLAB 在自动化工程中的应用［M］. 北京:机械工业出版社,2018.

［7］薛定宇,陈阳泉. 基于 MATLAB/Simulink 的系统仿真技术与应用［M］. 2 版. 北京:清华大学出版社,2011.

［8］迪安·K·弗雷德里克,乔·H·周. 反馈控制问题:使用 MATLAB 及其控制系统工具箱［M］. 张彦斌,译. 西安: 西安交通大学出版社,2001.

［9］王孙安. 建模、仿真与机电系统的相似［M］. 西安:西安交通大学出版社,2016.

［10］黄忠霖,周向明. 控制系统 MATLAB 计算及仿真实训［M］. 北京:国防工业出版社,2006.

［11］约翰·F·加德纳. 机构动态仿真:使用 MATLAB 和 Simulink［M］. 周进雄,张陵译. 西安:西安交通大学出版社,2002.

［12］范影乐,杨胜天,李轶. MATLAB 仿真应用详解［M］. 北京:人民邮电出版社,2001.

［13］刘白雁,丁崇生. 模型跟随自适应控制新方法及其工程应用［M］. 西安:西安交通大学出版社,2004.

［14］陈杰. MATLAB 宝典［M］. 4 版. 北京:电子工业出版社,2013.

［15］李国勇,谢克明. 控制系统数字仿真与 CAD［M］. 北京:电子工业出版社,2003.